"十二五"职业教育国家规划教材
经全国职业教育教材审定委员会审定

软件工程实用教程

第二版

新世纪高职高专教材编审委员会 组编
主　编　石冬凌
副主编　郭　鹏　贾　跃
　　　　邹启杰　徐济成

大连理工大学出版社

图书在版编目(CIP)数据

软件工程实用教程 / 石冬凌主编. -- 2版. -- 大连：大连理工大学出版社，2021.3(2022.4)
新世纪高职高专软件专业系列规划教材
ISBN 978-7-5685-2875-7

Ⅰ.①软… Ⅱ.①石… Ⅲ.①软件工程－高等职业教育－教材 Ⅳ.①TP311.5

中国版本图书馆 CIP 数据核字(2021)第 000403 号

大连理工大学出版社出版

地址：大连市软件园路80号　邮政编码：116023
发行：0411-84708842　邮购：0411-84708943　传真：0411-84701466
E-mail：dutp@dutp.cn　URL：http://dutp.dlut.edu.cn
大连雪莲彩印有限公司印刷　　大连理工大学出版社发行

幅面尺寸：185mm×260mm　　印张：16.75　　字数：427千字
2014年12月第1版　　　　　　　　　2021年3月第2版
2022年4月第2次印刷

责任编辑：高智银　　　　　　　　　责任校对：李　红
　　　　　　　　封面设计：张　莹

ISBN 978-7-5685-2875-7　　　　　　　　　定　价：45.00元

本书如有印装质量问题，请与我社发行部联系更换。

前 言

《软件工程实用教程》(第二版)是"十二五"职业教育国家规划教材,也是新世纪高职高专教材编审委员会组编的软件专业系列规划教材之一。

软件工程是一门计算机科学与技术专业的专业基础学科,也是面向应用的工程性学科。这门学科总结了长久以来自软件诞生开始人们在软件开发过程中的种种经验教训和指导性原则,形成了一套相对完整的软件开发思想体系,并且在构建过程中,综合运用了计算机科学中的许多基础学科知识,是一门综合性的学科,是理论与实践相结合的综合载体。总体来讲,这门学科一方面关注软件开发过程中使用的技术方法和工具,另一方面,强调了软件工程在实践过程中应当遵循的基本原理和指导性原则。

本教材以软件工程的理论作为基础,抓住目前比较主流的两种系统分析和设计方法:结构化方法和面向对象方法,针对目前学生知识接受能力偏弱、实践经验缺乏等特点,着重从以下两个方面对教材进行设计和编写。

1.为适应高职学生认知水平和特点,对知识的讲解尽量通俗易懂。

在教材编写过程中弱化理论性较强的概念,强调理论的够用性,让学生在案例的学习中体会理论的作用,同时加深对理论的理解。增强实际问题的分析和引导的过程,从而降低教材难度,适应高职学生的认知水平和特点。

2.通过任务驱动的方式加强分析问题、解决问题的能力。

为了避免出现传统教材中强调理论的铺述,容易使读者只会纸上谈兵,到实际应用时却很难拿出具体的解决办法,本教材着重从实际问题入手,以任务引导的方式一步步启发读者发现问题并提炼需要解决的问题,继而引出理论的学习,将知识有针对性地应用到解决实际问题的过程当中。

教材在每一章首先布置一个要完成的任务,向学生提出一个引发思考的问题,使得学生在目前已有知识的基础之上先思考一下是否能够提出自己的解决方案,从而发现知识上的欠缺。随后教材会提供相关知识的介绍,让学生带着问题去学习新的知识,使得学生更容易接受知识、理解知识。紧接着教材会应用或是提炼前面讲解的知识对提出的任务进行解决,为学生示范如何解决问题。最后为了强化学生对知识的理解,会在实践环节要求学生针对自己的实际问题,应用讲解过的知识并仿照前面的问题解决过程来解决自己的问题,从而加深学生对知识的理解程度。通过任务驱动的方式突出了理论联系实际,从实践中体会、理解理论的特点,以期让学生达到学以致用的目的。

全书从知识体系上共分为软件工程引论、传统软件工程方法和面向对象软件工程三大部分。第 1 部分是软件工程引论,包括第 1 章软件工程概述和第 2 章软件工程管理。第 1 章整体性地介绍了软件工程的历史及现状、软件工程的作用,着重介绍了软件开发的基本过程模型。第 2 章集中介绍了软件工程管理中重点涉及的进度、质量、组织、风险等方面的管理内容和手段。第 2 部分是传统软件工程方法,包括从第 3 章需求工程到第 7 章软件维护的内容。在这部分内容中按照软件的生命周期顺序介绍了软件开发过程中所涉及的基础理论知识,并以传统软件工程方法为依托,通过图书管理系统案例的介绍,讲解了如何结合理论知识应用具体的结构化方法进行实际项目的开发。第 3 部分是面向对象软件工程,包括从第 8 章面向对象技术概述到第 12 章面向对象测试的内容。这部分内容承接了第 2 部分所讲述的软件工程基础理论和原则,针对面向对象思想的特点,以一个实际案例——资源共享管理系统为背景,介绍了面向对象的系统分析和设计方法。在案例的讲述中以 RUP 过程模型为过程指导,重点讲述了应用 UML 技术对系统进行分析设计的过程。

本教材由大连东软信息学院石冬凌任主编,大连外国语大学郭鹏、东软教育科技集团贾跃、大连大学邹启杰、安徽中澳科技职业学院徐济成任副主编。具体编写分工为:第 1、4、5 章由邹启杰负责编写;第 2、3 章由贾跃负责编写;第 6 章由郭鹏负责编写;第 7、12 章由徐济成负责编写;第 8、9、10、11 章和附录由石冬凌负责编写。全书由石冬凌拟订编写大纲并负责统稿。

在编写本教材的过程中,编者参考、引用和改编了国内外出版物中的相关资料以及网络资源,在此表示深深的谢意!相关著作权人看到本教材后,请与出版社联系,出版社将按照相关法律的规定支付稿酬。

由于编写时间仓促、水平有限,书中难免会存在不足之处,敬请读者批评指正。

编　者

2021 年 3 月

所有意见和建议请发往:dutpgz@163.com
欢迎访问职教数字化服务平台:http://sve.dutpbook.com
联系电话:0411-84706671　84707492

目 录

第1部分 软件工程引论

第1章 软件工程概述 ... 3
- 任务1 了解软件工程历史 ... 3
- 任务2 认识软件开发过程模型 ... 13
- 小 结 ... 27
- 习 题 ... 27

第2章 软件工程管理 ... 28
- 任务1 了解软件项目管理的内容 ... 28
- 任务2 对项目进行计划 ... 31
- 小 结 ... 45
- 习 题 ... 45

第2部分 传统软件工程方法

第3章 需求工程 ... 49
- 任务1 获取用户想法 ... 49
- 任务2 构建功能模型 ... 64
- 任务3 构建数据模型 ... 76
- 任务4 构建行为模型 ... 78
- 任务5 构建数据字典 ... 81
- 小 结 ... 85
- 习 题 ... 85

第4章 软件设计 ... 88
- 任务1 构建软件体系结构 ... 88
- 任务2 构建数据库 ... 111
- 任务3 设计界面 ... 115
- 任务4 描述算法 ... 118
- 小 结 ... 126
- 习 题 ... 126

第5章 软件实现 ... 128
- 任务 规范代码的编写 ... 128
- 小 结 ... 136
- 习 题 ... 136

第 6 章 软件测试 137
- 任务 1 进行静态测试 137
- 任务 2 进行白盒测试 149
- 任务 3 进行黑盒测试 159
- 小 结 168
- 习 题 168

第 7 章 软件维护 169
- 任务 响应用户需求的变化 169
- 小 结 174
- 习 题 174

第 3 部分 面向对象软件工程

第 8 章 面向对象技术概述 177
- 任务 1 区别结构化思想和面向对象思想 177
- 任务 2 认识面向对象方法与 UML 之间的关系 186
- 小 结 190
- 习 题 190

第 9 章 再启项目 191
- 任务 1 构建项目前景 191
- 任务 2 编写术语表与开发案例 195
- 小 结 200
- 习 题 201

第 10 章 系统分析 202
- 任务 1 创建事件清单和事件表 202
- 任务 2 创建用例模型 207
- 任务 3 创建领域模型 218
- 小 结 228
- 习 题 228

第 11 章 系统设计 230
- 任务 1 创建体系结构 230
- 任务 2 创建动态模型 241
- 小 结 251
- 习 题 252

第 12 章 面向对象测试 253
- 任务 单元测试 253
- 小 结 257
- 习 题 257

参考文献 259

附录 项目文档模板 260

第1部分

软件工程引论

第1章 软件工程概述

近年来,随着微电子学技术的飞速发展,计算机硬件性价比平均每10年至少提高两个数量级,而且其质量也不断提高;但与此同时,计算机软件系统的成本却在逐年上升,规模越来越庞大,结构也越来越复杂,由于软件错误而导致灾难性后果的报道屡见不鲜,软件开发的生产率也越来越满足不了计算机应用日益普及的需求,成为制约计算机发展的关键因素。

在计算机系统发展早期,软件开发基本上沿用"软件作坊"式的个体化方法,这种方法在软件开发和维护过程中遇到了一系列严重问题:程序质量低下、错误频出、进度延误、费用剧增等,这些问题最终导致了"软件危机"。1968年,北大西洋公约组织的计算机科学家在联邦德国召开国际会议讨论软件危机问题,正式提出并使用了"软件工程"这个名词,从此诞生了一门新兴的工程学科。

人们针对"软件危机"现象提出的多种解决方法归纳起来有两类:一是采用工程方法来组织、管理软件的开发过程;二是深入探讨程序和程序开发过程的规律,建立严密的理论,以期能够用来指导软件开发实践。前者导致"软件工程"的出现和发展,后者则推动了形式化方法的深入研究。

任务1 了解软件工程历史

● 任务描述

软件工程虽然诞生在20世纪,但是对比于自然科学仍是一门崭新的学科。要学习软件工程,就必须先了解软件的特点和软件工程的发展历史。一个软件项目在实施过程中会出现哪些问题,前辈给留下了哪些宝贵的经验教训,应该按照什么样的准则开展软件开发项目将在下面进行讲述。

● 相关知识

1. 软件的概念与特点

1983年,IEEE给出了软件的如下定义:计算机程序、方法、规则和相关文档资料以及在计算机上运行时所必需的数据。目前对软件比较公认的解释是:程序、支持程序运行的数据以及与程序有关的文档资料的完整集合。其中,程序是按事先设计的功能和性能要求执行的指令序列,数据是使程序能正常操作信息的数据结构,文档是与程序开发、维护和使用有关的图文材料。

软件具有以下一些特点:

(1)软件是一种逻辑实体,它具有抽象性。

(2)由于软件是被开发或设计的(不是传统意义上被制造的),所以软件成本集中在开发上,对软件的质量控制必须从软件的开发着手。

(3)与机械、电子设备不同,软件在运行和使用过程中没有磨损、老化问题。前者在运行和使用中的故障率大都遵循如图 1-1(a)所示的 U 形曲线(浴缸曲线);虽然软件不存在磨损和老化问题,但是它会退化,要不断地根据实际需求进行修改或维护,其故障率表现为如图 1-1(b)所示的锯齿形。因此,软件维护要比硬件维护复杂得多。

图 1-1 故障率曲线

(4)软件一旦研制成功,其生产过程就变成复制过程,不像其他工程产品那样有明显的制造的特征,但是会出现软件产品版权保护问题。

(5)软件的开发和运行常受到计算机硬件和运行环境的限制,这带来了软件升级和移植的问题,所产生的维护成本通常比开发成本要高许多。

(6)虽然软件产业正在朝着构件化组装方向发展,但大多数软件仍然是定制的,尤其是软件开发尚未完全摆脱手工开发方式,尽管市场上有辅助开发工具,但最终的核心代码仍必须由程序员手工编写和组织;再加上人们对计算机的依赖程度越来越高,对软件的需求数量和规模越来越大。这同时导致软件开发人员的工作压力越来越大。

(7)软件本身是复杂的,其复杂性可能来自它所反映的实际问题,也可能来自程序的逻辑结构,还可能会受到软件项目过程管理中主客观因素的影响。

(8)涉及因素多。相当多的软件工作不但涉及社会因素,而且涉及人类社会各行各业及其他领域的专门知识。许多软件的开发和运行涉及机构、体制及管理方式等问题,某些情况下甚至涉及人的观念和人们的心理。所有这些均会直接影响到项目的成败。这对软件工程师提出了很高的要求,最终使得软件开发的分工更加明确、细致。

(9)由于软件研制工作需要投入大量、复杂、高强度的脑力劳动,导致了软件成本昂贵。软件不单是一种在市场上推销的工业产品,往往又是与文学艺术作品相似的精神作品。与体力劳动相比,精神活动过程特点中的"不可见性"大大增加了组织管理上的困难。

2. 软件的分类

(1)按软件的功能进行划分

①系统软件:是指与计算机硬件紧密配合,使计算机系统各部件能够正常运行,使相关软件和数据协调、高效工作的软件。例如,操作系统、设备驱动程序、数据库管理系统以及通信处理程序等。

②支撑软件:协助用户进行软件开发的工具性软件,其中包括软件开发环境、中间件、程序库、软件辅助设计工具、软件辅助测试工具等。

③应用软件:为特定应用目的而开发、在特定领域内提供某些服务的软件。

(2)按软件规模进行划分

按照开发软件所投入的人力、时间等资源以及软件交付的文档和源程序行数,即软件规模,可将软件划分为六种,见表 1-1。

表 1-1　　　　　　　　　　　　软件规模的分类

分　类	参加人员	开发期限	程序规模/源程序行数	特　征
微型	1	1 周～4 周	500 行以下	不必有严格的设计和测试文档
小型	1～2	1 月～6 月	1 k～2 k	通常没有与其他程序的接口
中型	3～5	1 年～2 年	5 k～50 k	需要有严格的文档和设计规范
大型	5～20	2 年～3 年	50 k～100k	需要按照软件工程方法进行管理
超大型	100～1 000	4 年～5 年	1 M(=1 000 k)	必须按照软件工程方法开发,有严格的质量管理措施
巨型	2 000～5 000	5 年～10 年	1 M～10 M	同上

一般来说,规模大、开发周期长、投入人员多的软件,其开发工作必须严格按照软件工程方法进行;而规模小的软件由于投入有限,不可能完全按照软件工程方法实施,需要开发人员根据具体情况来调整软件工程的部分实施过程。

(3)按软件工作方式进行划分

①实时处理软件:是指在事件或数据产生时需要立即予以处理并及时反馈信号以控制被监控过程的软件,这类软件包括数据采集、分析、输出三部分。

②分时软件:允许多个联机用户同时使用计算机的软件。

③交互式软件:能实现人机通信的软件。

④批处理软件:指把一组输入作业或一批数据以批处理的方式一次运行并按顺序逐个处理的软件。

(4)按软件服务对象的范围进行划分

①项目软件:也称定制软件,是受某特定客户的委托,由一个或多个软件开发机构在合同约束下开发的软件。例如,气象预测分析软件、交通监控指挥系统、卫星控制系统等。

②产品软件:指由软件开发机构开发并直接提供给市场为众多用户服务的软件。例如,文字处理软件、图片处理软件、财务处理软件、人事管理软件等。

(5)按使用的频度进行划分

有些软件开发出来仅供一次使用(例如,用于人口普查、工业普查的软件),另外有些软件具有较高的使用频度(例如,天气预报软件等)。

(6)按软件失效的影响进行划分

有些软件在工作中出现故障而失效后,可能对整个软件系统的影响不大;而有些软件一旦失效,就可能带来灾难性后果(例如,财务金融软件、交通通信软件、航空航天软件等),这类软件称为关键软件。

3. 软件的发展和软件危机

从 20 世纪 40 年代中期世界上第一台计算机出现以后,程序的概念就产生了,随后几十年中,计算机软件经历了三个发展阶段:程序设计阶段(约为 20 世纪 50 至 60 年代);程序系统阶段(约为 20 世纪 60 至 70 年代);软件工程阶段(约为 20 世纪 70 年代以后)。见表 1-2。

(1)软件发展最根本变化的体现

①人们改变了对软件的看法。早在 20 世纪五六十年代,程序设计曾经被看作一种自由发

挥创造才能的技术领域,当时人们认为,只要能在计算机上得出正确的结果,程序的写法可以不受任何约束。随着计算机使用的日趋广泛,人们不断提出更高的要求(例如,要求程序易懂、易用、易于修改和扩充),于是程序便从按个人意图创造的"艺术品"转变为能被广大用户接受的工程化产品。

表 1-2 计算机软件发展的三个阶段及其特点

描述内容	阶段		
	程序设计	程序系统	软件工程
软件所指内容	程序	程序及说明书	程序、文档及数据
主要程序设计语言	汇编及机器语言	高级语言	软件语言*
软件工作范围	程序编写	包括设计和测试	包括整个软件生存周期
需求者	程序设计者本人	少数用户	市场用户
开发软件的组织	个人	开发小组	开发小组及大、中型软件开发企业
软件规模	小型	中、小型	大、中、小型
决定质量的因素	个人程序设计技术	小组技术水平	管理水平
开发技术和手段	子程序、程序库	结构化程序设计	数据库、开发工具、工程化开发方法、标准和规范、网络和分布式开发、面向对象技术、软件过程与过程改进
维护责任者	程序设计者	开发小组	专职维护人员
硬件特征	价格高、存储容量小、工作可靠性差	降价幅度、速度、存储容量及工作可靠性有明显提高	向超高速、大容量、微型化及网络化方向发展
软件特征	完全不受重视	软件技术的发展不能满足需求,出现软件危机	开发技术有进步,但未获突破性进展,价格高,未完全摆脱软件危机

* 软件语言包括需求定义语言、软件功能语言、软件设计语言、程序设计语言等。

②需求是软件发展的动力。早期为了满足自己的需要,程序开发者不拘风格地自由创作的生产方式是软件发展初级阶段的表现。进入软件工程阶段后,软件开发的成果具有社会属性,它要在市场中流通以满足广大用户的需要。

③软件工作的考虑范围从只顾程序的编写扩展到涉及整个软件生命周期。随着计算机硬件技术的进步,要求软件能与之相适应。这个时期出现了"软件作坊",它基本上仍然沿用早期的个体化软件开发方法,由于缺乏统一的管理和协调,导致许多开发项目由于软件质量问题造成巨大损失;同时随着产品的增加,软件开发力量不得不全部投入维护,没有能力继续开发新的应用系统,这就造成了计算机应用进一步发展的停滞,即 20 世纪 60 年代的"软件危机"现象。软件危机是指在计算机软件的开发和维护过程中所遇到的一系列严重问题,主要有以下一些表现形式。

a. 软件代价高。随着软件产业的发展,软件成本日益增长,而计算机硬件随着技术的进步、生产规模的扩大,价格不断下降,造成软件代价在计算机系统中所占的比例越来越大。20 世纪 50 年代,软件成本在整个计算机系统中所占的比例不大,为 10%~20%;到 20 世纪 60 年代中期已经增长到 50% 左右;20 世纪 70 年代以后,软件代价高的问题不仅没有解决,反而进一步加深了。图 1-2 大体表示了一个计算机系统中,硬件和软件所占费用的比例变化。

图 1-2 软件与硬件费用之比

b. 开发进度难以控制。软件是一种逻辑的系统元素。为了完成一个复杂的软件,常要建立庞大的逻辑体系。同样的算法可以由差别甚大的不同程序形式来实现,在研究大型系统时遇到的困难也是越来越多,而这些实际往往只存在于人的头脑之中。因此,软件的开发过程是极难加以控制的。

c. 工作量估计困难。为软件开发制订进度很困难,对一个任务,通常需要根据其复杂性、工作量及进度要求来安排人力,但这种工作量估算方式仅对各部分工作独立的开发任务适用,软件系统整体各部分之间存在的任务合作与交流活动的工作量则很难估算。由于软件系统结构复杂,各部分之间的附加联系极大,在拖延的软件项目上增加人力通常只会使其更难按期完成。这对于一般的工业产品来说是难以想象的。

d. 质量差。软件产品的质量与其他商品的质量问题有着很大的不同。使用"软件作坊"开发软件的方法沿袭了早期形成的个体化方式,软件(程序)开发过程没有交互性,软件的规划、设计、测试和维护都只能由某一个人全部负责,只有程序清单而没有任何正式的软件规划文档,这就使得软件修改和维护十分困难,有时甚至变得不可能。此外,软件规模和数量的急剧增加以及用户需求的不断变化,也使得软件的质量控制成为一个很难解决的问题,这是由于软件所处的特殊地位造成的。

e. 修改、维护困难。当软件系统变得庞大、问题变得复杂时,常常还会发生"纠正一个错误却带来更多新错误"的问题。此外,人们习惯地认为软件易于修改、容易扩充,因此在系统投入运行后为适应新环境,经常提出要求进行维护,这样产生的维护工作量将难于估算。根据1999 年美国的 Standish Group 对当年美国的软件项目的统计数字表明(如图 1-3 所示),只有26% 的软件项目是真正成功的,46% 是有问题的,28% 的项目是干脆失败的。这些存在问题的或是失败的项目带来的直接损失约 870 亿美金,占美国当年全部 IT 投资(2550 亿美金)的近40%,而由这些项目所带来的间接损失则是无法估量的,在全部这些项目中,平均超期 189%,平均超预算 222%,平均 27 个月滞后于最终用户的需求,更有 80% 的资源被开销在对应用的维护上。

总之,在软件整个生命周期中,错误发现得越晚,纠正错误所要付出的代价也就越大,其原因是:测试日趋复杂,修改的文件和文本需分发的范围更广,多次反复以前的测试,问题和修改信息传递的范围更大,涉及的人员更多。

有资料表明,在数据处理方面,30%～80% 的预算往往用于软件维护工作,这就直接造成了软件成本的增长。

图 1-3　Standish Group 报告

(2) 产生软件危机的根本原因是软件面临的问题空间的复杂性

软件的应用领域很广,面临的问题很复杂,所以涉及的处理技术也十分广泛,包括信息技术、网络技术、人机界面技术、人机会话环境技术等;另外,面临的问题空间往往还牵涉到管理体制、组织机构、内外部环境、用户水平、经济学、心理学等许多非技术问题。问题空间的复杂性决定了软件系统的复杂性。

产生软件危机的另一个重要原因是计算机硬件体系结构的发展速度滞后于软件应用面拓展速度。时至今日,硬件的体系结构基本未变,从五大组成部件来看,出现了图形扫描仪、光笔、绘图机等许多新式输入/输出设备,多 CPU 的计算机在实时系统中得到应用,内外存的容量和存取速度有很大提高,但是,这些部件的变化都只是硬件功能的完善、性能的提高,属于改良性质的变化。但计算机的硬件体系结构仍属于冯·诺依曼计算机,它的基本特征是:顺序地执行程序指令,按地址访问线性的存储空间,数据和指令在机内采用统一的表示形式,只能完成四则运算和一部分逻辑运算。冯氏计算机的初衷是为数值计算服务的,然而随着计算机应用领域的扩大,所面临的问题 90% 以上是非数值计算。为了满足用户的需求,或在逻辑上构建许多的软件层次,每一软件层次都可以看作一种语言的翻译器或解释器,用这种方法来填补用户和裸机之间的鸿沟。简单地说,就是把解题过程分解成一系列能由冯氏计算机处理的四则运算和逻辑运算,这就使软件非常庞大,开发工作十分困难,软件的可靠性和可维护性也相应变差。因此,可以说,正是因为把以科学计算为基础的冯氏计算机应用在非数值计算的数据处理中(会计信息系统属于此类处理),人们成功地把危机转嫁到了软件上。

软件危机的产生,除了上述两个主要原因之外,还与人们在软件开发和维护中采用错误的方法有关。

软件系统的复杂性虽然给开发和维护带来了客观困难,但是人们在开发和使用计算机系统的长期实践中也积累了许多经验,如果坚持不懈地使用经过实践证明是正确的方法,许多困难是完全可以克服的。但是,目前相当多的开发人员对软件开发和维护还有不少糊涂的观念,在实践中或多或少地采用错误的技术和方法,如忽视软件的维护性等。这些关于软件开发和维护的错误认识和做法是产生软件危机的第三个重要原因。

此外,软件危机的形成还有如下一些原因:

① 用户需求不明确,体现在四个方面:软件开发出来之前,用户自己不清楚其具体需求;用户对软件需求的描述不精确(有遗漏或者二义性)甚至有错误;软件开发过程中用户不停地提出修改要求(例如,修改软件功能、界面和支撑环境等);软件开发人员对用户的理解与用户本来愿望有差异。

② 缺乏正确的理论指导,特别是缺乏有力的方法学和工具方面的支持。

③软件规模越来越大。

④软件复杂度越来越高。

⑤软件灵活性要求高。

影响软件生产率与质量的因素十分复杂,包括个人能力、团队协作、产品复杂度、合适的符号表达方式、可利用的时间地点以及其他因素(诸如技术水平、变更控制、采用的方法、对问题的理解、需求稳定程度、设施及资源、相应的培训、管理水平、恰当的目标以及期望的高低等)。

(3) 消除软件危机的途径

如前所述,软件危机产生的重要原因之一在于硬件体系结构的发展与软件应用的发展不适应,因此,解决软件危机的理想办法是计算机硬件结构的智能化,用硬件来判断、联想多值逻辑的思维功能。比如,使用者只需要用自然语言(而不是程序设计语言)描述清楚所要解决的问题,至少再给一些解决该问题需要的知识和规则,计算机就能自动进行推理和运算,正确解决用户提出的问题,那么软件危机就会得到根本性的解决。上述设想正是日、美等国正在积极研究的第五代计算机的目标之一。

然而目前的情况是,很可能在相当一段时间内人们不得不继续使用冯氏计算机来解决所有领域内的应用问题,因此我们必须研究在计算机体系结构和功能没有根本变革的情况下,解决软件危机的办法。软件工程学科正是从研究软件开发和维护的方法学方面来找解决软件危机途径的。

4. 软件工程的目标和原则

为了解决软件危机所带来的困扰,1968 年在当时的联邦德国召开的 NATO(北约)科技委员会会议上首次提出"软件工程"(Software Engineering)的概念,提出把软件开发从"艺术"和"个体行为"向"工程"和"群体协同工作"转化。其基本思想是应用计算机科学理论和技术以及工程管理原则和方法,按照预算和进度,实现满足用户要求的软件产品的定义、开发、发布和维护的工程。从此诞生了一门新的学科——软件工程。

Fritz Bauer 曾经为软件工程下了如下定义:软件工程是为了经济地获得能够在实际机器上有效运行的可靠软件而建立和使用的一系列完善的工程化原则。1993 年 IEEE 给出的定义为:软件工程是将系统化的、规范的、可度量的方法应用于软件的开发、运行、维护过程,即将工程化应用于软件中方法的研究。目前人们给出的一般定义是:软件工程是一门旨在生产无故障的、及时交付的、在预算之内且满足用户需求的软件的学科。实质上,软件工程就是采用工程的概念、原理、技术和方法来开发与维护软件,把经过时间考验而证明正确的管理方法和最先进的软件开发技术结合起来,应用到软件开发和维护过程中,来解决软件危机问题。

软件工程包括三个要素:方法、工具和过程。软件工程的层次如图 1-4 所示。

图 1-4 软件工程层次

软件工程方法为软件开发提供了"如何做"的技术。它包括了多方面的任务,如项目计划与估算、软件系统需求分析、数据结构、系统总体结构的设计、算法过程的设计、编码、测试以及维护等。

软件工具为软件工程方法提供了自动的或半自动的软件支撑环境。目前,已经推出了许多软件工具,这些软件工具集成起来,建立起了称为计算机辅助软件工程(CASE)的软件开发支撑系统。CASE将各种软件工具、开发机器和一个存放开发过程信息的工程数据库组合起来形成一个软件工程环境。

软件工程的过程则是将软件工程的方法和工具综合起来以达到合理、及时地进行计算机软件开发的目的。过程定义了方法使用的顺序、要求交付的文档资料、为保证质量和协调变化所需要的管理以及软件开发各个阶段完成的里程碑。

(1) 软件工程的目标

软件工程的目标是:在给定成本、进度的前提下,开发出具有可修改性、有效性、可靠性、可理解性、可维护性、可重用性、可适应性、可移植性、可追踪性和可互操作性并满足用户需求的软件产品。追求这些目标有助于提高软件产品的质量和开发效率,减少维护的困难。

① 可修改性(Modifiability)。允许对系统进行修改而不增加原系统的复杂性。它支持软件的调试与维护,是一个难以度量和难以达到的目标。

② 有效性(Efficiency)。软件系统能最有效地利用计算机的时间资源和空间资源。各种计算机软件无不将系统的时/空开销作为衡量软件质量的一项重要技术指标。很多场合,在追求时间有效性和空间有效性方面会发生冲突,这时不得不牺牲时间效率换取空间有效性或者牺牲空间效率换取时间有效性,时/空折中是经常出现的。有经验的软件设计人员会巧妙地利用折中的概念,在具体的物理环境中实现用户的需求和自己的设计。

③ 可靠性(Reliability)。能够防止因概念、设计和结构等方面的不完善造成的软件系统失效,具有挽回因操作不当造成软件失效的能力。对于实时嵌入式计算机系统,可靠性是一个非常重要的目标,因为软件要实时地控制一个物理过程,如宇宙飞船的导航、核电站的运行等,如果可靠性得不到保证,一旦出现问题就可能是灾难性的,后果不堪设想。因此,在软件开发、编码和测试过程中,必须将可靠性放在重要地位。

④ 可理解性(Understandability)。系统应当具有清晰的结构,能直接反映问题的需求。可理解性有助于控制软件系统的复杂性,并支持软件的维护、移植或重用。

⑤ 可维护性(Maintainability)。软件产品交付用户使用后,能够对它进行修改,以便纠正潜伏的错误以及改进性能和其他属性,使软件产品适应环境的变化。由于软件是逻辑产品,只要用户需要,它可以无限期地使用下去,所以软件维护是不可避免的。软件维护费用在软件开发费用中占有很大的比重。可维护性是软件工程中一项非常重要的目标。软件的可理解性和可修改性有利于软件的可维护性。

⑥ 可重用性(Reusability)。概念或功能相对独立的一个或一组相关模块定义为一个软部件。软部件可以在多种场合应用的程度称为部件的可重用性。可重用的软部件有的可以不加修改直接使用,有的需要修改以后再用。可重用软部件应具有清晰的结构和注释以及正确的编码和较低的时/空开销。各种可重用软部件还可以按照某种规则存放在软部件库中,供软件工程师们选用。可重用性有助于提高软件产品的质量和开发效率,同时还可以降低软件的开发和维护费用。

⑦ 可适应性(Adaptability)。它是软件在不同的系统约束条件下,使用户需求得到满足的难易程度。适应性强的软件应采用广为流行的程序设计语言编码,在广为流行的操作系统环境下运行,采用标准的术语和格式书写文档。适应性强的软件较容易推广使用。

⑧可移植性(Portability)。它是指软件从一个计算机系统或环境移到另一个计算机系统或环境的难易程度。为了获得比较高的可移植性,在软件设计过程中通常采用通用的程序设计语言和运行支撑环境。对依赖于计算机系统的低级(物理)特征部分,如编译系统的目标代码生成,它相对独立且集中,这样与处理机无关的部分就可以移植到其他系统上使用。可移植性支持软件的可重用性和可适应性。

⑨可追踪性(Traceability)。它是根据软件需求对软件设计、程序进行正向跟踪或根据程序、软件设计对软件需求进行逆向追踪的能力。软件可追踪性依赖于软件开发各个阶段文档和程序的完整性、一致性和可理解性。降低系统的复杂性会提高软件的可追踪性。软件在测试或维护过程中以及程序在执行期间出现问题时,应记录程序事件或有关模块中的全部或部分指令现场,以便分析、追踪产生问题的因果关系。

⑩可互操作性(Interoperability)。它是指多个软件元素相互通信并协同完成任务的能力。为了实现可互操作性,软件开发通常要遵循某种标准(如 J2EE、DCOM、CORBA 等),支持这种标准的环境将为软件元素之间的可互操作提供便利。可互操作性在分布计算环境下尤为重要。

在具体项目的实际开发中,企图让以上几个目标都达到理想的程度往往是非常困难的。

图 1-5 表明了软件工程目标之间存在的相互关系。其中有些目标之间是互补关系,例如,易于维护和高可靠性之间,低开发成本与按时交付之间。还有一些目标是彼此互斥的,例如,低开发成本与软件可靠性之间、提高软件性能与软件可移植性之间就存在冲突。

图 1-5 软件工程目标之间的关系

(2)软件工程的基本原理

自从 1968 年提出"软件工程"这一术语以来,研究软件工程的专家学者陆续提出了 100 多条关于软件工程的准则或信条。美国著名的软件工程专家 Boehm 综合这些专家的意见,并总结了 TRW 公司多年开发软件的经验,于 1983 年提出了软件工程的七条基本原理。Boehm 认为,这七条原理是确保软件产品质量和开发效率的原理的最小集合。

七条原理之间是相互独立的,是缺一不可的最小集合;同时,它们又是相当完备的。人们当然不能用数学方法严格证明它们是一个完备的集合,但是可以证明,在此之前已经提出的 100 多条软件工程准则都可以由这七条原理的任意组合蕴含或派生。

①用分阶段的生命周期计划严格管理

这一条是吸取前人的教训而提出的。统计表明,50%以上的失败项目是由于计划不周而造成的。在软件开发与维护的漫长生命周期中,需要完成许多性质各异的工作。这条原理意味着,应该把软件生命周期分成若干阶段,并相应制订出切实可行的计划,然后严格按照计划对软件的开发和维护进行管理。Boehm认为,在整个软件生命周期中应指定并严格执行六类计划:项目概要计划、里程碑计划、项目控制计划、产品控制计划、验证计划、运行维护计划。

②坚持进行阶段评审

统计结果显示:大约63%的错误是在编码之前造成的,错误发现的越晚,改正它要付出的代价就越大(要差2到3个数量级)。因此,软件的质量保证工作不能等到编码结束之后再进行,应坚持进行严格的阶段评审,以便尽早发现错误。

③实行严格的产品控制

开发人员最痛恨的事情之一就是改动需求,但是实践告诉我们,需求的改动往往是不可避免的,这就要求我们要采用科学的产品控制技术来顺应这种要求,也就是要采用变动控制,又称为基准配置管理。当需求变动时,其他各个阶段的文档或代码随之相应变动,以保证软件的一致性。

④采纳现代程序设计技术

从20世纪六七十年代的结构化软件开发技术到最近的面向对象技术,从第一、第二代语言到第四代语言,人们已经充分认识到:采用先进的技术既可以提高软件开发的效率,又可以减少软件维护的成本。

⑤结果应能清楚地审查

软件是一种看不见、摸不着的逻辑产品,因此软件开发小组的工作进展情况可见性差,难于评价和管理。为更好地进行管理,应根据软件开发的总目标及完成期限,尽量明确地规定开发小组的责任和产品标准,从而使所得到的标准能清楚地审查。

⑥开发小组的人员应少而精

开发人员的素质和数量是影响软件质量和开发效率的重要因素,应该少而精。这一条基于两点原因:高素质开发人员的效率比低素质开发人员的效率要高几倍到几十倍,开发工作中犯的错误也要少得多,当开发小组为N人时,可能的通信信道为$N(N-1)/2$,可见随着人数N的增大,通信开销将急剧增大。

⑦承认不断改进软件工程实践的必要性

遵从上述六条基本原理,就能够较好地实现软件的工程化生产,但是,它们只是对现有经验的总结和归纳,并不能保证赶上技术不断前进发展的步伐。因此,Boehm提出应把承认不断改进软件工程实践的必要性作为软件工程的第七条原理。根据这条原理,不仅要积极采纳新的软件开发技术,还要注意不断总结经验,收集进度和消耗等数据,进行出错类型和问题报告统计。这些数据既可以用来评估新的软件技术的效果,也可以用来指明必须着重注意的问题和应该优先进行研究的工具和技术。

● 实施步骤

通过了解软件工程的发展历史,将发现在大部分软件项目的开发过程中,经常会出现这样或那样的问题,总结起来似乎与软件危机中描述的现象如出一辙,可见软件工程的发展实际上就是如何保证软件项目顺利进行的经验的集成,最终达成软件工程项目的最基本目标。

本书需要学习运用有效的技术手段、管理方法和工具保证项目顺利推进,能够按时完成开发任务,及时交付用户使用;通过合理选取资源监控项目有效的成本;合理构建软件系统结构;在满足用户要求的软件功能实现的前提下,尽可能降低软件的维护费用,开发出具有较好的软件性能、易于移植以及可靠性高的软件。

在本书后续的章节中将以一个项目小组完成一个完整的案例为背景,根据项目阶段的推进提出相应的任务要求,启发读者根据学习到的相关知识进行思考,在实施步骤中将会对任务完成的过程和思路进行指导。

● 项目实践

撰写自己所经历项目的经验总结,并给出日后改进的方案或方向,提交报告,不少于1 000字。

任务 2 认识软件开发过程模型

● 任务描述

软件开发是一种组织良好、管理严密、各类人员协同配合以及共同完成的工程项目,需要充分吸收和需要借鉴人类长期以来从事各种工程项目所积累的行之有效的管理、概念、技术和方法,特别要吸取几十年来人类从事计算机硬件研究和开发的经验教训。经过几十年的软件开发实践证明:按工程化的原则和方法组织管理软件开发工作是有效的,是摆脱软件危机的一个主要出路。

那么,软件开发是怎样的一个过程,有哪些具体的软件开发过程框架可以借鉴呢?

● 相关知识

1. 软件过程

软件工程是一种层次化的技术(如图 1-4 所示)。软件工程的基础是软件过程,而软件过程是生产软件的途径,是为了获得软件产品而需要完成的一系列有关软件工程的活动,它与软件生存期模型、软件开发工具以及参与开发的人员等多方面因素有关。将软件过程与技术层结合在一起,以便及时、合理地开发出计算机软件。软件过程中定义了一组关键过程域(KPA),用以构成软件项目管理控制的基础,并建立了一个语境来规定技术方法的采用、工程产品(模型、文档、数据、报告、表格等)的产生、里程碑的建立、质量的管理以及适当的变更管理。

一个软件过程的表示形式如图 1-6 所示,通过定义若干框架活动来建立公共过程框架,每一个任务集合都由软件工程工作任务、项目里程碑、软件工程产品(交付物)和质量保证点组成,通过多个任务集合来保证框架活动可被修改,以适应不同软件项目特征和项目组的需要。此外,保障性活动(如软件质量保证、软件配置管理和测试等)等覆盖了整个过程模型,它独立于任何一个框架活动且贯穿于整个软件过程。

一个软件过程描述的构成元素称为过程元素。每个过程元素包括一组妥善定义的、有限制的、紧密相关的作业(例如软件估计元素、软件设计元素等)。过程元素的描述可以是待填充的样板、待完成的片段、待精炼的抽象描述、待修改的完整描述或已使用的无须修改的完整描述。已识别的软件过程元素分成以下三类:

(1)主要的软件过程元素:包括项目估算、项目计划、发现过程、需求定义、概念设计、详细设计、实现过程、部署/维护过程。

图 1-6 软件过程示意图

（2）支持的软件过程元素：包括配置管理、文档编制、质量保证、测试、组间协调等。

（3）组织的软件过程元素：包括基础设施、高层管理、软件过程改进、培训等。

标准软件过程是组织中所有软件开发和项目维护共用的软件过程，是项目定义软件过程的基础，它保证组织过程活动的连续性，是组织软件过程的测量和长期描述。标准软件过程中软件过程体系结构则是对组织标准软件过程的高层次（概括）描述，它描述标准软件过程中软件过程元素的排序、界面、相互依赖关系及其他关系。标准软件过程体系结构如图 1-7 所示，详细的软件过程层次体系结构如图 1-8 所示。

图 1-7 标准软件过程体系结构图

过程元素之间的关系如图 1-9 所示。

2. 软件过程模型

为了解决实际问题，软件工程师必须基于项目和应用的性质、采用的方法和工具以及需要控制和交付的产品，综合出一个开发策略。该策略包含过程、方法和工具三个层次以及定义、开发和支持三个一般性阶段。这个策略常被称为过程模型或软件工程规范。

图 1-8 详细的软件过程层次体系结构

图 1-9 过程元素之间的关系

软件开发可以通过一个如图 1-10(a)所示的问题解决环进行刻画,环中包含四个不同阶段:状态引用、问题定义、技术开发和解决集成。状态引用表示事物的当前状态;问题定义标识要解决的特定问题;技术开发通过应用某些技术来解决问题;解决集成向需要解决方案的人提交结果。

上述问题解决环可以应用于软件工程的多个不同开发级别上,可以使用分形表示以提供关于过程的理想化视图,如图 1-10(b)所示。问题解决环的每一阶段又包含一个相同的问题解决环,继续嵌套直到一个合理的边界(对于软件而言是代码行)。因为阶段内部和阶段之间的活动常常有交叉,很难清楚地划分出这四个阶段的活动,但是在某些细节的级别上它们同时共存,所以,对一个完整应用的分析和在一小段代码的生成过程中可以递归地应用这四个阶段。

(a)问题解决环的阶段　　(b)问题解决环阶段中的阶段

图 1-10　软件过程模型

软件过程模型是从软件需求定义直至软件交付使用后报废的整个生存期中的系统开发、运行和维护所实施的全部过程、活动和任务的结构框架。到目前为止已经提出了多种软件过程模型,主要有传统的瀑布模型(Waterfall Model)(线性顺序模型)、原型模型(Prototype Model)、螺旋模型(Spiral Model)、快速应用开发模型(RAD)等。模型的选择通常基于软件的特点和应用的领域。下面具体介绍这些典型的模型。

(1)瀑布模型

瀑布模型提出了系统的,按顺序开发软件的方法,从系统级开始分析、设计、编码、测试和支持。从传统工程周期的角度分析,瀑布模型包含以下活动:(问题)定义、需求分析、设计、编码、测试、运行和维护(如图 1-11 所示),各项活动自上而下相互衔接,如同瀑布流水,逐级下落,体现了不可逆转性。

①问题定义。包含在系统级收集的需求及一小部分顶层分析和设计,或在战略业务级和业务领域级收集的需求。

②需求分析。软件工程师/分析员必须了解软件的信息领域以及所需的功能、行为、性能和接口,系统需求和软件需求均需编写文档并与客户共同进行评审。

③设计。软件设计的各步骤集中于程序的四个不同属性(数据结构、软件体系结构、接口表示及工程算法细节)。设计过程将需求转换成软件表示,在编码之前就可以评估其质量。同样,作为软件配置的一部分,设计也要文档化。

④代码生成。代码生成是指把设计转变成机器可读的形式。

⑤测试。测试过程集中于软件的内部逻辑和外部功能,前者要保证所有语句都测试到。

⑥支持(运行/维护)。通常来说,软件在交付给用户之后不可避免地会发生修改,当遇到错误时,当软件必须适应外部环境的变化时或者当用户希望增强其功能或性能时,都需要对软件进行修改。软件支持/维护重复以前各个阶段,不同之处在于它是针对已有的程序而非新程序。

(a) 瀑布模型表示一　　　　　　(b) 瀑布模型表示二

图 1-11　瀑布模型的表示

当然,软件开发的实践表明,上述各项开发活动之间并非是完全自上而下,呈现线性模式。实际操作时,要对每项活动实施的工作进行评审,若得到确认则继续下一项活动,在图 1-11 中用向下的箭头表示;否则返回前面的活动进行返工,在图 1-11 中用向上的箭头表示。

20 多年来瀑布模型得到了广泛应用,一是由于它在支持开发结构化软件、控制并降低软件开发的复杂度、促进软件开发工程化方面起了显著作用;二是由于它为软件开发和维护提供了一种当时较为有效的管理模式,根据这一模式制订开发计划、进行成本预算、组织开发力量,以项目的阶段评审和文档控制为手段,有效地对整个软件开发过程进行指导,从而保证了软件产品及时交付,并达到预期的质量要求。我国曾在 1988 年依据该模型制定并公布了《软件开发规范》国家标准,对我国软件开发起到了较大的促进作用。

瀑布模型的优点表现在它强调开发的阶段性,强调早期计划和需求调查以及强调产品测试。但是在使用时有时会遇到如下一些问题:

① 实际项目很少按照该模型给出的顺序进行。虽然瀑布模型允许迭代,但却是间接的,在项目开发过程中可能会引起混乱。

② 客户常常难以清楚地给出所有需求,而该模型却要求必须如此,所以它不能接受在许多项目的开始阶段自然存在的不确定性。

③ 客户必须有耐性。一直要等到项目开发周期的后期才能得到程序的运行版本,此时若发现大的错误,其后果可能是灾难性的。

④ 过分依赖于早期进行的需求调查,不能适应需求的变化。由于是单一流程,开发中的经验教训不能反馈应用于本产品的过程;风险往往迟至后期的开发阶段才显露,因而失去及早纠正的机会,项目开发往往失去控制。

除此之外,传统生存周期的线性特征还会导致"阻塞状态",即某些项目团队成员不得不等待团队内的其他成员先完成其所依赖的任务,耽误的时间可能会超过在开发工作上的时间。

尽管存在以上问题,传统的生存周期模型在软件工程中仍然占据肯定和重要的位置。它提供了一个模板,使得分析、设计、编码、测试和支持的方法可以在此指导下应用。它适合以下类型的项目:

①需求简单清楚,并在项目初期就可以明确所有的需求。
②要求做好阶段审核和文档控制。
③不需要二次开发。

表 1-3 是瀑布模型中各个阶段的主要工作以及相应的质量控制手段。

表 1-3　　　　　　　瀑布模型各阶段主要工作及质量控制手段

阶　段	主要工作		应完成的文档	控制文档质量的手段
问题定义	(1)调研用户需求及用户环境 (2)论证项目可行性 (3)制订项目初步计划		(1)可行性报告 (2)项目初步开发计划	(1)规范工作程序及编写文档 (2)对可行性报告及项目初步开发计划进行评审
需求分析	(1)确定系统运行环境 (2)建立系统逻辑模型 (3)确定系统功能及性能要求 (4)编写需求规约、用户手册概要及测试计划 (5)确认项目开发计划		(1)需求规约 (2)项目开发计划 (3)用户手册概要 (4)测试计划	(1)在进行需求分析时采用成熟的技术与工具,如结构化分析 (2)规范工作程序及编写文档 (3)对已完成的四种文档进行评审
设计	概要设计	(1)建立系统总体结构,划分功能模块 (2)定义各功能模块接口 (3)数据库设计(如果需要) (4)制订组装测试计划	(1)概要的设计说明书 (2)数据库设计说明书(如果有) (3)组装测试计划	(1)在进行系统设计时采用先进的技术与工具,如结构化设计、结构图 (2)编写规范化工作程序及文档 (3)对已完成的文档进行评审
	详细设计	(1)设计各模块具体实现算法 (2)确定模块间详细接口 (3)制订模块测试方案	(1)详细的设计说明书 (2)模块测试计划	(1)设计时采用先进的技术与工具,如结构图(SC) (2)规范工作程序及编写文档 (3)对已完成的文档进行评审
实现	(1)编写程序源代码 (2)进行模块测试和调试 (3)编写用户手册		(1)程序调试报告 (2)用户手册	(1)在实现过程中采用先进的技术与工具,如结构图(SC) (2)规范工作程序及编写文档 (3)对实现过程及已经完成的文档进行评审
测试	集成测试	(1)执行集成测试计划 (2)编写集成测试报告	(1)系统的源程序清单 (2)集成测试报告	(1)测试时采用先进的技术和工具 (2)规范工作程序及文档编写 (3)对测试工作及已完成的文档进行评审
	验收测试	(1)测试整个软件系统(鲁棒性测试) (2)测试用户手册 (3)编写开发总结报告	(1)确认测试报告 (2)用户手册 (3)开发工作总结	

(续表)

阶段	主要工作	应完成的文档	控制文档质量的手段
维护	(1)为纠正错误,完善应用而进行修改 (2)对修改进行配置管理 (3)编写故障报告和修改报告 (4)修订用户手册	(1)故障报告 (2)修改报告	(1)维护时采用先进的工具 (2)规范工作程序及编写文档 (3)配置管理 (4)对维护工作及已经完成的文档进行评审

(2)原型实现模型

在项目开发的初始阶段,由于人们对软件的需求认识常常不够清晰,因而使得开发项目难于做到一次成功,出现返工在所难免。因此,可以先做试验开发,以探索可行性并弄清软件需求,在此基础上获得较为满意的软件产品。通常把第一次得到的试验性产品称为"原型(Prototype)",即把系统主要功能和接口通过快速开发制作为"软件样机",以可视化的形式展现给用户,及时征求用户意见,从而明确无误地确定用户需求,同时也可用于征求内部意见,作为分析和设计的接口之一,以便于沟通。

原型实现模型的基本思想是:原型实现模型从需求采集开始,如图1-12所示,然后是"快速设计",集中于软件中那些对用户/客户可见的部分的表示(如输入方式和输出格式)并最终产生原型,这个过程是迭代的。原型依据用户/客户评估以及经过进一步精化的软件开发需求,通过逐步调整以满足用户要求,同时也使开发者对将要做的事情有一个更好的理解。

图1-12 原型实现模型

原型实现模型的主要价值是可视化,强化沟通,降低风险,节省后期变更成本,提高项目成功率。一般来说,采用原型实现模型后可以改进需求质量;虽然前期投入了较多的时间,但可以显著减少后期变更的时间;原型投入的人力成本代价并不大,却可以节省后期成本。对于较大型的软件来说,原型系统可以成为开发团队的蓝图。另外,原型通过充分和客户交流,还可以提高客户的满意度。

对原型实现模型的基本要求有:体现主要的功能;提供基本的界面风格;展示比较模糊的部分,以便于确认或进一步明确,防患于未然;原型最好是可运行的,至少在各主要功能模块之间能够相互衔接。

根据运用原型的目的和方式不同,原型可分为以下两种不同的类型:

①抛弃型(或丢弃型)。先构造一个功能简单而且质量要求不高的模型系统,针对这个模型系统反复进行分析和修改,形成比较好的设计思想,据此设计出更加完整、准确、一致、可靠的最终系统。系统构造完成后,原来的模型系统就被丢弃。这种类型通常是以针对系统的某些功能进行实际验证为目的,本质上仍然属于瀑布模型,只是以原型作为一种辅助的验证手段。

②演化型(或追加型)。先构造一个功能简单而且质量要求不高的模型系统作为最终系统的核心,然后通过不断地扩充和修改,逐步追加新要求,最后发展成为最终系统。软件的原型是最终系统的第一次演化,也就是说,首先进行需求调研和分析,然后选择一个优秀的开发工具快速开发出一个原型来请用户试用,用户经过试用提出修改建议,开发人员修改原型,再返回到用户进行试用,这个过程经过多次反复直到最终用户满意为止。

有人把抛弃型原型又细分为探索型和实验型。探索型原型的目的是要弄清对目标系统的要求,确定所希望的特性,并探讨多种方案的可行性。它主要针对开发目标模糊以及用户和开发者对项目都缺乏经验的情况。而实验型原型用于大规模开发和实现之前,用来考核方案是否合适,规约是否可靠。

一般小项目不采用抛弃型原型,否则成本和代价通常会偏高;而演化型原型法主要针对事先不能完整定义需求的软件开发。用户可以给出待开发系统的核心需求,并且当看到核心需求实现后,能够有效地提出反馈,以支持系统的最终设计和实现。软件开发人员根据用户的需求,首先开发核心系统。当该核心系统投入运行,经过用户试用后,由用户提出精化系统、增强系统能力的需求,软件开发人员根据用户的反馈,实施开发的迭代过程。每一迭代过程均由需求、设计、编码、测试、集成等阶段组成,如图1-13所示。

图1-13 演化模型

使用演化模型具有以下好处:

①任何功能一经开发就能进入测试,方便验证是否符合产品需求。

②帮助导引出高质量的产品要求。如果一开始无法弄清楚所有的产品需求,也可以分批取得,而对于已提出的产品需求则可根据对现阶段原型的试用而做出修改。

③风险管理较少。可以在早期就获得项目进度数据,可据此对后续的开发循环做出比较切实的估算,提供机会去采取早期预防措施,增加项目成功的概率。

④有助于早期建立产品开发的配置管理、产品构建、自动化测试、缺陷跟踪、文档管理,均衡整个开发过程的负荷。

⑤开发中的经验教训能反馈应用于本产品的下一个循环过程,大大提高了质量与效率。

⑥风险管理中若发现资金或时间已超出可承受的程度,则可以调整后续开发,或在一个适当时刻结束开发,但仍然要有一个具有部分功能的、可使用的产品。

⑦开发人员早日见到产品的雏形,可在心理上获得一种鼓舞。

⑧提高产品开发各过程的并行化程度。用户可以在新的一批功能开发测试后,立即参与验证,以提供有价值的反馈。此外,销售工作也有可能提前进行,因为可以在产品开发的中后期取得包含了主要功能的产品原型去向客户做展示和试用。

演化模型同时也存在一些不足之处：在一开始如果所有的产品需求没有完全弄清楚，会给总体设计带来困难并削弱产品设计的完整性，最终影响产品性能的优化及产品的可维护性；如果缺乏严格的过程管理，这个生命周期模型就很可能退化为一种原始的、无计划的"试验—出错—改正"模式；心理上松懈，可能会认为虽然不能完成全部功能，但还是构造出了一个有部分功能的产品；如果不加控制地让用户接触开发中尚未测试稳定的功能，可能对开发人员和用户都会产生负面的影响。

理想情况下原型可以作为标识软件需求的一种机制，但它仍然存在问题，如下所示：

①客户看到的似乎是软件的工程版本，但他们不知道原型只是拼凑起来的，不知道为了使原型很快能够工作而没有考虑软件的总体质量和长期的可维护性。为了达到用户高质量的需求，程序员不得不反复修改原型使其成为最终的工作产品，但却放松了软件开发管理。

②开发者为使原型能够尽快工作，原型中常常会存在一些考虑欠成熟的方面，长时间后开发者可能已经习惯了这些选择，忘记了它们不合适的初始原因，最终这些不理想的选择就会成为系统的组成部分。

尽管存在以上问题，原型仍是软件工程的一个有效模型，关键是定义开始时的执行规则，即客户和开发商两方面必须达到一致：原型被建造仅是为了定义需求，之后就被抛弃（或至少部分被抛弃），实际软件在充分考虑了质量和可维护性之后才能被开发。

原型法在软件过程中的地位如图 1-14 所示。

图 1-14　软件原型的地位

采用原型模型的一般过程如图 1-15 所示。

图 1-15　原型模型的处理过程

最后还要注意界面设计的引入。将界面风格在原型阶段就基本确定是一种优化的做法，可以避免后期开发时对界面进行统一调整所带来的不必要的成本花费。良好的界面可以增加客户对系统的好感，这与系统功能的全面思考并不矛盾。

(3) 螺旋模型

1988 年美国 TRW 公司(B. W. Boehm)提出的螺旋模型是一种特殊的原型方法，适用于规模较大的复杂系统，它将原型实现的迭代特征与瀑布模型中控制和系统化的方面结合起来，并加入两者所忽略的风险分析，使得软件的增量版本的快速开发成为可能。软件项目风险的大小作为指引软件过程的一个重要因素，引入这一概念后可使软件开发被看作一种元模型，因为它能包容任何一个开发过程模型。在螺旋模型中，软件开发是一系列的增量发布：在早期的迭代过程中发布的增量可能是一个纸上的模型或者原型，在以后的迭代过程中逐步产生被开发系统的更加完善的版本。

螺旋模型被划分为若干个框架活动(或称任务区域)，典型情况下沿着顺时针方向划分为3～6个任务区域。图 1-16 画出了包含四个任务区域的螺旋模型，在笛卡儿坐标的四个象限上分别表达了不同方面的活动，即：

① 制订计划。定义资源、进度及其他相关项目信息所需的任务。

② 风险分析。评估技术及管理的风险，制订控制风险措施的任务。

③ 实施过程。建立应用一个或多个表示所要的任务。

④ 客户评估。对在工程阶段产生的或在安装阶段实现的软件进行评估并获得客户反馈所需要的任务。

图 1-16 螺旋模型

每一个区域都含有一系列适应待开发项目特点的工作任务，称为任务集合。对于较小的项目，工作任务的数目及其形式化程度均较低；而对于较大的、关键的项目，每一个任务区域包含较多的工作任务以得到较高级别的形式化。

随着演化过程的开始，软件工程项目组按顺时针方向从核心开始沿螺旋移动，依次产生产品的规约、原型、软件更完善的版本。经过计划区域的每一圈都对项目计划进行调整,基于从客户评估得到的反馈调整费用和进度,并且项目管理者可以调整完成软件所需计划的迭代次数。

螺旋模型在"瀑布模型"的每一个开发阶段之前引入了非常严格的风险识别、风险分析和风险控制,直到采取了消除风险的措施之后,才开始计划下一阶段的开发工作。否则,项目就很可能被取消。另外,如果有充足的把握判断遗留的风险已降低到一定的程度,项目管理人员可做出决定,让余下的开发工作采用另外的生命周期模型。

对于大型系统及软件的开发,螺旋模型是一个很实用的方法。在软件过程的演化中,开发者和客户能够更好地理解和对待每一个演化级别上的风险,所以,螺旋模型可以使用原型实现作为降低风险的手段,而且开发者在产品演化的任一阶段都可应用原型实现方法。螺旋模型在保持传统生存周期模型中系统的、阶段性的方法的基础上,对其使用迭代框架,这就更真实地反映了现实世界,而且螺旋模型可以在项目的所有阶段直接考虑到技术风险,如果应用得当,就能够在风险出现之前降低它。因此,螺旋模型具有以下优点:

① 强调严格的全过程风险管理。
② 强调各开发阶段的质量。
③ 提供机会检讨项目是否有价值继续下去。

但是,螺旋模型相对比较新,可能难以使客户(尤其在合同情况下)相信演化方法是可行的,而且不像瀑布模型或原型实现模型那样广泛应用,对其功效的完全确定还需要时间。此外,它需要非常严格的风险识别、风险分析和风险控制的专门技术,且其成功依赖于这种专门技术,这对风险管理的技术水平提出了很高的要求,还需要人员、资金和时间的较大投入。

(4) 并发模型

并发模型也称并发工程,它表达了在软件项目任一阶段的活动之间存在的并发性。试图根据传统生存周期的主要阶段来跟踪项目状态的项目管理者是根本不可能了解其项目状态的,这种过于简单的模型无法跟踪非常复杂的活动。大多数软件开发过程模型均为时间所驱动,靠近模型的后端就意味着处于开发过程后面的阶段,而一个并发过程模型是由用户要求、管理决策和评审结果驱动的。

并发过程模型大致可以表示为一系列的主要技术活动、任务以及它们的相关状态。

图 1-17 给出了并发过程模型中一个活动的图形表示。分析活动在任一给定时刻可能处于任一状态,其他活动(如设计或用户通信)也同样能用类似方式来表示。

并发过程模型定义了一系列事件,对于每一个软件活动,这些事件触发了从一个状态到另一个状态的转变。并发过程模型常用于客户机/服务器应用的开发范例,此时并发过程模型在系统维和构件维上定义活动。系统维包含设计、组装和使用三个活动,构件维包含设计和实现两个活动。并发性通过两种方式实现:系统维和构件维活动同时发生,并可使用上述面向状态的方法进行建模;一个典型的客户机/服务器应用通过多个构件实现,其中每个构件均可以并发地设计和实现。

实际上,并发过程模型可应用于所有类型的软件开发,并能提供关于一个项目当前状态的准确视图。该模型没有把软件工程活动限定为一个事件序列,而是定义为一个活动网络,其上每一个活动均可与其他活动同时发生。在一个给定的活动或活动网络中,其他活动中产生的事件将触发一个活动状态的转变。

图 1-17 并发过程模型的一个活动

(5) 基于构件的开发模型

面向对象模型为软件工程的基于构件的过程模型提供了技术框架。基于构件的开发模型(Component-Based Software Development),简称 CBSD(如图 1-18 所示),它融合了螺旋模型的许多特征,本质上是演化型的,要求软件创建迭代过程,但是基于构件的开发模型是利用预先封装好的软件构件(或类)来构造应用的。

图 1-18 基于构件的开发模型

基于构件的开发模型实现软件复用,而可复用性对软件工程师大有益处。统一软件开发过程在产业界已提出一系列基于构件的开发模型,它使用统一建模语言(UML)定义被用于建造系统的构件和用于连接构件的接口。组合使用迭代和增量开发,从用户的视角统一过程,通过应用基于场景的方法来定义系统功能,再将功能和体系结构框架结合起来,通过体系结构框架来标识出软件所要表现的形式。

体系结构建立之后,需要用构件去充实,这些构件可从复用库中得到,或者根据需要专门定制开发。产生的新构件被提交复用后即可进行一系列基于构件的开发:先进行构件鉴定,保证其所选构件将要完成所需的功能,将其合适地"安装"到为系统选定的体系结构风格中,并将展示该应用所需的质量特征(如性能、可靠性、可用性);然后需要做适应性修改,通过构件的白盒包装或者黑盒包装来缓解多个区域中可能出现的冲突,软件小组必须确定应该是适应性包装构件还是应该开发定制新构件;最后进行构件组装,将认证、适应性能修改后以及开发的构件组装到为应用建立的体系结构中。

目前已经有一些主要的公司和产业提出了构件软件的标准。根据应用的类别和依赖的平台已有一些大型软件组织选择使用以下标准:

①OMG/CORBA。对象管理组织(OMG)发布了公共对象请求代理体系结构(CORBA)。一个对象请求代理(ORB)提供一系列的服务使得可复用构件(对象)可以同其他构件通信,而不管它们在系统中的位置如何。当构件用 OMG/CORBA 标准建立时,通过对每个构件创建一个接口定义语言(IDL)接口,可保证那些构件在系统内无须修改地集成。

②微软的 COM 构件。微软开发的构件对象模型(COM)提供了在运行于 Windows 操作系统之上的单个应用中使用不同厂商生产的对象的规约。COM 包含两个元素:COM 接口(实现为 COM 对象)和在 COM 接口间注册和传递消息的一组机制。对象通过接口在系统中注册,且使用构件系统和其他 COM 对象通信。

③Sun 的 JavaBean 构件 EJB。JavaBean 构件系统是一个可移植的、平台独立的 CASE 基础设施,使用 Java 程序设计语言开发。JavaBean 系统扩展了 JavaApplet 以适应基于构件的软件开发所需的更为复杂的软件结构。JavaBean 构件系统包含一组工具,称为 Bean 开发工具箱(BDK),可帮助用户分析现存的 Bean(构件)如何工作、定制它们的行为和外观、建立协同和通信机制、开发用于特定应用的定制 Bean,以及测试和评估 Bean 的行为。

(6)喷泉模型

瀑布模型的另一个不足之处在于,它对软件复用技术和生存期中的多项开发活动的集成并未提供支持,因而难于支持面向对象的开发。"喷泉"一词体现了迭代和无间隙性。系统某个部分常常重复工作多次,即相关的功能在每次迭代中均随之加入演进的系统。无间隙是指开发活动,即分析、设计和编码之间不存在明显的边界。

喷泉模型是一种以用户需求为动力、以对象为驱动的模型,主要用于描述面向对象的软件开发过程。该模型认为软件开发过程自下而上,且周期的各阶段是相互重叠和多次反复的,就像水喷上去又可以落下来,类似一个喷泉。喷泉模型的各个开发阶段没有特定的次序要求,并且可以交互进行,可以在某个开发阶段中随时补充其他任何开发阶段中的遗漏。采用喷泉模型的软件过程如图 1-19 所示。

图 1-19 采用喷泉模型的软件过程

喷泉模型主要用于面向对象的软件项目,软件的某个部分通常被重复多次,相关对象在每次迭代中随之加入渐进的软件成分。各活动之间无明显边界,例如设计和实现之间没有明显的边界,这也称为"喷泉模型的无间隙性"。由于对象概念的引入,表达分析、设计及实现等活动只用对象类和关系,从而可以较容易地实现活动的迭代和无间隙。

喷泉模型不像瀑布模型那样,需要分析活动结束后才开始设计活动,当然也不要求设计活动结束后才开始编码活动。该模型的各个阶段没有明显的界线,开发人员可以同步进行开发,其优点是可以提高软件项目开发效率,节省开发时间,适应于面向对象的软件开发过程。由于喷泉模型在各个开发阶段是重叠的,因此在开发过程中需要大量的开发人员,因此不利于项目的管理。此外这种模型要求严格管理文档,使得审核的难度加大,尤其是面对可能随时加入各种信息、需求与资料的情况。

实施步骤

对于一个软件工程项目来讲,软件开发过程模型的选择需要依据项目的实际特点而定,例如项目的大小、需求的确定性、期限的长短等因素。因此,这个阶段往往在对项目有一个初步了解之后才能够进行。下面的步骤描述主要是针对教材对应章节内容给出的基本思路。

1. 组建项目小组,确定小组人数及成员

人员不宜多,根据软件工程基本原理中对人员的要求,3~5人为一个合理的范围。

2. 项目选题

项目组组长组织讨论,选取成员相对比较熟悉以及感兴趣的项目领域,自拟实践题目。在本书中将以图书管理系统作为案例的选题。

3. 确定项目背景

当确定了项目选题之后,需要对项目的背景展开讨论,主要包括:

- 项目范围(问题与事件和受益群体)。
- 导致项目产生的宏观与社会环境。
- 提出这个项目的理由与原因。
- 其他长远与战略意义。

具体内容将在第3章需求工程中进行详细描述。在这里只是设想一个案例背景进行开发过程的分析。

4. 选取开发过程模型

小组根据项目背景,选取适合本项目特点的开发过程模型。

(1)瀑布模型适合以下类型的项目。

- 需求简单清楚,并在项目初期就可以明确所有的需求。
- 要求做好阶段审核和文档控制。
- 不需要二次开发。

(2)原型模型适合以下类型的项目。

- 需求不够明确。
- 系统分析人员和专业领域人员对需求较难达成共识。
- 需求可变。

(3)螺旋模型适合以下类型的项目。

对于新近开发,需求不明确的情况,适合用螺旋模型进行开发,便于风险控制和需求变更。

由于本书要讲述的案例——图书管理系统的系统规模比较小,用户需求比较明确(具体的项目背景介绍可参见书中第 3 章需求工程中任务 1 的内容描述),因此选择了最简单的瀑布模型作为软件开发的过程模型。

项目实践

1. 组建项目小组,并由项目组长提交项目小组选题名称及项目背景描述。
2. 提交报告,说明小组所选取的开发模型,并阐述其原因。

小 结

软件危机的出现导致了软件工程的诞生。软件工程试图以工程、科学和数学的原则与方法研制、维护计算机软件的有关技术和管理方法来解决软件危机。过程、方法和工具是软件工程的三要素,它揭示了软件工程是以有组织的质量承诺为基础,通过过程的定义和组织运用方法提供了软件在技术上需要"如何做"的一系列任务和基本原则,并通过工具对过程和方法提供了自动或半自动的支持。

软件工程在实践中不断发展和完善,特别是近年来,随着软件规模的迅速扩大,以及各行各业对软件需求的增长,更促进了软件工程的发展。

习 题

1. 在你平时开发软件时,遇到过类似于"软件危机"的现象吗?你通常是怎么解决的?
2. 通过对本章内容的学习,你认为软件工程主要研究哪些问题。谈谈你对这些问题的理解。
3. 假如你的客户需求很模糊,或者他不是很了解软件开发的一些概念,这时,你拟采取什么过程模型,为什么?
4. 假设你开发一个软件,它的功能是把 73624.9385 这个数开平方,所得到的结果应该精确到小数点后 4 位,一旦实现并测试完之后,该产品将被抛弃。你打算选用哪种生命周期模型,请说明理由。

第2章 软件工程管理

软件工程管理几乎与软件工程同时于20世纪70年代中期引起人们的广泛关注。美国国防部立题专门研究的结果发现,70%的项目是因为管理不善而非技术原因不能很好完成,这表明软件管理是影响软件研发的关键因素,而技术则处于次要位置。到了20世纪90年代中期,软件工程管理不善带来的问题仍然存在。对美国软件工程实施现状的调查表明,软件研发的成本和周期依然很难预测,大约只有10%的项目能够在规定的费用内按期完成。1995年,美国共取消了810亿美元的软件项目,其中31%的项目未做完就被取消,53%的软件项目进度通常要延长50%的时间,只有9%的软件项目能够及时交付并且费用也不超支。

软件项目失败的主要原因有:需求定义不明确,缺乏一个好的软件开发过程,没有一个统一领导的产品研发小组,子合同管理不严格,没有逐步改善软件过程,对软件构架很不重视,软件界面定义不善且缺乏合适的控制,关心创新而不关心费用和风险,军用标准太少且不够完善等。在关系到软件项目成功与否的众多因素中,软件度量、工作量估计、项目规划、进展控制、需求变化和风险管理等都是与工程管理直接相关的因素。由此可见,软件工程管理至关重要。

软件工程管理和其他工程管理相比有其特殊性。首先,软件是知识产品,进度和质量都难以度量,生产效率也难以保证;其次,软件系统复杂程度也是超乎想象的。例如,宇宙飞船的软件系统源程序代码多达2 000万行,如果按过去的生产效率(一个人一年只能写1万行代码),那么需要2 000人•年的工作量,这是非常惊人的。正因为软件如此复杂和难以度量,软件工程管理的发展还很不成熟。本章所讲的软件工程管理不仅仅是软件工程过程本身的管理,还包括软件工程过程有关的外部影响因素的管理,是全面的软件工程管理。

任务1 了解软件项目管理的内容

● 任务描述

软件管理的目标是保证软件项目的成功,即保证在规定的时间内、预算计划内开发出令用户满意的软件产品。软件开发的所有成员都紧紧围绕这一个目标进行工作。

那么,针对上一章选取的软件项目进行项目管理,应该包含哪些具体内容呢?

● 相关知识

1. 软件项目产品的特点

软件项目是以软件为产品的项目。软件产品的特质决定了软件项目管理和其他领域的项目管理存在着一定的差异。

(1)抽象性

软件是脑力劳动的结果,是一种逻辑实体,具有抽象性。在软件项目的开发过程中没有具体的物理制造过程,因而不受物理制造过程的限制,其结束以软件产品交付为标志。软件一旦研制成功,就可以大量复制,因此软件产品需要进行知识产权的保护。

(2) 缺陷检测的困难性

在软件的生产过程中,检测和预防缺陷是很难的,需要进行一系列的软件测试活动以降低软件的错误率。但即使如此,软件缺陷也是难以杜绝的,这就像一些科学实验中的系统误差,只能尽量减小,但不能够完全避免。

(3) 高度的复杂性

软件的复杂性可以很高。有人甚至认为,软件是目前为止人类所遇到的最为复杂的事物。软件的复杂性可能来自实际问题的复杂性,也可能来自软件自身逻辑的复杂性。

(4) 缺乏统一规则

作为一个学科,软件开发是年轻的,还缺乏有效的技术,目前已有的技术也还未经过很好的验证。不可否认,软件工程的发展带来了许多新的软件技术,例如软件复用技术和软件的自动生成技术,其中还包括一些有效的开发工具和开发环境,但这些技术在软件项目中采用的比率仍然很低,直到现在,软件开发还没有完全摆脱手工的方式,也没有统一的方法,否则它早已通过装配生产线实现了。具有不同经验和学科教育背景的人们为软件开发的方法、过程、技术、实践和工具的发展做出了贡献,这些多样性也带来了软件开发的多样性。

2. 软件项目管理的内容

IT 项目管理是以信息技术为基础的项目管理,它是项目管理的一种特殊形式,是随着信息技术的发展而诞生并不断完善的一种新的项目管理。一般项目管理的科学理论、思想方法和技术在 IT 项目管理中依然适用,同时由于它的特殊性也使其有特殊的管理问题需要研究和讨论。

(1) 软件项目管理的定义

软件项目管理的概念涵盖了管理软件产品开发所必需的知识、技能、工具和技术。美国项目管理协会(PMI)对项目管理的定义是在项目活动中运用一系列的知识、技能、工具和技术,以满足或超过相关利益者对项目的要求。可以根据项目管理的定义给出软件项目管理的一种定义:在软件项目活动中运用一系列知识、技能、工具和技术,以满足软件需求方的整体要求。

(2) 项目管理的要素

项目管理的主要要素包括范围、时间、成本和质量等,其中时间、质量和成本这三个要素简称为 TQC。

① 范围,也称为工作范围,指为了实现项目目标必须完成的所有工作。一般通过定义交付成果和交付成果的标准来定义工作范围。

② 时间,也称为项目进度。与项目时间相关的因素用进度计划来描述,进度计划不仅说明了完成项目工作范围内所有工作需要的时间,也规定了每个活动的具体开始日期和完成日期。

③ 成本,也称为项目费用,指完成项目所需要的所有款项的费用,包括人力成本、原材料、设备租金、分包费用和咨询费用等。

④ 质量,指项目满足明确或隐含需求的程度,与绩效和满意度密切相关。一般通过定义工作范围中的交付物标准来明确定义,这些标准包括各种特性及这些特性需要满足的要求。

在实际工作中,工作范围在"项目合同"中定义,时间在"项目进度计划"中进行规定,成本通过"项目预算"来约束,质量则在"质量保证计划"中规定。项目合同、项目进度计划、项目预算和项目质量保证计划是一个项目立项的基本条件。

在项目中很难保证每个指标都能同时达到最佳。在实际工作中往往只能均衡多种要素做出取舍,使最终的方案对项目的目标影响最小。

一般来说,目标、成本、进度三者是相互制约的。其中,目标可以分解为任务范围和质量两个方面。项目管理的目的就是谋求(任务)多,(进度)快,(质量)好,(成本)省的有机统一,通常,对于一个确定的合同项目,其任务的范围是确定的,项目管理就演变成在一定的任务范围下如何处理好质量、进度和成本三者的关系。

(3)软件项目管理的过程

为保证软件项目获得成功,必须清楚其工作范围、要完成的任务、需要的资源、需要的工作量、进度的安排、可能遇到的风险等。软件项目的管理工作在技术工作开始之前就应开始,在软件从概念到实现的过程中仍要继续进行,且只有当软件开发工作最后结束时才终止。管理的过程分为如下几个步骤:

①启动软件项目。启动软件项目是指明确项目的目标和范围,考虑可能的解决方案,明确技术和管理上的要求等,这些信息是软件项目运行和管理的基础。

②制订项目计划。软件项目一旦启动,就必须制订项目计划。计划的制订以下面的活动为依据:

a.估算项目所需要的工作量。

b.估算项目所需要的资源。

c.根据工作量制订进度计划,继而进行资源分配。

d.做出配置管理计划。

e.做出风险管理计划。

f.做出质量保证计划。

在软件项目进行过程中,应严格遵守项目计划,对于不可避免的变更,要进行适当的控制和调整,但要确保项目计划的完整性和一致性。

③评审项目计划。对项目计划的完成程度进行评审,并对项目的执行情况进行评价。

④编写管理文档。项目管理人员根据软件合同确定软件项目是否完成。项目一旦完成,则检查项目完成的结果和中间记录文档,并把所有的结果记录下来形成文档而保存。

(4)软件项目管理的内容

软件项目管理的内容主要包括以下几个方面:项目的范围管理、时间管理、成本管理、质量管理、人员的组织管理、沟通管理、风险管理、采购管理和集成管理。

这几个方面都是贯穿和交织于整个软件开发过程中的,其中项目的组织管理把注意力集中在项目组人员的构成和优化上;软件成本管理把关注用量化的方法评测软件开发中的费用、生产率、进度和产品质量等要素是否符合期望值;软件项目计划主要包括工作量、成本和开发时间的估计,并根据估计值制订和调整项目组的工作;风险管理预测未来可能出现的各种危害到软件产品质量的潜在因素并由此采取措施进行预防;质量管理是保证产品和服务充分满足消费者要求的质量而进行的有计划、有组织的活动。

● 实施步骤

根据软件项目产品的特点,确定软件项目管理的内容,包括以下九大部分:

1.项目范围管理,是为了实现项目的目标,对项目的工作内容进行控制的管理过程。它包括范围的界定、范围的规划以及范围的调整等。

2. 项目时间管理，是为了确保项目最终按时完成的一系列管理过程。它包括具体活动界定、活动排序、时间估计、进度安排及时间控制等项工作。很多人把GTD(Getting Things Done)时间管理引入其中，大幅提高工作效率。

3. 项目成本管理，是为了保证完成项目的实际成本和费用不超过预算成本、费用的管理过程。它包括资源的配置、成本和费用的预算以及费用的控制等项工作。

4. 项目质量管理，是为了确保项目达到客户所规定的质量要求所实施的一系列管理过程。它包括质量规划、质量控制和质量保证等。

5. 人力资源管理，是为了保证所有项目关系人的能力和积极性都得到最有效地发挥和利用所做的一系列管理措施。它包括组织的规划、团队的建设、人员的选聘和项目的班子建设等一系列工作。

6. 项目沟通管理，是为了确保项目的信息的合理收集和传输所需要实施的一系列措施，它包括沟通规划、信息传输和进度报告等。

7. 项目风险管理，涉及项目可能遇到各种不确定因素。它包括风险识别、风险量化、制定对策和风险控制等。

8. 项目采购管理，是为了从项目实施组织之外获得所需资源或服务所采取的一系列管理措施。它包括采购计划、采购与征购、资源的选择以及合同的管理等项目工作。

9. 项目集成管理，是指为确保项目各项工作能够有机地协调和配合所展开的综合性和全局性的项目管理工作和过程。它包括项目集成计划的制订、项目集成计划的实施以及项目变动的总体控制等。

项目实践

撰写报告，针对选取的项目背景，描述项目管理的内容和重点以及具体措施，并提交小组会议记录。

任务2 对项目进行计划

任务描述

无论做什么事情，尤其是稍稍复杂一些、涉及时间较长的事情，我们一般都要提前规划，计划大概需要哪些阶段，进行多长时间，否则有些事情无从下手。对于一个软件项目来讲也是如此。一个软件项目如果要进入系统实施阶段，需要做的准备工作可能包括如何对项目进行阶段性的划分，在每个阶段中的工作重点和任务是什么，完成本阶段工作和任务的人力和资源需求，时间期限，阶段工作和任务的成果形式，等等，这些都是在项目启动时需要进行考虑的内容。那么，针对目前的项目，应该如何组织管理这些任务呢？

相关知识

1. IT项目估算、计划与进度管理

进度是IT项目的一个关键因素，项目进度控制和监督的目的是增强项目进度的透明度，以便项目进展与项目计划出现严重偏差时，可以采取适当的纠正措施。已经归档和发布的项目计划是项目控制和监督中活动、沟通、采取纠正和预防措施的基础。

(1) 影响IT项目进度的因素

要有效地进行进度控制，必须对影响进度的因素进行分析，事先或及时采取必要的措施，尽量缩小计划进度与实际进度的偏差，实现对项目的主动控制。IT项目中影响进度的因素很多，如人为因素、技术因素、资金因素、环境因素等，其中人为因素是最重要的因素，技术因素归根到底也是人的因素。常见的有以下几种情况。

① 低估IT项目实现的条件

a. 低估技术难度。IT项目的高技术本身，说明其实际实施中会有很多的技术难度，除了需要高水平的技术人员实施外，还要考虑为解决性能问题而进行的科研攻关和项目实验。实际中，项目主管通常会低估项目技术上的难度，使得项目不能按照项目计划顺利实施。

b. 低估了多个项目团队参加项目时工作协调、复杂度以及难度。IT项目团队成员通常比较强调个人的智慧，强调个性，这就会增加需要团队合作的项目在协调工作时复杂度，尤其对于由很多子项目组成的大项目来说，更会增加项目协调和进度控制上的难度。

c. 低估环境因素。企业项目主管和项目经理也经常低估环境因素，没有充分了解项目情况，从而低估了项目实现的条件。

② 项目参与者的失误

每个项目参与者的行为都会影响到项目进度。若项目计划本身有错误，如计划制订者在系统框架设计上的错误、成本预算编制的错误等，那么执行过程也难免出错，进而对进度产生影响。即使项目计划正确，项目执行上也一样会出现错误，如项目所需款项没有到位、关键人员离职等，都会影响项目进度。此外，如果没有很好地管理项目转包的部分，也会造成进度的延误。

③ 不可预见事件的发生

项目会因为一些不可预见的事件，如计划中要采购的设备没有货等，对项目进度产生影响。

通常项目进入实施阶段之后，项目经理所关注的活动都是围绕进度展开的。进度控制的目标与成本控制和质量控制的目标是对立统一的关系，三者互相制约。比如，一般情况下，进度快需要增加投资，而项目的提前完工可能会提高投资效益；进度快有可能影响质量，而严格控制质量又有可能影响进度，有时也有可能因为严格控制质量而不出现返工，反而加快了进度。这三个目标是一个系统，寓于一个统一体中，必须协调和平衡它们之间的关系才能得到全局的最优解。项目经理需要系统地考虑三者之间的制约关系，既要进度快，又要成本省、质量好，使三个目标的控制达到最优。

④ 项目状态信息收集的情况

离开了信息，对项目进行成功的控制就是无源之水、无本之木。由于项目经理的经验或素质原因，对项目状态信息收集掌握不足，及时性、准确性、完整性比较差。比如，某些项目团队成员报喜不报忧，在软件程序的编制过程中，可能会先编制一些表面的东西，给领导造成比较乐观的感觉，而实际上只是一个原型系统或演示系统。如果项目经理或者管理团队没有及时地发现这种情况，将对项目的进度造成严重的影响。

⑤ 计划变更调整的及时性

IT项目不是一个一成不变的过程，开始时的项目计划可以制订得比较粗一些，随着项目的进展，特别是需求明确以后，项目的计划就可以进一步地明确，这时候应该对项目计划进行调整和修订，通过变更手续取得利益相关者的共识。计划应该随着项目的进展而逐渐细化、调整、修正。没有及时调整计划或者是随意的、不负责任的计划是难以控制的。

IT项目计划的制订需要在一定条件的限制和假设之下采用渐近明细的方式,随着项目的进展进行不断细化、调整、修正和完善。对于较为大型的IT项目的工作分解可采用二次甚至多次WBS方法。由于需求的功能点和设计的模块或组件之间并不是一一对应的关系,所以只有在概要设计完成以后才能准确地得到详细设计或编码阶段的二次WBS,根据代码模块或组件的合理划分而得出的二次WBS才能在详细设计、编码阶段乃至测试阶段起到有效把握和控制进度的作用。有些项目的需求或设计做得不够详细,则无法对工作任务的分解、均衡分配和进度管理起到参考作用,因此要随着需求的细化和设计的明确,对项目的分工和进度进行及时的调整,使项目的计划符合项目的变化,使项目的进度符合项目的计划。

(2)IT项目进度控制

项目进度控制应该以项目进度计划为依据。项目经理通过各种有效沟通途径,获取项目进度的实际信息,比照进度计划基准,识别进度方面是否存在偏差。如果发现偏差,要分析偏差形成的原因,以及该偏差对项目总体的影响程度,同时要确定偏差是否可以接受。如果利益相关者认为偏差可以接受,则可以调整项目进度计划,反之,则需要制订具体的措施,将偏差纠正到可以接受的范围之内。纠正措施合并到项目的总体计划中,一起进行跟踪管理。

由此可以看出,项目进度偏差是项目进度控制的重要依据。如果不能及时有效地管理项目进度偏差,可能会对项目造成很大的影响。比如,项目延期引起客户满意度的下降,影响了和客户的继续合作;人力资源投入时间延长,增加了项目成本,并间接影响到其他项目的实施;项目延期导致团队情况消极,士气低落,生产率下降;不能及时收回款项,降低资金流动速度;公司名誉受到影响等。这些结果往往比进度偏差本身严重得多。

①识别偏差

在进行IT项目进度控制时,应检查是否存在偏差,通常从分析项目关键路径上的任务是否存在偏差开始,然后检查项目近关键路径上的任务,再检查其他任务的进展情况。通常项目团队使用项目进度管理一览表来管理项目实施过程中出现的进度偏差,见表2-1。在表的最左边,将出现偏差的任务分为三类:关键路径上任务、近关键路径上任务和非关键路径上任务。在每一类中,按照进度偏差的大小进行排序。

表 2-1　　　　　　　　　　　项目进度管理一览表

项目名称:										
项目编号:						项目经理:				
本文件所依据计划基准文件名称及编号:										
文件编号:						发布日期:		发布人:		
WBS编号	任务名称	计划日期	实际日期	进度偏差	偏差原因	影响	偏差是否可以接受,若不能接受,提供纠正措施	计划解决日期	实际解决日期	责任人
关键路径上任务										
近关键路径上任务										
非关键路径上任务										

②分析偏差原因

识别了进度偏差之后,项目经理应该与存在进度偏差的任务的负责人一起分析偏差原因。如果任务责任人对偏差原因没有清晰的认识,项目经理应该帮助其分析探讨。通常将鱼刺图作为分析原因的工具,如图2-1所示。

图2-1 进度偏差原因分析

在IT项目中,造成项目进度延误的原因主要包括项目团队内部原因、项目执行组织原因、客户原因和外部原因四个方面。

项目团队内部原因主要包括:进度计划本身存在漏洞,人员技能达不到预想水平,团队士气不高、内部沟通不畅,协作配合不力,项目技术不成熟等。项目执行组织原因,如组织中管理层或者其他职能部门的不支持,使得项目所需资源不能及时到位,流程不合理影响项目进展等。客户原因,如客户没有按期准备所需事项、客户配合不力、客户需求更改过多等。外部原因,如分包商配合不力导致项目延误,以及一些不可控因素导致进度拖延等。

只有真正了解进度偏差发生的原因,才能确定对偏差的态度,决定是否需要采取措施。

③确定对既发偏差的态度

项目经理和团队应该重点关注项目进度管理一览表中排在前面的偏差。如果接受了某一项进度偏差,并因此调整进度计划时,项目的关键路径和近关键路径通常会发生变化,相应地,位于关键路径和近关键路径上的任务也会发生变化。

并非所有的偏差都需要采取纠正措施。比如,一些发生在非关键路径上的偏差,如果其小于此路径上的总浮动时间,不会直接导致项目整体进度的延误,这时可以接受此偏差,不采取纠正措施。当然如果发生在非关键路径上的偏差大于此路径上的浮动时间,那么该路径就成了项目的关键路径,这时如果不采取措施就会影响项目的总进度。

一般来说,项目本身通常留有一定的进度冗余。当存在较大的进度冗余时,在进度偏差不超过冗余的情况下,利益相关者可以容忍一定的进度偏差,但是如果进度偏差发生在项目实施早期,项目团队为了给以后的实施留出足够的冗余来抵御不可预见的风险,往往会纠正早期出现的进度偏差。

接受偏差一定要取得客户、公司管理层等关键利益相关者的认可,并及时与相关任务的负责人进行协调,避免潜在的人力资源冲突。

如果不接受偏差,就要及时制订纠正措施。例如,把非关键路径上的资源转移到关键路径上;投入更多的人力资源或加班赶进度,提高生产效率;使用项目中预留的时间冗余;更换不称职的团队成员;与客户主动沟通争取客户的谅解和配合;将组织内部问题升级以取得管理层注意和支持等,都是常使用的措施。当面对具体的进度偏差时,应该尽可能地找出所有可能的纠正措施,项目经理与项目团队成员、利益相关者、专家等一起从技术可行性、经济可行性、是否易于维护、是否会对项目其他任务造成影响等角度来进行筛选,并选择合适的纠正措施。

④关注进度正偏差

当项目团队成员的工作效率提高、技术改进时,进度会出现正偏差,表明项目进度超前,这时应该提出表扬,并推广其经验。但并不是所有的进度正偏差都是积极的,尤其是当出现较大幅度的正偏差时,一定要谨慎分析原因。比如,项目进度计划的编制是否有误,项目范围是否有所遗漏,项目的质量是否得以保证,项目进度报告是否有误,是否投入了过多的资源导致成本的迅速上升等。这些因素都预示了项目的潜在风险,需要采取必要的措施。

⑤调整项目进度计划

在项目实施过程中,难免会调整进度计划。通常对项目进度计划进行调整有以下几种情况:

a. 客户由于业务或需求变化提出变更申请,经批准后对进度计划进行相应调整。

b. 项目团队由于客观条件变化或者设计了更好的方案,提出变更申请,经批准后对进度计划进行相应调整。

c. 计划本身存在缺陷需要修正,应及时调整计划,并尽最大可能减少调整计划造成的负面影响。

d. 关键利益相关者接受项目进度出现的偏差,对进度计划进行相应的调整。

e. 纠正项目其他方面的偏差引起的项目进度偏差,经批准后对进度计划进行相应调整。

f. 随着项目的实施和内容的细化,对进度计划进行调整,以增加更加详细的内容。

对项目进度计划的调整,可能引起项目关键路径转移,因此每当对计划进度调整之后,项目经理需要重新确定关键路径。

2. 组织管理

小型软件项目成功的关键是高素质的软件开发人员,然而大多数软件产品的规模都很大,以致单个的软件开发人员无法在合理的时间内完成软件产品的生产,因此必须把许多软件开发人员组织起来,使他们分工协作共同完成软件开发的工作。因而大型软件项目成功的关键除了高素质的开发人员以外,还必须有高水平的管理。没有高水平的管理,软件开发人员的素质再高,也无法保证软件项目的成功。

为了成功地完成大型软件的开发工作,项目的组成人员必须以一种有意义、有效的方式彼此交互与通信。如何安排项目组成人员是一个管理问题,管理者必须合理地组织项目组,使项目组具有尽可能高的生产率,能够按照预定的进度计划完成所承担的工作。经验表明:影响项目进展和质量的最重要因素是组织管理水平,项目组组织得越好,生产效率就越高,产品质量也越高。本节介绍几种常见的项目组织形式。管理人员应该了解这些常用的组织形式,根据项目的具体情况决定具体的项目组织形式,此外不要拘泥于这几种组织形式,在实践中还要不断地探索新的组织形式,完善已有的组织形式,这也是 CMM 最高级对一个组织的要求。

软件工程项目的管理涉及需求分析人员组织管理、规格说明人员组织管理、计划与设计人员的组织管理、编码人员的组织管理等。开发规模较小的软件时,可能由一个人负责需求分析、规格说明、计划和设计工作,而编码则有 2～3 个程序员来完成,此时主要涉及的是程序员的管理。开发大型软件过程的每一阶段都需要大量的开发人员协同工作,而编码阶段是由多个开发人员分担,其中每个程序员独立完成自己负责的模块。因为程序员组主要用在编码阶段,所以程序员组的组织问题在编码阶段最突出。无论是大型软件项目还是小型软件项目,程序员的组织管理问题都是组织管理的重点,因此我们主要研究程序员组的管理问题。有两种极端方式可用来组织程序员组,一种是民主制程序员组,另一种是主程序员组。

(1) 民主制程序员组

民主制程序员组的指导思想是民主决策、民主监督,它要求改变评价程序员价值的标准,使得每个程序员都鼓励该组织中的其他成员找出自己编写的代码中的错误,每个程序员都不认为发现存在的错误是坏事,把找出模块中的一个错误看作取得了一个胜利,任何人都不应该嘲笑其他程序员所犯的错误。程序员组作为一个整体,将培养一种平等的团队精神,要树立这样的概念:每个模块都是属于整个程序员组的,而不是属于某个人的。一组无私的程序员构成了一个程序员组。民主制程序员组的结构图如图 2-2 所示(假设该程序员组由四个程序员组成)。

图 2-2 民主制程序员组

民主制程序员组的一个不足之处是,小组成员完全平等,享有充分的民主,通过协商做出技术决策,责任不明确,可能出现表面上人人负责,实际上人人都不负责的局面。再者,小组成员之间的通信是平行的,如果一个小组有 n 个成员,则要占用 $n(n-1)/2$ 个信道,由于这个原因,程序组的人数不能太多,否则将会由于过多的通信而导致效率大大降低。此外,通常不能把一个软件系统分成大量独立的单元,如果程序设计小组人员太多,则每个组员所负责开发的程序单元与系统其他部分的界面将非常复杂,接口出现错误的可能性增加,而且软件测试既困难又费时。

一般说来程序设计小组的规模应该比较小,以 2~8 名成员为宜。如果软件规模很大,一个小组无法在预定的时间内完成开发任务,则应该采用模块化层层分解的方法,使用多个程序开发小组,每个小组承担工程项目的一部分任务,在一定程度上独立自主地完成各个小组的任务。系统的总体设计应该能够保证各个小组负责开发的各部分之间的接口是经过良好定义的,并且要尽可能简单。

民主制程序员组通常采用非正式的组织形式,也就是说,虽然名义上有一个组长,但是他和组内其他成员是完全平等的,他们完成同样的任务。这样的小组中,由全体成员讨论决定应该完成的工作,并且根据个人的能力和经验分配适当的任务。

民主制程序员组的优点是:对发现的错误抱着积极的态度,这种积极态度有助于更快速地发现错误,从而生产出高质量的代码;小组成员享有充分的民主,小组具有高度的凝聚力,组内学术气氛浓厚,有利于攻克技术难关。因此,当有难题需要解决时,即当所要开发的软件产品的技术难度较高时,采用民主制程序员组是适宜的。

如果组内大多数成员都是经验丰富技术熟练的程序员,那么非正式的组织形式可能非常成功。在这样的小组内组员享有充分的民主,通过协商,在自愿的基础上做出决定,因此能够增强团结,提高工作效率。但是,如果组内成员多是技术水平不高,或是缺乏经验的新手,那么这种非正式的组织方式也可能产生严重的后果:由于没有明确的权威指导开发工程的进行,组员间将缺乏必要的协调,最终可能导致工程失败。

为了使少数经验丰富、技术高超的程序员在软件开发过程中能够发挥更大的作用,程序设计组可以采用下面介绍的主程序员组形式。

(2) 主程序员组

这种组织形式于 20 世纪 70 年代在美国出现,由 IBM 公司首先开始采用。当时采用这种组织形式主要出于以下几方面的考虑:

① 软件开发人员多数缺乏经验。

② 程序设计过程中有许多事务性的工作,例如有大量的信息存储和更新。

③ 多信道通信量费时间,降低程序员工作的效率。

由于以上问题,为了责任分明地做好软件开发工作,发挥少数经验丰富、技术高超的程序员在软件开发过程中的关键作用,通过对其他软件开发人员的专业化训练与专业化分工从而高效率地开发出高质量的软件,所以采用了主程序员组的组织形式。

这种主程序员组形式有两个关键特性:

① 专业化。该组每名成员仅完成那些他们受过专业训练的工作。

② 层次性。主程序员指挥组内的每个程序员,并对软件全面负责。

一个典型的主程序员组如图 2-3 所示。一个小组由主程序员、后备程序员、编程秘书以及 1～3 名程序员组成。在必要的时候,小组还可以有其他领域的专家协助。

图 2-3 主程序员组的组织形式

主程序员组核心人员的分工如下:

① 主程序员既是成功的管理人员又是经验丰富、能力强的高级程序员,负责总的软件体系结构设计和关键部分的详细设计,并且负责指导其他程序员完成详细设计和编码工作。程序员之间没有通信渠道,所有接口问题都由主程序员处理。因为主程序员为每行代码的质量负责,所以他还要对其他成员的工作成果进行复查。

② 后备程序员也应该技术熟练而且富于经验,他协助主程序员工作并且在必要的时候接替主程序员的工作。因此后备程序员必须在各个方面都和主程序员一样优秀,并且对本项目的了解也应该和主程序员一样多。平时,后备程序员的主要工作是设计测试方案、测试用例、分析测试结果及其他独立于设计过程的工作。

③ 编程秘书也就是主程序员的秘书或助手,他必须负责完成与项目有关的全部事务性工作,例如维护项目资料和项目文档,编译、链接、执行程序和测试用例。但是现在各个程序员都已经有了自己的终端或工作站,他们在自己的终端或工作站上完成代码的输入、编辑、编译、链接和测试等工作,无须由编程秘书统一做这些工作,因此编程秘书很快就退出了软件工程领域。

1972 年完成的纽约时报信息库管理系统的项目中,由于使用结构程序设计技术和主程序员组的形式,从而获得了巨大的成功。83 000 行程序只用 11 人/年就全部完成,验收测试中只发现 21 个错误,系统在第一年运行中只暴露出 25 个错误,而且仅有一个错误造成系统失效。

主程序员组的组织形式是一种比较理想化的组织形式,但是在实际中很难组成这种典型的主程序员组的软件开发队伍,典型的主程序员组在许多方面是不切实际的。

首先,如前所述,主程序员应该是高级程序员和成功的管理者的结合体,承担这项工作需要同时具备这两方面的才能。但是,在现实社会中很难找到这样的人才,通常,既缺乏成功的管理者,也缺乏技术熟练的程序员。

其次,后备程序员更难找到。人们总是期望后备程序员像主程序员一样出色,但是他们必须坐在替补席上,拿着较低的工资等待随时接替主程序员的工作。任何一个优秀的高级程序员或高级管理人员都不愿意接受这样的工作。

实际工作中需要一种更合理、更现实的组织程序员组的方法,这种方法应该能充分结合民主制程序员组和主程序员组的优点,并能用于实现更大规模的软件产品。

(3) 现代程序员组

民主制程序员组的最大优点是小组成员都对发现程序错误持积极、主动的态度。由于它固有的一些缺点,使得它不适合大型软件项目中的程序员组织,所以产生了主程序员组的组织形式。但是,使用主程序员组的组织方式时,主程序员对每行代码的质量负责,因此必须参与所有代码的审查工作。由于主程序员同时又是负责对小组成员进行评价的管理员,他参与代码审查工作就会把所发现的错误与小组成员的工作业绩联系起来,从而造成小组成员不愿意发现错误的心理。

摆脱上述矛盾的方法是取消主程序员的大部分行政管理工作。前面已经介绍过很难找到一个既是高度熟练的程序员又是成功的管理员的人,取消主程序员的行政管理工作,不仅摆脱了上述矛盾也使得寻找主程序员的人选不再那么困难。于是,实际的主程序员由两个人来担任:一个技术负责人,负责小组技术活动;一个行政负责人,负责所有非技术的管理决策。这样的组织结构如图 2-4 所示。

图 2-4 现代程序员组

图 2-4 所示的组织结构并没有违反雇员不应该向多个管理者汇报工作的基本管理原则。负责人的负责范围定义得很清楚:技术组长只对技术工作负责,因此他不处理诸如预算和法律之类的问题,也不对组员业绩进行评价;另一方面,行政组长全权负责非技术事务,因此,他无权对产品的交付日期做出许诺,这类承诺只能由技术组长来做。

技术组长自然要参与全部代码的审查工作,因为他对全部代码的质量负责;相反,不允许行政组长参加代码审查工作,因为他的职责是对程序员的业绩进行评价,行政组长的责任是在常规调度会议上了解小组中每个程序员的技术能力。

在项目开始前,明确划分技术组长和行政组长的管理权限是很重要的,但是,有时也会出现职责不清的矛盾,例如,考虑年度休假问题,行政组长有权批准某个程序员年度休假的申请,因为这是一个非技术问题;但是技术组长可能马上会否决这个申请,因为已经接近预定的产品完工期限,人手非常紧张。解决这类问题的办法是求助于更高层次的管理人员,对于行政组长和技术组长都认为是属于自己职责范围的事务,制订一个处理方案。

由于程序员组的组成人员不宜过多,当软件项目规模较大时,应该把程序员分成若干个小组,采用如图 2-5 所示的组织结构。该图描绘的是技术管理的组织结构,非技术管理的组织结构与此类似。由图可以看出,产品的实现作为一个整体是在项目经理的指导下进行的,程序员向他们的组长汇报工作,而组长向项目经理汇报工作。当产品规模更大时,可以增加中间管理层次。

图 2-5　大型项目的技术管理组织结构

把民主程序员组和主程序员组的优点结合起来的另一种方法是在合适的地方采用分散决定的方法,如图 2-6 所示。这样做有利于形成畅通的通信渠道,以便充分发挥每个程序员的积极性和主动性,集思广益攻克技术难关。

图 2-6　包含分散决策的组织方式

这种组织方式对于适合采用民主方法的那类问题非常有效。尽管这种组织方式适当地发扬了民主,但是上下级之间的箭头仍然是向下的,也就是说,是在集中指导下发扬民主。显然,如果程序员可以指挥项目经理,则只会引起混乱。

(4) 软件项目组

如前所述,程序员组的组织方式主要用于实现阶段,当然也适用于软件生命周期的其他阶段。

① 三种组织方式

Mantei 提出了三种通用的项目组织方式。

a. 民主分权式。这种软件工程小组没有固定的负责人,任务协调人是临时指定的,随后将由新的协调人取代。用全体组员协商一致的方法对问题及解决问题的方法做出决策。小组成员间的通信是平行的。

b. 控制分权式。这种软件工程小组有一个固定的负责人,协调特定任务的完成并指导负责子任务的下级领导人的工作。解决问题仍然是一项群体活动,但是,通过小组负责人在子组之间划分任务来实现解决方案。子组和个人之间的通信是平行的,但是也有沿着控制层的上下级之间的通信。

c. 控制集权式。小组负责人管理顶层问题的解决过程并负责组内协调。负责人和小组成员之间的通信是上下级式的。

选择软件工程小组的结构时,应该考虑下述七个项目因素:

a. 待解决问题的困难程度。

b. 要开发程序的规模。

c. 小组成员在一起工作的时间。

d. 问题能够被模块化的程序。

e. 待开发系统的质量和可靠性的要求。

f. 交付日期的严格程度。

g. 项目的社交(通信)程度。

集权式结构能够更快地完成任务,它最适合处理简单问题;分权式的小组比起个人来,能够产生更多、更好的解决方案,这种小组在解决复杂问题时成功的可能性更大。因此,控制分权式或者控制集权式小组结构能够成功地解决简单的问题,而民主分权式结构则适合于解决难度较大的问题。

小组的性能与必须进行的通信量成反比,所以开发规模很大的项目最好采用控制分权式或者控制集权式小组结构。

小组生命周期长短影响小组的士气。经验表明,民主分权式结构能够导致较高的士气和较高的工作满意度,因此适合于生命周期长的小组。

民主分权式结构最适合于解决模块化程度较低的问题,因为解决这类问题需要更大的通信量。如果能达到较高的模块化程度,则控制分权式或者控制集权式小组结构更为适宜。

人们曾经发现,控制分权式或者控制集权小组结构产生的缺陷比民主分权式结构少,但这些数据在很大程度上取决于小组采用的质量保证的问题。

完成同一个项目,分权式结构通常需要比集权式结构更多的时间;不过当需要高通信量时,分权式结构是最适宜的。

历史上最早的软件项目组是控制集权式结构,当时人们把这样的软件项目组称为主程序员组。表 2-2 概括了项目特性对项目组织方式的影响。

表 2-2　　　　　　　　　　　项目特性对项目结构的影响

项目特性		小组类型		
		控制集权式	民主分权式	控制分权式
困难程度	高	√		
	低		√	√
规模	大			√
	小	√		
小组生命周期	长		√	√
	短	√		

(续表)

项目特性		小组类型		
		控制集权式	民主分权式	控制分权式
模块化程度	高		√	√
	低	√		
可靠性	高	√	√	
	低			√
交付日期	紧			√
	松	√	√	
通信	高	√		
	低		√	√

② 软件工程小组的组织范型

软件工程小组有四种组织范型。

a. 封闭式范型。按照传统的权力层次来组织项目组。当开发与过去已经做过的产品相似的软件时，这种项目组可以工作得很好，但是，在这种封闭式范型下难以进行创新性的工作。

b. 随机式范型。松散地组织项目组，小组工作依靠小组成员发挥个人的主动性。当需要创新性或技术上的突破时，用随机式范型组织起来的项目组能够工作得很好，但是，当需要"有次序地执行"才能完成任务时，这样的项目组就可能陷入困境。

c. 开放式范型。这种范型试图以一种既具有封闭式范型的控制性，又包含随机式范型的创新性的方式来组织项目组。通过大量协商和基于一致意见做出决策，项目组成员相互协作完成任务。用开放式范型组织起来的项目组适合解决复杂问题，但是可能没有其他类型小组的效率高。

d. 同步式范型。按照对问题的自然划分组织项目组，成员各自解决一些子问题，他们之间很少有主动的通信要求。

(5) IT 组织管理

前面从微观方面介绍了软件开发程序员组的组织形式，下面从宏观方面讨论如何构建 IT 组织（或企业）才有利于软件项目的实施。

无论是项目型公司还是产品型公司，从事软件开发的组织或公司应该有一定的软件开发组织结构。一个合理的软件开发组织结构是确保软件开发质量的最基本保证，各个组织各负其责，可以确保软件开发按拟订的质量控制规则与软件开发计划进行，有利于软件公司软件质量与成本的控制。

① 软件开发组织机构设置

一般而言，对于产品型软件公司，其公司内部均会有一个类似于产品管理小组这样的组织和一个专门负责产品发展的产品经理部门；而项目型公司则相对简单一些，主要是针对项目进行定制开发，一般对项目的发展方向不做控制。但从项目开发演变为可推广产品则另当别论。图 2-7 是一个典型的软件公司软件开发的组织机构设置。

② 组织机构的职责分工

在上述的组织机构中，各职能组织有各自明确的责权范围，完成各自的本职工作。各组织相互协调完成相应的软件开发与维护工作。

```
              公司产品管理组
             ┌──────┴──────┐
          研发部门      产品管理组
             │
        软件架构
        与质量控制
         ┌───┴────┐
       开发组    支持组
      ┌──┼──┐   ┌──┴──┐
   开发组1 开发组2 … 开发组n  CMO  软件测试与支持
```

图 2-7　软件公司的组织机构设置

a. 公司产品管理组。对于产品型软件公司而言，软件产品是其生存与发展的基础。公司对新产品立项、现有产品的发展方向及有关产品发展的重大决定均需由公司产品管理组来决定。公司产品管理组一般由公司的执行总裁、技术总监、市场总监、产品经理、研发经理及其他必要人员组成。

b. 产品管理部门。产品管理部门是介于研发部与市场部之间的一个桥梁部门。产品管理部门的主要职责是负责产品发展策略的制订与执行。这里的执行包括软件开发前期的市场及需求调研，完成可行性分析报告，制定产品规格。它参与软件开发项目组并完成相关工作。

c. 研发部门。研发部是软件开发的主体，主要任务是完成软件或项目的开发工作。其工作内容通过各职能组实现，主要包括：功能规范、开发活动、支持工作、项目计划、定义项目里程碑、软件定版等。

d. 软件架构与质量控制。是软件开发的质量控制机构，主要职责是负责软件开发过程的质量控制，及时发现问题、解决问题，确保进入下一阶段的设计符合设计规范要求，实现软件开发全程监控。软件架构与质量控制为非常设机构，主要由研发经理、产品经理、资深系统分析员、测试经理等人员组成。根据项目进展需要，由研发经理召集进行项目阶段评审。

e. 软件开发组。主要由各种角色的开发人员构成，完成开发任务。

f. 软件配置管理员（Configuration Management Officer, CMO）。任何一个具有一定规模的软件公司都会有一个软件配置管理机构，小型公司一般由项目经理代管。CMO 的主要职责是进行软件开发过程中的软件配置管理以及软件定版后的维护管理。在软件开发过程中，由于多个开发人员协同工作，需要对其工作协同管理，确保协同工作的顺利进行，同时，由专人进行配置管理，使得大部分开发人员不会得到全部源代码，也有利于软件公司的安全保密工作。在软件定版后，由于软件的 Bug、功能的完善等各种原因导致的对软件的修改，版本控制就显得极为重要，软件配置管理可以确保得到不同时间的软件版本。

g. 软件测试组。软件是软件工程的重要组成部分。软件测试组承担的工作主要是测试。模块测试与集成测试由软件开发人员完成。对于项目软件开发，用户的计算机技术人员参加到软件测试与支持工作组，使用户参与整个软件的测试工作。确保交付的应用系统是用户可信赖的系统。

在以上的软件开发组织机构中，不论公司规模大小，以上的各个职能应该是健全的。明确的责任分工有利于软件开发的顺利进行与质量控制，同时，也必将有利于公司的成本控制，降低了软件开发风险。

③软件开发项目组的角色

一般来讲,一个软件开发项目组由多个不同角色的人员构成,每种角色在软件开发中起不同的作用,各个不同角色的人员协同工作,共同完成软件开发工作。

典型的软件开发项目组由下列角色构成,如图 2-8 所示。

图 2-8　软件开发项目组的主要角色

在软件开发项目组中一般有六种角色,分别是产品管理、程序开发、程序管理、测试及质量保证、用户培训和后勤支援。

在大型软件开发项目中,可以将每个角色赋予不同的个人。对小型项目,一个人可以肩负多个不同的角色。每种角色的人员在项目中起着同等重要的作用,每种角色都有其特定的任务及技能要求。

a.产品管理。产品管理负责建立及更新项目的商业模型,在确定及设置项目目标方面起关键作用。产品经理应确保项目成员清楚理解项目的商业目的,并根据商业需求的优先级确定功能规范。

b.程序管理。程序管理负责确定软件特色及功能规范,根据软件开发标准协调日常开发工作,确保及时交付开发任务。协助产品经理完成项目需求文档,并根据需求文档起草软件功能规范,同时负责与系统分析、规范及框架结构有关的各种活动,参与管理与协调同外部标准与系统的互操作性,控制项目进度。程序经理是项目组成员间沟通与协调的核心。

c.程序开发。开发队伍负责交付符合功能规范的软件系统。开发队伍应积极参与功能规范的制定,在建立项目原型时开发人员与程序经理可以同步进行并提供技术可行性。在功能规范确立后,开发人员必须与程序经理就如何解决重大疑难问题达成一致。

d.测试与质量保证。测试与质量保证是保证系统符合功能规范的保证。为保证零误码,测试/QA 人员应积极参与开发过程,确保开发、交付符合功能规范的软件系统。测试/QA 人员负责准备测试计划、测试用例、自动测试程序、执行测试工作、管理并跟踪 Bug。测试工作与开发工作是独立并行的。

e.用户培训。培训人员负责设计编写离线及在线培训文档,包括演示材料。培训人员应参与用户界面和系统的设计与构造,并参与安装程序与安装过程的设计,参与系统的可用性测试及设计改进,它与程序管理和开发有密切的关系,并确保系统的变化及时反映到文档中去。

f.后勤支援。后勤支援包括确保项目顺利进行的各方面工作。

对于一个项目组,建立一个良好的团队氛围是非常重要的,每个角色在项目中都是不可缺少的,项目的成功是团队成员共同努力的结果。鼓励成员的积极进取、高效参与的团队精神,提高成员的责任感,避免造成团队或项目的成功依赖于少数个人的贡献的局面。

实施步骤

1. 确定小组成员的职责

（1）项目组长

整个小组的领导者，负责小组的协调、管理及任务的分配，在整个项目进行过程中组织会议，控制进度，协调各角色之间的关系，负责组织收集以及提交项目文档。

（2）需求分析师

要求熟悉业务，保证整个项目的需求一致性，构建系统需求模型。在需求分析阶段负主要责任。

（3）系统架构师

负责分辨出影响系统架构的功能性与非功能性因素，协助需求分析师确定系统的核心业务，主要负责系统体系结构的合理构建。

（4）数据设计师

负责业务数据的搜集与整理，负责系统数据模型的构建，包括构建数据库和确定数据结构等内容。协助需求分析师和系统架构师进行系统的分析与构建。

（5）质量保证人员

整个项目进行过程中进行质量的监督与控制。需要参与到各个阶段的决策过程中，主要是持有一种质疑的态度从质量保证的角度对软件开发阶段性成果提出可能存在的问题、弊端，并给出相应的质量修改建议。

（6）界面设计人员

确定界面要素的合理性，负责构建系统的界面原型，辅助需求分析师进行需求的确认。同时界面设计人员还需要运用用户界面设计原则，对界面进行美观性和友好性等方面的设计，完成系统的最终界面设计。

（7）编程人员

负责用代码实现项目小组构建的系统。

（8）文档作者

负责编写项目文档。

2. 构建项目计划

（1）确定项目实施的整体思路，列出要经历的大的阶段。

（2）列出在每个阶段需要完成的任务。

（3）确定哪些任务需要在其他任务之前完成，并安排正确的顺序。

（4）估计完成任务需要的资源，并为这些资源建立清单。

（5）估算完成每个任务所需要的时间。

（6）根据前面完成的估算、资源及任务信息建立进度。

（7）根据制定出来的进度对变更进行监控，并确保进度能够保持不断地更新。

项目实践

1. 项目组长提交小组组成名单和角色分配方案

为每一名小组成员分配角色，确保所有的角色都被分配给相应的小组成员。一名小组成员可以担任三种以上的角色。每一名成员至少要担任三种角色（也就是说每名小组成员必须担任一种除文档作者和编程人员以外的角色)。

(1)对于三人小组的职责分配参考方案

1人担任项目经理、需求分析师。

1人担任数据分析师、界面设计人员。

1人担任系统架构师、质量保证人员。

(2)对于四人小组的职责分配参考方案

1人担任项目经理、质量保证人员。

1人担任需求分析师、界面设计人员。

1人担任系统架构师。

1人担任数据设计师。

(3)对于五人小组的职责分配参考方案

1人担任项目经理。

1人担任需求分析师。

1人担任系统架构师。

1人担任数据设计师。

1人担任质量保证人员、界面设计人员。

上述方案仅供参考,也可以提出不同的角色分配方案。

2.根据小组各自的选题进行讨论,确定粗略的项目计划,并使用项目管理工具 Project 进行整理。

小　结

软件项目管理作为一种科学的管理手段,是为了使软件项目能够按照预定的成本、进度和质量顺利完成,而对成本、人员、进度、质量以及风险等进行分析和管理的一系列活动。决定一个软件项目实施成功与否,软件项目管理无疑起着举足轻重的作用,软件项目管理已经是公认的软件开发企业的核心竞争力之一。本章简单介绍了项目管理的基础知识,着重介绍了软件项目计划的概念及制订过程,通过对软件组织构成的基本了解为后续项目的任务分配奠定了基础。

习　题

一、选择题

1.项目经理在进行项目管理的过程中用时最多的是(　　)。

A.计划　　　　　　B.控制　　　　　　C.沟通　　　　　　D.团队建设

2.项目团队组建工作一般属于(　　)。

A.概念阶段　　　　B.开发阶段　　　　C.实施阶段　　　　D.收尾阶段

3.项目快要完成时客户想对工作范围做大的变更,项目经理应该(　　)。

A.进行变更　　　　　　　　　　　　　B.将变更造成的影响通知客户

C.拒绝变更　　　　　　　　　　　　　D.向管理当局抱怨

4. 项目范围(　　)。

A. 只是在项目开始时才加以考虑

B. 合同或其他项目授权文件被批准后通常就不成为问题

C. 从项目概念形成阶段到收尾阶段一直加以管理与控制

D. 主要是项目执行期间变更控制程序处理的一个问题

5. 项目工期紧张时你会集中精力于(　　)。

A. 尽可能多的工作　　　　　　　B. 非关键工作

C. 加速关键线路上工作的执行　　D. 通过降低成本加速执行

6. 下列哪一项是质量控制的输出？(　　)

A. 统计抽样　　　　　　　　　　B. 质量管理计划

C. 工作结果　　　　　　　　　　D. 过程调整

7. 下面四个选项中,哪一项与风险影响分析最相关？(　　)

A. 风险管理　　　　　　　　　　B. 风险评估

C. 风险识别　　　　　　　　　　D. 风险减轻

二、简答题

1. 某软件项目需 40 名开发人员。有两种人员组织方案:40 人归为一组,或者将 40 人分为 8 组。试比较两种方案的优劣并说明理由。

2. 假定要开发一个图书馆管理系统,你是该项目的负责人。请为该项目的软件开发制订切实可行的规划。

提示：

① 可根据软件的生命周期进行计划的制订,整个工期设定为 100%,则各阶段所花费的时间可按百分比给出。

② 人员的分配可按照角色给出。角色包括以下几种:项目经理、系统分析员、软件架构师、程序员、测试人员、集成人员和客户等。

3. 比较 CMM 与 ISO 9000 两者的异同。

4. 假设你被指派为一个软件公司的项目负责人,你的任务是开发一个技术上具有创新性的产品,该产品把虚拟现实硬件和最先进的软件结合在一起。由于家庭娱乐市场的竞争非常激烈,这项工作的压力很大。你将选择哪种项目组结构,为什么？你打算采用哪种(些)软件过程模型,为什么？

第 2 部分

传统软件工程方法

第3章 需求工程

软件工程界一直有一个令人费解的现象：软件开发人员经常困惑一个现象，软件分明是按照需求做出来的，可是客户为什么仍然不满意？客户总是在困惑为什么软件和自己想要的差距会那么大？这一现象的起因究竟是什么？人们常常错误地认为在需求分析阶段，开发者必须确定客户想要什么样的软件。事实上，许多项目开发时，客户可能不很明确他们到底需要什么，即使一个客户对所需要的东西有一个好的想法，他也可能难于准确地将其表达给开发者，因为大多数客户的计算机知识与软件开发小组成员相比要少得多，同时，所有的系统需求都有可能时刻在发生改变，负责开发的软件工程人员随着项目的进展对软件的理解不断地加深，购买软件的客户其本身的组织结构可能发生变化，系统的硬件、软件和组织的环境随着时间的推移也会变。因此，软件开发应从考察需求获取开始。软件需求分析过程不仅仅需要获得最终用户的需求，更需要不断地与用户沟通，提取需求、验证需求、管理需求，最终才有可能取得用户的满意。

我们希望通过对用户需求做进一步的了解，明确用户当前遇到的具体问题和希望达成的目标，这些信息的掌握将为后续软件开发指明方向。但是，我们到底需要获得哪方面的信息，有什么样的具体措施和方法能够帮助我们捋顺思路，更有目的性地获取这些信息呢？

任务1 获取用户想法

● 任务描述

现在有一个来自某高校系内资料室的图书管理的需求。这个资料室是一个新建的图书资料室。由于一般的图书管理系统是针对具有一定规模的图书馆设计的，所以用在目前规模较小的图书资料室上有些大材小用，并且也大大超出了成本的预算。因此用户一方面希望能够有一套图书管理系统帮助图书管理员完成日常的图书借阅管理的工作，同时又能满足小型资料室规模不大的需求。所以，该资料室希望能够根据其自身的特点制定一套合理、有效、规范和实用的图书管理系统，完成对图书资料集中统一的管理。

通过对用户需求做进一步的了解，明确用户当前遇到的具体问题和希望达成的目标，这些信息的掌握将为后续软件开发指明方向。但是到底需要获得哪方面的信息，有什么样的具体措施和方法能够使思路清晰，更有目的性地获取这些信息呢？

● 相关知识

把用户对系统的期望和想法称为软件的需求。我们通常对需求比较直观的理解就是直接面对面地与用户进行交流，或是通过邮件或电话的形式进行沟通，记录用户对系统的期望。但是，这种简单的沟通往往并不能全面地表达出用户的真实意图，关键在于对于什么是需求、需求存在的形式没有深入地理解。如果想要为用户提供让用户满意的软件产品，就必须对什么是需求做好全面的了解。

1. 概述

什么是需求？到目前为止还没有公认的定义，比较权威的是 IEEE 软件工程标准词汇表中的需求定义：用户解决问题或达到目标所需要的条件或权能；系统或系统部件要满足合同、标准、规范或其他正式规定文档所要具有的条件或权能；反映上面两条的文档说明。

IEEE 公布的需求定义分别从用户和开发者的角度阐述了什么是需求，以需求文档的方式一方面反映了系统的外部行为，另一方面也反映了系统的内部特性。比较通俗的需求定义如下：需求是指明系统必须实现什么的规约，它描述了系统的行为、特性或属性，是在开发过程中对系统的约束。

需求工程是指系统分析人员通过细致的调研分析，准确地理解用户的需求，将不规范的需求陈述转化为完整的需求定义，再将需求定义写成需求规约的过程。需求工程包含需求开发和需求管理两部分。

软件需求是软件工程过程中的重要一环，是软件设计的基础，也是用户和软件工程人员之间的桥梁。简单地说，软件需求就是确定系统需要做什么，严格意义上，软件需求是系统或软件必须达到的目标与能力。软件需求在软件项目中占有重要地位，是软件设计和实现的基础。需求的改变将导致其后一系列过程的更改，因而软件需求是软件开发成败的关键。

(1) 需求的类型

软件需求通常有功能需求、非功能需求、领域需求等。下面对此分别进行阐述。

① 功能需求

简单地说，功能需求描述系统所应提供的功能和服务，包括系统应该提供的服务和对输入如何响应及特定条件下系统行为的描述。对于用户需求，用较为一般的描述给出；对于功能性的系统需求，需要详细地描述系统功能、输入和输出、异常等，这些需求是从系统的用户需求文档中摘取出来的，往往可以按许多不同的方式来描述。有时，功能需求还包括系统不应该做的事情。功能需求取决于软件的类型、软件的用户及系统的类型等。

理论上，系统的功能需求应该具有全面性和一致性。全面性即应该对用户所需要的所有服务进行描述，而一致性则指需求的描述不能前后自相矛盾。实际上，对于大型的复杂系统来说，要做到全面和一致几乎是不可能的，原因有二，其一是系统本身固有的复杂性；其二是用户和开发人员站在不同的立场上，导致他们对需求的理解有偏颇，甚至出现矛盾。有些需求在描述的时候，其中存在的矛盾并不明显，但在深入分析之后问题就会显露出来，为保证软件项目的成功，不管是在需求评审阶段，还是在随后的软件生命周期阶段，只要发现问题，都必须修正需求文档。

② 非功能需求

作为功能需求的补充，非功能需求是指那些不直接与系统的具体功能相关的一类需求，但它们与系统的总体特性相关，如可靠性、响应时间、存储空间等。非功能需求定义了对系统提供的服务或功能的约束，包括时间约束、空间约束、开发过程约束及应遵循的标准等。它源于用户的限制，包括预算的约束、机构政策、与其他软、硬件系统间的互操作以及如安全规章、隐私权保护的立法等外部因素。

与关心系统个别特性的功能需求相比，非功能需求关心的是系统的整体特性，因而对于系统来说，非功能需求更关键。一个功能需求得不到满足会降低系统的能力，但一个非功能需求得不到满足则有可能使系统无法运行。

非功能需求不仅与软件系统本身有关,还与系统的开发过程有关。与开发过程相关的需求包括:对在软件过程中必须使用的质量标准的描述,设计中必须使用的 CASE 工具集的描述,以及软件过程所必须遵守的原则等。

按照非功能需求的起源,可将其分为三大类:产品需求、机构需求、外部需求。进而还可以细分,产品需求对产品的行为进行描述;机构需求描述用户与开发人员所在机构的政策和规定;外部需求范围比较广,包括系统的所有外部因素和开发过程。非功能需求的分类见表 3-1。

表 3-1　　　　　　　　　　　非功能需求的类别

非功能需求	产品需求	可用性需求	
		效率需求	性能需求
			空间需求
		可靠性需求	
		可移植性需求	
	机构需求	交付需求	
		实现需求	
		标准需求	
		互操作需求	
	外部需求	道德需求	
		立法需求	隐私需求
			安全性需求

非功能需求检验起来非常困难,因为它们可能来自系统的易用性、可恢复性和对用户输入的快慢反映性能的要求,同时需求描述的不详细和不确定也会给开发者带来许多困难。虽然理论上非功能需求能够量化,通过一些可用来指定非功能性系统特性的度量(见表 3-2)的测试可使其验证更为客观,但在实际操作中,对需求描述进行量化是很困难的,这种困难性体现为客户没有能力把目标需求进行量化或者有些目标(如可维护性)本身也没有度量可供使用。因此,在需求文档的目标陈述中,开发者应该明确用户对需求的优先顺序,同时也要让用户知道一些目标的模糊性和无法客观验证性。

表 3-2　　　　　　　　　　指定非功能需求的度量方法

非功能需求	可使用的度量	度量方法
性能	对用户输入的响应时间 每秒处理的事务数	用户/事件响应时间 屏幕刷新时间
规模	系统最大的尺寸	K 字节 RAM 芯片数
易用性	学习 75% 的用户功能所需要的时间 在给定时间内,由用户引起的错误的平均值	培训时间 帮助画面数
可靠性	出错时间 错误发生率	失败平均时间 无效的概率 失败发生率

(续表)

非功能需求	可使用的度量	度量方法
鲁棒性/健壮性	系统出错后重新启动的时间	失败之后的重启次数
		事件引起失败的百分比
		失败中数据崩溃的可能性
可移植性	目标系统数	依赖于目标的语句百分比
有效性	请求后出错的可能性	
完整性	系统出错时,允许丢失数据的最大限度	

③领域需求

领域需求的来源不是系统的用户,而是系统应用的领域,反映了该领域的特点。它们主要反映了应用领域的基本问题,如果这些需求得不到满足,系统就不可能正常运转。领域需求可能是功能需求,也可能是非功能需求,其确定所需的领域知识。它经常采用一种应用领域中的专门语言来描述。

④业务需求

反映组织机构或客户对软件高层次的目标要求,这项需求是用户高层领导机构决定的,它确定了系统的目标规模和范围。

⑤用户需求

用户使用该软件要完成的任务。

⑥系统需求

容易被忽视的要求,通常是为了保证整个系统能够正常运行的辅助功能,用户一般不会意识到。

事实上,不同类型的系统需求之间的差别并不像定义中的那么明显。若用户需求是关于机密性的,则表现为非功能需求,但在实际开发时,可能导致其他功能性需求,如系统中关于用户授权的需求。

以上软件需求的分类方法视不同类型的软件可能稍有差异。图 3-1 是软件需求各组成部分之间的一种常见关系。

图 3-1 软件需求各组成部分之间的关系

（2）需求开发目标

具体而言，需求开发主要有两个目标：第一，通过对问题及其环境的理解、分析和综合，建立分析模型；第二，完全弄清用户对软件系统的确切要求，在用户和软件开发组织之间就将要开发的软件系统达成一致的协议并产生正式的需求文档。

① 建立分析模型

一般来说，现实世界中的系统不论表面上怎样杂乱无章，总可以通过分析与归纳从中找出一些规律，再通过"抽象"建立起系统的模型。分析模型是描述软件需求的一种模型，由于各个用户往往会从不同的角度阐述他们对原始问题的理解和对目标软件的需求，因此，有必要为原始问题及其目标软件系统建立模型。这种模型一方面用于精确地记录用户对原始问题和目标软件的描述；另一方面，它也将帮助分析人员发现用户需求中的不一致性，排除不合理的部分，挖掘潜在的用户需求。这种模型往往包含问题及其环境所涉及的信息流、处理功能、用户界面、行为模型及设计约束等，它是形成需求说明以及进行软件设计和实现的基础。

② 正式需求文档

作为系统需求的最终成果，需求文档必须具有综合性，即必须包括所有的需求。用户和开发组织都应该很谨慎地对待需求文档，因为对于没有包括在需求文档中的需求，用户不要对它可能被最终实现抱任何希望，而一旦在需求中出现的东西，开发组织必须进行实现。当然，也经常会发生需求变更，需要双方互相探讨以决定取舍，但这完全是另外一回事。

正式的需求文档应满足如下要求：

a. 具有准确性和一致性。因为它是连接计划时期和开发时期的桥梁，也是软件设计的依据，任何含混不清、前后矛盾或者一个微小的错漏，都可能导致误解或铸成系统的大错，在纠正时付出巨大的代价。

b. 无二义性。因为它是沟通用户和系统分析员思想的媒介，双方要用它来表达对于需要计算机解决的问题的共同理解。如果在需求说明中使用了用户不容易理解的专门术语，或用户与分析员对要求的内容可以做出不同的解释，便可能导致系统的失败。

c. 直观、易读和易于修改。应尽量采用标准的图形、表格和简单的符号来表示，使不熟悉计算机的用户也能一目了然。

鉴于需求文档的重要性，其编写也应备受重视。编写需求文档时，以下几点是应该注意的：

a. 语句和段落尽量简短。

b. 表达时采用主动语态。

c. 语句要完整，且语法、标点等正确无误。

d. 使用的术语要与词汇表中的定义保持一致。

e. 陈述时要采用一致的样式。

f. 避免模糊的、主观的术语，如性能"优越"。

g. 避免使用比较性的词汇，尽量给出定量的说明，含糊的语句表达将引起需求的不可验证。

（3）需求开发过程

需求工程包括需求开发和需求管理两个方面。需求管理是一种系统化方法，可用于获取、组织和记录系统需求并使客户和项目团队在系统变更需求上达成并保持一致。需求开发是一个包括创建和维持系统需求文档所必需的一切活动的过程,它包含四个通用的高层需求工程活动:系统可行性研究、需求导出和分析、需求描述和文档编写、需求有效性验证。图 3-2 说明了这些活动之间的关系,也说明了在需求开发过程的每个阶段将产生哪些文档。

图 3-2　需求开发过程模型

① 可行性研究。它指明现有的软件、硬件技术能否实现用户对新系统的要求,从业务角度来决定系统开发是否划算以及在预算范围内是否能够开发出来。可行性研究是比较便宜和省时的。结果就是要得出结论:该系统是否值得进行更细致的分析。

② 需求导出和分析。这是一个通过对现有系统分析、与潜在用户和购买者讨论、进行任务分析等导出系统需求的过程,也可能需要开发一个或多个不同的系统模型和原型。这些都会帮助分析了解所要描述的系统。

③ 需求描述。需求描述就是把在分析活动中收集的信息以文档的形式确定下来。在这个文档中有两类需求:用户需求是从客户和最终用户角度对系统需求的抽象描述;功能需求是对系统要提供的功能的详尽描述。

④ 需求有效性验证。这个活动检查需求实现的一致性和完备性。在这个过程中,不难发现需求文档中的错误,之后必须加以改正。

当然,需求过程中的各项活动并不是严格按顺序进行的,在定义和描述期间,需求分析继续进行,这不排除在整个需求工程过程中不断有新的需求出现。因此,分析、定义和描述是交替进行的。

在初始的可行性研究之后,下一个需求工程过程就是需求导出和分析,在这个活动中,软件开发技术人员要和客户及系统最终用户一起调查应用领域,即系统应该提供什么服务、系统应该具有什么样的性能以及硬件约束等。

需求获取是在问题及其最终解决方案之间架设桥梁的第一步。获取需求的一个必不可少的结果是对项目中描述的客户需求的普遍理解。一旦理解了需求,分析者、开发者和客户就能探讨、确定描述这些需求的多种解决方案。参与需求获取的人员只有在他们理解了问题之后才能开始设计系统,否则,对需求定义的任何改进,在设计上都必须大量返工。把需求获取集中在用户任务上而非用户接口上,有助于防止开发组由于草率处理设计问题而造成的失误。

所有对系统需求有直接或间接影响力的人统称为项目相关人员。项目相关人员包括使用系统的最终用户和机构中其他与系统有关的人员,正在开发或维护其他相关系统的工程人员、业务经理、领域专家等。以下原因增加了系统需求导出和分析的难度:

项目相关人员通常并不真正知道他们希望计算机系统做什么。让他们清晰地表达出需要系统做什么是件困难的事情,他们或许会提出不切实际的需求。项目相关人员用他们自己的语言表达需求,这些语言会包含很多他们所从事工作中的专业术语和专业知识。需求工程师没有客户的领域中的知识和经验,而他们又必须了解这些需求。不同的项目相关人员有不同的需求,他们可能以不同的方式表达这些需求。需求工程师必须发现所有潜在的需求资源,而且能发现这些需求的相容之处和冲突之处。政治上的因素可能影响系统的需求。管理者可能提出特别需求,因为这些允许他们在机构中增加他们的影响力。经济和业务环境决定了分析是动态的,它在分析过程期间会发生变更。因此,个别需求的重要程度可能改变。新的需求可能从新的项目相关人员那里得到。

2. 需求获取

需求获取(Requirements Elicitation)也称为需求收集(Requirements Capture),它是与发现目标系统应该提供的需求相关的活动的统称。

需求开发小组的一个或多个成员与顾客组织之间的交流通常是需求获取的重要前提。为了获取客户的需求,需求小组成员必须熟悉应用领域,并使用正确的术语同客户交谈,消除术语误解问题的一个办法是建立并随时更新术语表。在需求获取时,经常使用访谈、场景(Scenario,也称情景,在面向对象分析中也叫用例)以及其他一些技术(例如,向客户组织成员发放调查表,检查客户工作使用的各种表格)。

Christel 和 Kang 指出,以下问题导致了需求的获取非常困难:

①范围问题。开发时经常还未定义好系统边界,或者客户/用户刻画的技术细节不清晰、不必要,系统目标的描述不简明、不全面。

②理解问题。客户/用户不能完全确定需要什么,不能完全理解问题领域,与系统工程师在需求沟通上存在歧义,甚至提出一些同其他客户/用户的需要相冲突的需求以及一些不可测试的需求。

③易变问题。需求随事件发生变化。

为了克服这些问题,系统工程师必须有组织地收集需求,Sommerville 和 Sawyer 建议采用如下步骤来指导需求的获取:

①针对提议的系统评估业务及技术可行性,给出需要和可行性的陈述。

②确定那些能够帮助刻画需求和熟悉组织及相关业务的人员,给出参与需求获取活动的客户、用户和其他风险承担者的列表。

③定义系统或产品的技术环境(如计算体系结构、操作系统),给出系统的技术环境的描述。

④确定"领域约束"(目标应用领域的业务环境的特征),这些约束将限制待建造系统/产品的功能或性能。需给出系统/产品范围的限制性陈述,以及需求列表和应用于每个需求的领域限制。

⑤定义一种或多种需求获取方法。

⑥要求很多人员参与,以便能从不同视角来定义需求,并确定每个正式需求的理由。

⑦确定有歧义的需求为原型实现的候选对象。

⑧创建并给出使用场景,以帮助客户/用户更好地确定关键需求,提供对在不同运行条件下系统或产品的使用指导意见。

最后,还需要给出原型以更好地定义需求。以上每一个工作产品都要被参与需求获取活动的所有人员评审。

(1) 需求获取方法

为了获取正确的需求信息,可以使用一些基本的需求获取方法和技术。

① 建立联合分析小组

系统开始开发时,系统分析员往往对用户的业务过程和术语不熟悉,用户也不熟悉计算机的处理过程,因此在系统分析员看来,用户提供的需求信息往往是零散和片面的,需要由一个领域专家来沟通。因而,建立一个由用户、系统分析员和领域专家参加的联合分析小组,对开发人员与用户之间的交流和需求的获取将非常有用。通过联合分析小组的工作,可极大地方便系统开发人员和用户的沟通。有些学者也将这种面向联合开发小组的需求收集方法称为"便利的应用规范技术"(Facilitated Application Specification Techniques,FAST)。有人主张,在参加 FAST 小组的人员中,用户方的业务人员应该是系统开发的主体,是"演员"和"主角";系统分析员作为高层技术人员,应成为开发工作的"导演";其他的与会开发人员是理所当然的"配角"。切忌在需求获取阶段忽视用户业务人员的作用,由系统开发人员越俎代庖。

② 客户访谈

为了获取全面的用户需求,光靠联合分析小组中的用户代表是不够的,系统分析员还必须深入现场,同用户方的业务人员进行多次交流。根据用户将来使用软件产品的功能、频率、优先等级、熟练程度等方面的差异,将他们分成不同的类别,然后分别对每一类用户通过现场参观、个别座谈或小组会议等形式,了解他们对现有系统的问题和新功能等方面的看法。

客户访谈是一个直接与客户交流的过程,既可了解高层用户对软件的要求,也可以听取直接用户的呼声。由于是与用户面对面的交流,如果系统分析员没有充分的准备,容易引起用户的反感,从而产生隔阂,所以分析员必须在这个过程中尽快找到与用户的"共同语言",进行愉快地交谈。在与用户接触之前,先要进行充分的准备:首先,必须对问题的背景和问题所在系统的环境有全面的了解;其次,尽可能了解将要会谈用户的个性特点及任务状况;第三,事先准备一些问题。在与用户交流时,应遵循循序渐进的原则,切不可急于求成,否则欲速则不达。

③ 问卷调查

所谓"问卷调查法",是指开发方就用户需求中的一些个性化的、需要进一步明确的需求(或问题),通过采用向用户发问卷调查表的方式,达到彻底弄清项目需求的一种需求获取方法。这种方法适合于开发方和用户方都清楚项目需求的情况。因为开发方和客户方都清楚项目的需求,则需要双方进一步沟通的需求(或问题)就比较少,通过采用这种简单的问卷调查方法就能使问题得到较好的解决。

④ 问题分析与确认

不要期望用户在一两次交谈中,就会对目标软件的要求阐述清楚,也不能限制用户在回答问题过程中的自由发挥。在每次访谈之后,要及时进行整理,分析用户提供的信息,去掉错误的、无关的部分,整理有用的内容,以便在下一次与用户见面时由用户确认。同时,准备下一次访谈时的进一步更细节的问题。如此循环,一般需要 2~5 次。

⑤ 快速原型法

通常,原型是指模拟某种产品的原始模型。在软件开发中,原型是软件的一个早期可运行的版本,它反映最终系统的部分重要特性。如果在获得一组基本需求说明后,通过快速分析构造出一个小型的软件系统,满足用户的基本要求,就使得用户可在试用原型系统的过程中得到亲身感受并受到启发,做出反应和评价,然后开发者根据用户的意见对原型加以改进。随着不断试验、纠错、使用、评价和修改，获得新的原型版本。如此周而复始，逐步减少分析和通信中的误解，弥补不足之处，进一步确定各种需求细节，适应需求的变更，从而提高了最终产品的质量。

作为开发人员和用户的交流手段，快速原型可以获取两个层次上的需求：第一层包括设计界面，这一层的目的是确定用户界面风格及报表的版式和内容；第二层是第一层的扩展，用于模拟系统的外部特征，包括引用了数据库的交互作用及数据操作、执行系统关键区域的操作等，此时用户可以输入成组的事务数据，执行这些数据处理的模拟过程，包括出错处理。

由于开发一个原型需要花费一定的人力、物力、财力和时间，而且用于确定需求的原型在完成使命后一般就被丢弃，因此，是否使用快速原型法必须考虑软件系统的特点、可用的开发技术和工具等。

先进的快速开发技术和工具是快速原型法的基础。如果为了演示一个系统功能，需要手工编写数千行甚至数万行代码，那么采用快速原型法的代价就太大，变得没有现实意义了。为了快速开发出系统原型，必须充分利用快速开发技术和复用软件构件技术。

(2) 分析人员与用户的合作关系

深入实际是一项能了解社会和机构需求的观察技术，分析人员把自己放在待建系统的工作环境中，观察、记录参与者的实际任务。深入实际的价值是它能帮助发现隐性的系统需求，这些需求是实际存在的但却是非规范化的过程。

优秀的软件产品是建立在优秀的需求基础之上的，而高质量的需求来源于客户与开发人员之间有效的交流与合作。通常，开发人员与客户间的关系反而会成为一种对立关系，双方的管理者都只想自己的利益而搁置用户提供的需求，从而产生摩擦。在这种情况下，不会给双方带来一点益处。

由于项目压力与日渐增，所有风险承担者有着一个共同的目标，这一点容易被遗忘。其实大家都想开发出一个既能实现商业价值，又能满足用户需要，还能使开发者感到满足的优秀软件产品。只有当双方参与者都明白要成功自己需要什么，同时也知道要成功使用方需要什么时，才能建立起一种合作关系。

下面列出九条在项目需求工程实施中客户与分析人员、开发人员交流时的合法要求。

① 要求分析人员使用符合客户语言习惯的表达。需求讨论集中于业务需要和任务，故要使用业务术语，客户可将其教给分析人员，不应要求客户一定要懂得计算机的行业术语。

② 要求分析人员了解客户的业务及目标。通过与用户交流来获取用户需求，分析人员才能更好地了解客户的业务任务，以及使产品更好地满足客户需要的方法。开发人员和分析人员可以亲自去观察客户是怎样工作的。如果新开发系统是用来替代已有的系统，那么开发人员应使用一下目前的系统，这将有利于他们明白目前系统是怎样工作的，系统工作流程及可供改进之处。

③ 要求分析人员编写软件需求规约。分析人员要把从客户那里获得的所有信息进行整理，区分开业务需求及规范、功能需求、质量目标、解决方法和其他信息。通过这些分析就能得到一份软件需求规约。要评审编写出的规约，确保它们准确而完整地表达了客户的需求。一份高质量的软件需求规约有助于开发人员开发出真正需要的产品。

④ 要求得到需求工作结果的解释说明。分析人员可能采用了多种图表作为文字性软件需求规约的补充，客户很可能对此并不熟悉，可以要求分析人员解释说明每张图表的作用或其他

的需求开发工作结果和符号的意义,及怎样检查图表有无错误和不一致等。

⑤要求开发人员尊重客户的意见。如果用户与开发人员之间不能相互理解,关于需求的讨论将会有障碍。共同合作能使大家"兼听则明"。参与需求开发过程的客户有权要求开发人员尊重他们并珍惜他们为项目成功所付出的时间,同样,客户也应对开发人员为项目成功这一共同目标所做出的努力表示尊重与感激。

⑥要求开发人员对需求及产品实施提供建议,拿出主意。通常,客户所说的"需求"已是一种实际可能的实施解决方案,分析人员将尽力从这些解决方法中了解真正的业务及其需求,同时还应找出已有系统不适合当前业务之处,以确保产品不会无效或低效。在彻底弄清业务领域内的事情后,分析人员有时就能提出相当好的改进方法。有经验且富有创造力的分析人员还能提出增加一些用户并未发现的很有价值的系统特性。

⑦描述产品易使用的特性。客户可以要求分析人员在实现功能需求的同时还要注重软件的易用性,因为这些易用特性或质量属性能使用户更准确、高效地完成任务。例如,客户有时要求产品要"友好""健壮""高效率",但这对于开发人员来说,太主观且并无实用价值。正确的特性应是:分析人员通过询问和调查了解客户所要的友好、健壮、高效所包含的具体特性。

⑧调整需求,允许重用已有的软件构件。需求通常要有一定的灵活性。分析人员可能发现已有的某个软件构件与客户描述的需求很相符,在这种情况下,分析人员应提供一些修改需求的选择,以便开发人员能够在新系统开发中重用一些已有的软件。如果有可重用的机会出现,同时客户又能调整自己的需求说明,那就能降低成本和节省时间,而不必严格按原有的需求说明开发。

⑨获得满足客户功能和质量要求的系统。每个人都希望项目获得成功,但这不仅要求客户要清楚地告知开发人员关于系统"做什么"所需的所有信息,而且还要求开发人员能通过交流了解清楚取舍与限制。一定要明确说明客户的假设和潜在的期望,否则开发人员开发出的产品很可能无法让客户满意。

同时,在软件需求获取过程中客户有下列义务:

①给分析人员讲解自己的业务。分析人员要依靠客户讲解的业务概念及术语,但不要指望分析人员会成为该领域的专家;不要期望分析人员能把握业务的细微与潜在之处,他们很可能并不知道那些对于客户来说理所当然的"常识"。

②抽出时间清楚地说明并完善需求。客户很忙,经常在最忙的时候还得参与需求开发。但无论如何,客户有义务抽出时间参与"头脑风暴"会议的讨论,接受采访或其他获取需求的活动。有时分析人员可能自以为明白了客户的观点,而过后发现还需要客户的讲解,这时,请耐心一些对待需求和需求的精化工作过程中的反复,因为它是人们交流中的很自然的现象,何况这对软件产品的成功极为重要。

③准确而详细地说明需求。编写一份清晰、准确的需求文档是很困难的。由于处理细节问题不但烦人而且又耗时,故很容易留下模糊不清的需求,但是,在开发过程中,必须得解决这种模糊性和不准确性,而客户恰是解决这些问题的最佳人选,不然的话,就只好靠开发人员去猜测了。在需求规约中暂时加上待定(To Be Determined, TBD,也可采用汉语拼音略写为DQD,即待确定)标志是个不错的办法,用该标志可指明那些需要进一步探讨、分析或增加信息的地方。不过,有时也可能因为某个特殊需求难以解决或没有人愿意处理它而注上TBD标志。尽量将每项需求的内容都阐述清楚,以便分析人员能准确地将其写在软件需求规约中。

④及时地做出决定。正如一位建筑师修建房屋,分析人员将会要求客户做出一些选择和决定,这些决定包括来自多个用户提出的处理方法或在质量特性冲突和信息准确度中选择折中方案等。有权做出决定的客户必须积极地对待这一切,尽快做处理、做决定,因为开发人员通常只有等客户做出了决定才能行动,而这种等待会延误项目的进展。

⑤尊重开发人员的需求可行性及成本评估。所有的软件功能都有其成本价格,开发人员最适合预算这些成本。客户所希望的某些产品特性可能在技术上行不通,或者实现它要付出极为高昂的代价。而某些需求试图在操作环境中要求达到不可能实现的性能或试图得到一些根本得不到的数据,开发人员会对此做出负面的证明或提出实现上便宜的需求。例如,要求某个行为在"瞬间"发生是不可行的,但考虑另一种更具体的时间需求说法(如在 50 ms 以内),这就可以实现了。

⑥划分需求优先级别。大多数项目没有足够的时间或资源来实现功能性的每个细节。决定哪些特性是必要的,哪些是重要的,哪些是好的,是需求开发的主要部分,只能由客户来负责设定需求优先级,因为开发者并不可能完全按照客户的观点决定需求优先级。开发者可为客户确定优先级提供有关每个需求的花费和风险的信息,在时间和资源限制下,关于所需特性能否完成或完成多少应该尊重开发人员的意见。尽管没有人愿意看到自己所希望的需求在项目中未被实现,但毕竟是要面对这种现实的。业务决策有时不得不依据优先级来缩小项目范围、延长工期、增加资源或在质量上寻找折中。

⑦评审需求文档和原型。无论是正式的还是非正式的方式,对需求文档进行评审都会对软件质量提高有所帮助。让客户参与评审才能真正鉴别需求文档是否完整、正确说明了期望的必要特性。评审也给客户代表提供一个机会,给需求分析人员带来反馈信息以改进他们的工作。如果客户认为编写的需求文档不够准确,就有义务尽早告诉分析人员并为改进提供建议。通过阅读需求规约,很难想象实际的软件是什么样子的。更好的方法是先为产品开发一个原型,这样客户就能提供更有价值的反馈信息给开发人员,帮助他们更好地理解需求。

⑧需求出现变更要马上联系。不断的需求变更会给在预订计划内完成高质量产品带来严重的负面影响。变更是不可避免的,但在开发周期中变更出现越晚,其影响越大。变更不仅会导致代价极高的返工,而且工期也会被迫延误,特别是在大体结构已完成后又需要增加新特性时。因此一旦发现需要变更需求时,请一定立即通知分析人员。

⑨应遵照开发组织处理需求变更的过程。为了将变更带来的负面影响减少到最低限度,所有的参与者必须遵照项目的变更控制过程。这要求不放弃所有提出的变更,并对每项要求的变更进行分析、综合考虑,最后做出合适的决策,确定将哪些变更引入项目中。

⑩尊重开发人员采用的需求工程过程。软件开发中最具挑战性的莫过于收集需求并确定其正确性。分析人员采用的方法有其合理性,也许客户认为需求过程不太划算,但请相信花在需求开发上的时间是"很有价值"的。如果能理解并支持分析人员为收集、编写需求文档和确保其质量所采用的技术,那么整个过程将会更为顺利。

系统分析人员在开发过程中可能会遇到这样的问题,一些很忙的客户可能不愿意积极参与需求过程,而缺少客户参与将很可能导致不理想的产品,故一定要确保需求开发中的主要参与者都了解并接受他们的义务。如果遇到分歧,通过协商以达成对各自义务的相互理解,这样能减少今后的摩擦。

● 实施步骤

当对什么是需求做好充分的了解之后,就明确了要完成的任务和要达成的目标。参照下面描述的步骤,一点点来了解当前的项目背景,明确用户希望解决的问题。

1. 明确系统业务目标

(1) 试着回答下述问题,用以明确系统开发背景。

① 原有系统是在什么样的业务环境下进行运转的,是用来解决什么问题的?

当前图书资料室由于是一个新建的机构,因此还没有特定的信息化系统辅助完成图书管理任务。目前完全在图书管理员手工操作下运转,通过电子文档的记录来维系日常的图书借阅和管理工作。

② 在什么样的情况下会应用此业务?

该高校系内资料室是只针对系内任课老师的专业资料的借阅,不对外开放。图书借阅只在每周三下午办理借阅的业务。

③ 原有系统存在什么样的问题?

该高校系内资料室的图书资料日益丰富,数量不断增加,使得图书管理员的工作量逐步加大。由于图书管理员是由系教学秘书兼任,而教学秘书自身的工作量也非常繁重,为了保证教学工作的正常运转,经常导致教学秘书无暇顾及图书借阅事宜,使得教师借阅图书受到影响。另外,原有的手工记录借阅信息的方式经常出现差错,不容易找出问题的原因,图书信息不匹配、借阅记录不完整的情况经常出现。年底对图书借阅工作的总结工作又给教学秘书带来了不小的工作压力。

④ 新系统能够解决哪些方面问题?

通过将图书管理电子化,希望帮助兼任图书管理员的教学秘书从繁重的图书管理工作中解脱出来,减轻其工作压力;帮助图书管理员提高图书管理的效率和准确率,减少出错带来的不必要的麻烦。另外,对于一些图书信息的查询可以直接提供给要借阅图书的读者,减轻图书管理员的工作量。而对于年底的总结报告,则可以通过软件系统,实现信息的电子化,自动形成报表,提高图书管理员的工作效率。

(2) 明确产品面向的用户群体及其期望点。

① 明确都有哪些人员(或相关机构)出现并参与到整个业务流转的过程中,明确这些人员(或机构)在系统中扮演的角色。

在图书管理系统中,系里的教学秘书兼职图书管理员;系内老师作为读者,充当借阅群体;系内的相关副主任作为图书管理的直接主管将查阅图书资料室的年终报表;还有一类用户是从系统需求角度提出来的,是对系统配置信息进行管理的系统管理员。

② 注意分清楚用户的类型。将这些人员按照用户类型进行分类,并选出相应客户代表。

通过分析已经明确四类用户:一类是图书管理员,由教学秘书兼职;一类是读者,选择平时经常借阅图书的老师和不经常借书的老师作为客户代表;一类是图书室的管理者,由于系相关副主任的日常工作较为繁忙,因此选择副主任助理作为客户代表;还有一类是系统管理员,这主要是从系统维护角度提出的,因此系统开发人员就可以充当该角色。

③ 明确这些人员在各自岗位上对系统的期望,即期望系统能够帮助他们解决哪些问题。

图书管理员:希望通过对图书资料室书籍、读者资料和借还图书等进行高效的管理,可以查询某位读者或某种图书的借阅情况,还可以对当前图书借阅情况进行一些统计,给出统计表格,以便全面掌握图书的流通情况,及时准确地获得年终总结报表。

读者:方便图书信息的查阅,同时能够有效地获得图书的归还时间。

系副主任:能够及时得到年终图书资料室中的准确报告。

系统管理员:能够方便灵活地对业务中存在的可以调整的基础信息和系统运行环境进行维护。

2. 需求整理

(1) 给业务建模。通过步骤 1 中对系统开发背景的分析,采用建模的方式分别从以下两个角度对系统进行描述。

①构建原有系统的业务流程。原有系统可能是纯手工环境,也有可能已经存在某种计算机系统,重点捋清原有系统的业务流程和工作过程,掌握要构建新系统需要涉及的外部环境。如图 3-3 所示,通过活动图描述了原有手工进行借阅业务时的业务流程。可以发现图书管理员需要自己对信息在文档中进行查阅和修改,工作非常费力和麻烦。

图 3-3 原有读者借阅图书业务流程

②构建新系统的业务流程。描述要构建的新系统在大的业务环境中所处的位置和所起到的作用。根据各类用户对系统的期望可以对业务流程进行适当调整。如图 3-4 所示,描述了如果应用了新构建的图书管理系统之后,图书管理员的工作只需要提供读者借书证信息和图书信息,就可以通过图书管理系统帮助进行信息的提取与保存,极大地减少了图书管理员的查找工作量。

(2) 明确功能性需求。依据终端用户和业务流转过程中的需求,分析当前系统应该提供的主要功能。注意,该处描述的不是系统最终提供的功能点,而是对系统的初步功能要求,是后续功能建模的依据和基础。下面给出了图书管理系统的初步功能性需求。

①读者信息的管理,包括对读者类别、性别、在借书数量、借书期限和备注等信息的录入、修改、删除和查询。

②书籍基本信息的管理,包括对书籍编号、类别、关键词和备注等信息的录入、修改和查询。

图 3-4 新系统借阅图书业务流程图

③图书流通状态的维护,是对图书在流通过程中的状态进行相应的修改,以保证图书馆图书流通环节的顺利进行。

④借书管理,包括书籍编号、读者编号、借书日期、借书期限和备注等信息的录入、修改、删除和查询。

⑤还书管理,包括图书编号、读者编号、还书日期、还书期限、备注和对超期的情况自动给出提示,并提供罚单可以打印出应归还图书的所有人员名单;也可以选择要打印清单的单位(部门),然后对该单位(部门)的应归还图书人员的借书信息进行打印。

⑥有条件、多条件查询统计各种信息。根据借阅书证号,获得该读者的全部借阅信息;可以向读者发送快到期但尚未归还的催还书目信息;用户可以模糊查询,也可以精确查询。

⑦新员工可以办理借书证、丢失办理借书证和挂失等业务。

⑧系统维护。包括对管理员维护、部门维护和默认还书期限维护等。

(3)明确非功能性需求。依据客户对系统的期望提出相关的质量属性的描述,见表 3-3。系统分析人员可以从软件质量模型的三个用户关注方面进行分析,确定客户在安全性和稳定性等方面的关注点。

表 3-3 产品质量属性描述

产品主要质量属性	详细描述
正确性	不允许出现业务错误
健壮性	能够容纳 300 人同时访问,服务器端程序应连续工作半年以上
可靠性	除电源硬件、操作系统和服务器管理系统外,平均故障间隔时间不低于 200 小时
性能、效率	系统访问高峰期查询速度不超过 6 秒。其他系统处理业务时间最长时间不超过 3 秒
易用性	安装方便,操作简便
安全性	系统数据需要定期备份,保证历史数据不丢失
可扩展性	可在当前需求基础之上进行功能上的扩展
可移植性	可运行在 Windows 系列的操作平台上

(4)分析设计约束。分析对当前系统开发具有约束力的可能因素。它可以包括产品(或业务上)应当遵守的标准或规范,也可以是用户(或软件开发部门)提出的系统实现语言种类的约

束,或是系统被指定必须使用某种中间件技术和种类。这部分内容在实践过程中是一个非常重要的环节。如果在系统开发初期没有发现和明确设计约束,则后期一旦发现约束,则直接影响系统开发质量和进度。在图书管理系统中需要明确的约束包括以下几点。

①产品适用范围:本产品适应于中小规模公共图书馆、中小学及各院校图书馆。

②产品应遵守的规范与标准。

- 我国图书馆界通用 CNMARC 格式标准。
- 使用《中图法第四版》标准。

③产品应用的编程语言:C 语言。

(5)汇总词汇表。用以统一在文档描述过程中所使用到的术语。同时也为后续的系统开发提供一个交流的平台。

图书:图书管理过程流动的纸质资料。

图书管理员:负责对图书信息维护和借还操作的资料室工作人员。

读者:对图书进行借阅的人员。

借书证:是读者进行图书借阅的唯一凭证,如果丢失,除非补办借书证,否则不能进行借阅。

在借书数量:在借阅期间,同时在读者手中图书的总量。

借书期限:一本图书可以借阅的时间长短。

……

项目实践

1.项目小组在组长的组织下根据该小组项目的实际应用背景,参照项目模板和任务分配列表的职责分配(见表 3-4),组织讨论,统一对系统的认识。

表 3-4　　　　　　　　　　　　职责分配表

角色	任务									
	组织会议	明确开发背景	明确产品面向的用户群体及期望点	明确系统业务目标	业务建模	汇总词汇表	分析设计约束	分析功能性需求	分析非功能性需求	编写文档
项目组长	△	√		√						△
需求分析师	√	△	△	△	△	√	√	△	△	√
系统架构师		√	√		√		△	√	√	√
数据设计师		√			√	△				√
质量保证人员					√					√
界面设计人员			√		√			√	√	
编程人员										√

2.阶段提交成果。

由项目组长进行任务分工,按照实践步骤完成对《用户需求规格说明书》(参见附录项目模板)内容的整理,并提交电子文档。

3.项目组长提交文档编写任务分配列表。

4.检查点:

(1)用户目标描述的详细程度,考虑得是否全面。

（2）业务的理解深度，是否能够按照分析的流程将业务完整地走下来。
（3）小组内部成员的配合程度。

任务 2　构建功能模型

● 任务描述

我们在任务 1 中对图书管理系统做了初步的了解和设想，但是仍然有很多细节信息没有完全描述出来。一般情况下会通过语言描述来记录用户在执行业务过程中的一些规则和对数据的要求，但是这样会存在很大的问题。一方面语言描述非常的繁多，不容易理解；另一方面，语言本身也容易存在二义性，容易造成理解上的偏差。那么，是否存在什么更好的方式来记录用户的业务使用细节，同时也可以捋清用户的业务思路，清晰地记录下用户的相关数据信息？

● 相关知识

1. 需求分析

前面提到的"软件危机"在本质上是需求危机，而需求危机实际上是交流危机。为了消除"软件危机"，就需要在软件工程师和最终用户之间架起一座桥梁以便于沟通，并使得最终用户也参与项目的开发。

（1）软件需求分析

在大型系统中软件的总体角色是在系统工程过程中标识的。但是，为了更仔细地考察软件的角色——了解为了创建高质量软件所必须达到的特定需求，这就需要进行软件需求分析的工作。

需求分析是发现、求精、建模和规约的过程。最初由系统工程师创建所需数据、信息和控制流以及操作行为的模型，并分析可选择的解决方案，进而创建完整的分析模型。

需求分析是一种软件工程活动，它在系统级需求工程和软件设计间起到桥梁的作用。需求工程活动产生软件的运行特征（功能、数据和行为）的规约，指明软件与其他系统元素的接口并建立软件必须满足的约束。需求分析允许软件工程师（这时称为分析员）精化软件，分配并建造软件处理的数据领域、功能领域和行为领域的模型。需求分析为软件设计者提供了可被翻译成数据设计、体系结构设计、接口设计和构件级设计的信息、功能和行为的表示。最后，需求规约为开发者和客户提供了一种软件建造完成后评估质量的工具。

软件需求分析阶段的工作可分为五个方面。

①问题识别

首先，分析员研究系统规约和软件项目计划，在系统语境内理解软件和评审，要确定对目标系统的综合要求，并提出这些需求实现条件以及需求应达到的标准。这些需求包括功能需求、性能需求、环境需求、可靠性需求、安全保密要求、用户界面需求、资源使用需求、软件成本消耗与开发进度需求。要预先估计以后系统可能达到的目标。此外，还需要注意其他非功能性的需求，如针对采用某种开发模式确定质量控制标准、里程碑和评审、验收标准、各种质量要求的优先级以及可维护性方面的需求。

接着，要建立分析所需要的通信途径，以保证能顺利地对问题进行分析，其目标是对用户／客户认识到的基本问题元素的识别。分析所需的通信途径如图 3-5 所示。

图 3-5 软件需求分析的通信途径

②评估和综合

问题评估和方案综合是需求分析的下一个工作。分析员必须定义所有外部可观察的数据对象,评估信息流和内容,定义并详细阐述所有软件功能,在影响系统的事件的语境内理解软件行为,建立系统接口特征以及揭示其他设计约束。例如,从信息流和信息结构出发,逐步细化所有的软件功能,找出系统各元素之间的联系、接口特性和设计上的限制;判断是否存在因片面性或短期行为而导致的不合理的用户要求,是否有用户尚未提出的真正有价值的潜在要求;剔除其不合理的部分,增加其需要部分。最终综合成系统的解决方案,给出目标系统的详细逻辑模型。以上每一个任务的目的都是要描述问题,以综合出全面的方法或解决方案。

通过对当前问题和希望信息(输入和输出)的评估,分析员开始综合一个或多个解决方案。开始时需要详细定义系统的数据对象、处理功能和行为,然后要考虑实现时的基本体系结构。

③建模

在整个评估和综合过程中,分析员主要关注的是做"什么",而不是"怎么做"。例如,系统生产和消费什么数据,系统必须完成什么功能,需要定义什么接口,使用什么约束等。

在评估和综合解决方案的活动中,分析员还要创建系统模型,以便更好地理解数据和控制流、功能处理、行为操作以及信息内容。该模型补充了自然语言的需求描述,将作为软件设计以及创建软件规范的基础。在软件需求规约中建议包含两个高层次的模型:一个表示系统运行环境的模型,另一个说明系统如何分解为子系统的体系结构模型。

如果希望使用面向对象的开发过程,需要建立开发对象模型,它仅仅是在某一种程度上集成了行为和结构信息的系统模型。

④规约

在需求分析阶段,客户可能并不能精确地肯定需要什么,开发者也可能还无法确定哪种方法能适当地完成所要求的功能和性能,所以在本阶段不可能产生详细的规约。

⑤评审

作为需求分析阶段工作的复查手段,应该对功能的正确性、文档的一致性、完备性、准确性和清晰性以及其他需求给予评审。为保证软件需求定义的质量,评审应由专门指定的人员负责,并按规程严格进行。评审结束应有评审负责人的结论意见及签字。除分析员之外,用户/需求者、开发部门的管理者、软件设计、实现、测试的人员都应当参加评审工作。

此外,在需求工程中一般通过用户需求来表达高层的概要需求,通过系统需求来表达对系统应该提供哪些服务的详细描述,同时,还需一个更详细的软件设计描述来连接需求工程和设计活动。用户需求、系统需求和软件设计描述的定义为：

a. 用户需求。用自然语言加图表的形式给出的关于系统需要提供哪些服务，以及系统操作受到哪些约束的声明。

用户需求定义中的软件必须提供表达和访问外部文件的手段。这些外部文件是由其他工具创建的。

用户需求是为客户和承包商管理者写的，因为他们一般不具备具体技术细节方面的知识，软件需求规约描述是为高级技术人员和项目管理者写的，这些技术人员既包括客户方的，也包括承包商方的。系统最终用户可能两个文档都要读。不同类型描述的对象如图 3-6 所示。

图 3-6　不同类型描述的读者对象

具体地说，用户需求应从用户角度来描述系统功能和非功能需求，使不具备专业技术知识的用户能看懂，所以这样的需求描述只描述系统的外部行为，而避免对系统设计特性的描述。因此，用户需求就不能使用任何实现模型来描述，而使用自然语言、图表和直观图形来叙述。但是，使用自然语言来书写用户需求，又会出现一些问题：

描述不够清楚。使用自然语言描述，往往不容易做到既精确无歧义又避免晦涩难懂。需求混乱。功能需求、非功能需求、系统目标和设计信息无法清晰地区分。需求混合。多个不同的需求可能被搅在一起，以一个需求的形式给出。在需求文档中，将用户需求和细节层次需求描述分开表述是很好的做法，因为用户需求的非技术类读者真正想看的只是一些概念性的内容，而不是那些技术细节。如果用户需求包括太多的信息，它就会限制系统开发者解决问题的创意且使需求难以理解，所以用户需求应当集中在需要提供的主要服务上。在书写用户需求时，为了减少理解偏差，应该遵守下面一些简单的原则。保证所有的需求定义都按照一个标准的格式来书写，这样不易发生遗漏，且更容易检查需求。使用一致的语言，并区分强制性和希望性的需求。定义强制性需求时要使用"必须"，定义希望性需求时使用"应该"。使用黑体或斜体加亮文本来突出显示关键性的需求。

除了在应用领域的技术条款描述之外，尽量避免使用计算机专业术语。

b. 系统需求。又称软件需求规约，详细地给出系统将要提供的服务以及系统所受到的约束，系统需求文档有时称为功能描述，应当非常精确，它可能成为系统买方和软件开发者之间合同的主要内容。

系统需求描述要为用户提供定义外部文件类型的工具，每种外部文件类型具有一个相关联的工具，且每种外部文件类型在界面上用一种专门的图标来表示。当用户选择一个代表外部文件的图标时，就把与该外部文件类型相关联的工具启动起来。

相对来说，系统需求是用户需求更为详细的需求描述，是系统实现的基本依据，也是系统设计的起点，所以它必须是一个完备的、一致的系统描述，在描述时，它原则上应该陈述系统该做什么而不包括系统应该如何实现，但是，要在细节层次上给出系统完善的定义，不得不提到设计信息，原因如下：

先要给出系统初始的体系结构，才能构造需求描述。系统需求要按照构成系统的不同子系统结构来给出。大多数情况下，系统和其他已存在的系统间存在互操作，这些约束又构成了新系统的需求。有时系统的外部需求会要求使用一些特别的设计方法。

系统需求经常使用自然语言来书写，但是涉及更详细的描述时，就会暴露出一些深层次的问题，使得这种需求描述容易引起误解，进而增加解决问题的费用。原因是自然语言的理解依赖于读者和作者对同一个术语有一致的解释，以消除自然语言的二义性带来的理解偏差。使用自然语言书写需求描述的随意性太大且需求很难模块化，因为这样描述需求极难发现相关性，不得不逐个进行分析。

表 3-5 给出了一些替代自然语言描述的方法，在这些描述中增加了一些结构以减少二义性。

表 3-5　　　　　　　　　　　　需求描述所使用的符号

符　号	描　述
结构化自然语言	该方法依赖于定义标准格式或模板来表达需求描述
设计描述语言	该方法使用一种类似于程序设计语言的语言，但是具有更多抽象特征，通过定义系统的操作模型来定义需求
图形化符号	一个图形语言辅之以文本注释来定义系统的功能需求。一个早期的实例是 SADT（Ross，1977；Schoman 和 Ross，1977）。后期的是基于用例的描述（Jacobsen，1993）
数学描述	这些是基于像有限状态机或集合这样的数学概念的符号，这种无二义的描述减少了客户和承包商之间关于功能的争论，但是，绝大多数客户不懂形式化描述，因而不愿接受这样的系统合同

（2）需求和系统模型之间的关系

基于以下原因，需要确定项目相关人员使用自然语言描述的需求同说明这个系统的具体模型之间的关系。

①将抽象的需求跟系统模型联系起来，会增加系统的可跟踪性——在用户需求发生改变时，便于评估需求变更的影响以及估计变更成本。

②开发系统模型时，经常会揭示需求问题。显然，需求和模型之间的直观联系有助于交叉检验模型相关需求。

③需求和系统模型之间直观的联系会减少需求规约发生偏差的可能性。当需求分析人员过于关注一份具体规约的开发而忽视了项目相关人员真正的要求时，往往会发生一些偏差。

④需求规约的读者很容易就能发现将自然语言的需求具体化的系统模型。

需求和系统模型之间有四种可能的映射关系（假设每项需求和每个系统模型都能够被引用）：

①1∶1：这种关系最简单，可在需求的语句旁边添加一条指向具体定义需求的系统模型的引用，在每一个模型中也可包括一个类似的指向需求的引用。

②1∶m：一项需求可以映射为多个系统模型。这时，需求和相关模型之间的联系可以通

过给需求增加一个模型标识符列表来表示。

③m∶1：一个系统模型可以详细地说明多个需求。这时较为复杂,需要给每项需求添加指向这个系统模型的引用,并在模型中增加解释性的文字以说明模型的各个部分是如何同需求相关联的。

④m∶n：使用一组系统模型来说明一项需求,而这些系统模型同时还包含了其他系统需求的信息。这种情况最为常见,也最为复杂,必须解释在每个系统模型中分别说明了每项需求的哪些方面,同时在每个系统模型中,必须包含对它所说明的需求的引用,并解释它对需求的哪些部分做了说明。

可跟踪性矩阵只能描述从模型的组成部分到各个需求之间的简单映射关系,而一些大规模的 CASE 工具通过一个信息库来存放系统所有信息,可以从需求数据库的各个需求找到相应的模型来描述。但是工具的购买和使用成本非常高,对于开发中小规模的系统不划算。

系统体系结构模型与需求之间不存在简单的联系,不适于更详细地说明需求,但是能有助于划分需求,以便了解系统以及它对组织业务目标的帮助。

需要注意的是,在需求工程过程中需要大量的时间创建和维护需求同具体的系统模型之间的联系,但却不能从这些信息中获得短期收益。因此需要对需求工程师做职业精神动员,并把模型和需求之间的联系放在需求确认过程中去检查。

2. 结构化分析方法

结构化分析最初由 Douglas Ross 在 20 世纪 60 年代后期提出,由 Tom DeMarco 进行了推广。在 20 世纪 80 年代中期由 Ward 和 Mellor 以及后来的 Hatley 和 Pirbhai 引入了实时"扩展",形成了今天的结构化分析方法的框架。

结构化分析是一种建立模型的活动,通过数据、功能和行为模型来描述必须被建立的要素。它建立的分析模型如图 3-7 所示。结构化分析方法能够很好地向系统设计过渡,而且它提供的向导和支持可以帮助经验和技巧不足的人员开发高质量的系统模型。

图 3-7 分析模型的结构

分析模型要达到三个主要目标:描述客户的需求,建立软件设计的基础,定义在软件完成后可被确认的一组需求。

模型的核心是数据词典,它包含了在目标系统中使用或生成的所有数据对象的描述的中心存储库。围绕这个核心有三种图："实体-关系"图(ERD),描述数据对象及数据对象之间的关系;数据流图(DFD),指明数据在系统中移动时如何被变换,以及描述对数据流进行变换的功能(和子功能);状态变迁图(STD),指明系统对外部事件如何响应、如何动作。

因此,ERD 用于数据建模,DFD 用于功能建模,STD 用于行为建模。

3. 功能建模

结构化分析最初是作为信息流建模基数的,基于计算机的目标系统被表示成如图 3-8 所示的信息变换模型。矩形用于表示外部实体,即产生被软件变换的信息或接收被软件生产的信息的系统元素或另一个系统;圆圈表示被应用到数据(或控制)并以某种方式改变它的加工或变换;箭头表示一个或多个数据项(数据对象);双线表示数据存储,即存储软件使用的信息。

系统的功能体现在核心的数据变换中。需要注意,该图中一直隐含着处理顺序或条件逻辑,通常直到系统设计时才出现显式的逻辑细节。

图 3-8 信息变换模型

功能建模的思想就是用抽象模型的概念,按照软件内部数据传递、变换的关系,自顶向下逐层分解,直到找到满足功能要求的所有可实现的软件为止。根据 DeMarco 的论述,功能模型使用了数据流图来表达系统内数据的运动情况,而数据流的变换则用结构化英语、判定表与判定树来描述。

(1)数据流图(DFD)

数据流图是描述信息流和数据从输入移动到输出时被应用的、变换的图形化技术,其基本形式如图 3-9 所示。

图 3-9 办理取款手续的数据流图

图 3-9 所示的数据流图描述了储户携带存折去银行办理取款手续的过程。从图中可以看到,数据流图的基本图形元素有四种,如图 3-10 所示。

在数据流图中,如果有两个以上数据流指向一个加工,或是从一个加工中引出两个以上的数据流,这些数据流之间往往存在一定的关系。为表达这些关系,在这些数据流的加工可以标上不同的标记符号。所用符号及其含义在图 3-11 中给出。

数据流图可以在任何抽象级别上表示系统或软件,而且它可以划分为多个级别来表示信息流和功能细节的逐渐增加。因此,DFD 既提供了功能建模的机制,也提供了信息流建模的机制。

图 3-10 DFD 的基本图形符号

图 3-11 表明多个数据流与加工之间关系的符号

要注意,数据流图是描述信息在系统中的流动和处理,在数据流图中不能反映控制流。控制性的流程属于程序流程图描述的内容,不要放入数据流图中。

(2) 分层数据流图

为了表达数据处理过程数据加工的更多细节,用一个数据流图是不够的。稍微复杂的实际问题,在数据流图上常常出现十几个甚至几十个加工,这样的数据流图就会看起来很不清楚。使用层次结构的数据流图能很好地解决这一问题;按照系统的层次结构进行逐步分解,并以分层的数据流图反映这种结构关系,能清楚表达并容易理解整个系统。

图 3-12 给出了分层数据流图的示例。数据处理 S 包括三个子系统 1、2、3。顶层下面的第一层数据流图为 DFD/L1,第二层数据流图 DFD/L2.1,DFD/L2.2 及 DFD/L2.3 分别是子系统 1、2 和 3 的细化。对于任何一层数据流图来说,它的上层图称为父图,在它下一层的图则称为子图。

图 3-12 分层数据流图

第 0 层的 DFD 也称为基本系统模型或语境模型,将整个软件元素表示为一个个由进入箭头和离开箭头分别表示输入和输出数据的圆圈。为了揭示更多的细节,对第 0 层的 DFD 进一步划分出许多附加的加工(圆圈)和信息流路径,表示在第一层的每个加工是在语境模型中的整个系统的子功能,每个加工又可以被精确化或层次化以描述更多的细节。

画数据流图的基本步骤概括为：自外向内、自顶向下、逐层细化、完善求精。检查和修改的原则如下：

① 数据流图上所有图形符号只限于前述四种基本图形元素。
② 顶层数据流图必须包括前述四种基本元素，缺一不可。
③ 顶层数据流图上的数据流必须封闭在外部实体之间。
④ 每个加工至少有一个输入数据流和一个输出数据流。
⑤ 在数据流图中，需按层给加工框编号。编号表明该加工处在哪一层，以及上下层的父图与子图的对应关系。
⑥ 规定任何一个数据流子图必须与它上一层的一个加工对应，两者的输入数据流和输出数据流必须一致。此即父图与子图的平衡。
⑦ 可以在数据流图中加入物质流，帮助用户理解数据流图。
⑧ 图中每个元素都必须有名字。数据流和数据文件的名字应当是"名词"或"名词性短语"，表明流动的数据是什么；加工的名字应当是"动词+宾语"，表明做什么事情。
⑨ 数据流图中不可夹带控制流。
⑩ 初画时可以忽略琐碎的细节，以集中精力于主要数据流。

但是，使用 DFD 的基本表达符号并不能充分描述软件的需求。例如，DFD 中箭头可以代表输入加工中或从加工中输出的数据对象，数据存储表示有组织的数据的聚集，但是没说明白箭头所意味或存储所描述的数据"内容"是什么，如果箭头（或存储）代表数据的聚集，那么数据又是什么？这些问题可以使用结构化分析的另一个工具——数据词典来回答。

(3) 针对实时系统的 Ward&Mellor 扩展

Ward 和 Mellor 对基本的结构化分析符号体系进行扩展以适应实时系统提出的以下要求：在时间连续的基础上接收或产生信息流；贯穿整个系统的控制信息和相关的控制处理；有时在多任务的情况下可能会遇到同一个加工的（变换）多个实例；系统具有状态以及导致系统状态迁移的机制。

图 3-13 给出的扩展的图形符号可以让分析员在描述信息流和加工的同时，描述控制流和控制加工。这些符号可与原来的数据流图的图形符号一起使用。

- - - - → 控制项或事件。时间上间隔发生的数据流，取布尔值或离散值。
──────→ 连续数据流。时间上连续发生的数据流，用做加工的输入或输出。
(⋯) 控制加工。由事件驱动的控制处理过程，接受控制和输入，产生控制作为输出。
══════ 控制存储。为一个或多个控制提供事件与事件存储服务的库。
◯ 加工。同一个加工的多个对等的实例。在多任务系统中当产生多个加工时使用。它相当于一些进程。

图 3-13　Ward & Mellor 开发的针对实时系统的扩展的结构化分析符号

例如，一个汽油涡轮发动机的实时测试监控系统，需要监控涡轮速度、燃烧室温度和连续探测到的各种压力。图 3-14 是对基本结构化分析符号体系的一个扩展，提供了表示时间连续的数据流的机制，双头箭头表示时间连续的流，单头箭头表示离散的数据流。

区分离散的数据流和时间连续的数据流，对于系统工程师和软件设计者都有重要影响。在创建系统模型时，系统工程师最好能分离出性能关键的加工（通常时间连续的输入数据和输出数据对性能很敏感），创建物理或实现模型时，设计者必须建立机制来收集时间连续的数据。

图 3-14　时间连续的数据流与普通数据流

在传统的数据流图中,控制或事件流没有显式地表现出来,但在实际应用中使用了代表事件流和控制加工的特殊符号,如图 3-14 中数据流继续使用传统的数据流图中的实线箭头;控制流表示为虚线箭头或阴影箭头;只处理控制流的加工称为控制加工,用虚线圆圈表示。

控制流可以直接输入一个传统加工或控制加工。图 3-15 给出了一个生产车间的数据和控制流的顶层视图。

图 3-15　使用 Ward & Mellor 符号的数据流和控制流

(4) 加工规约(PSPEC)

加工规约用来说明 DFD 中数据加工隐含的加工细节,包括出现在求精过程最终层次的所有流模型加工。它描述了功能的输入、施加于输入的算法以及产生的输出,另外还指示了加工(功能)的约束和限制、与加工相关的性能特性以及影响加工实现方式的设计约束,其内容包括叙述性正文、加工算法的程序设计语言(PDL)描述、数学议程、表、图或图表。必须注意,写加工规约的主要目是要表达"做什么",而不是"怎样做",所以它应描述实现加工的策略而不是实现加工的细节。

为流模型中的每个圆圈提供一个 PSPEC,软件工程师就可创建出一个"小规约",以此开始创建软件需求规约,并对实现加工的程序元素进行设计。

目前用于写加工规约的工具有结构化英语、判定表和判定树。

● 实施步骤

1. 为系统外部环境建模

要构建系统的功能模型,首先要清楚系统运转的外部环境,即从获得的资料中找寻有哪些外部实体或是外部系统与当前要开发的系统存在数据的交互。清楚了外部环境也就清楚了系统的范围和边界。在本节,通过图书管理员,读者提供数据给图书管理系统,以便借书或者还书;图书管理员需要从系统当中获得统计信息,以便形成各种统计报表;系统管理员对一些与系统设置相关的信息进行管理,因此,与系统打交道的外部实体包含读者、图书管理员和系统管理员。它们与系统产生的信息交互就是信息流的输入和输出。图书管理系统顶层图如图 3-16 所示。

图 3-16 图书管理系统顶层图

2. 对系统进行逐层分解

当构建完系统的外部环境,了解到系统接收了输入流对其进行了处理之后以输出流的形式反馈给外部实体。那么,系统在接收了输入流之后,在系统内部是一个怎样的处理流转的过程呢?数据流图中一层图的目的是从整体上描述系统具有哪些主要处理环节,这些处理环节之间又存在着怎样的联系。

重新阅读用户需求说明中对功能的描述,发现归纳起来系统主要完成的任务有三个,包括为读者提供借阅和联机查询功能的读者服务;对图书信息进行维护的文献建设和对系统基本配置信息进行维护的系统维护。通过数据流图的绘制,可以清晰地看到从外部实体流转进来的输入流经过了怎样的处理。在这里尤其需要注意的是,系统内部产生了一些数据,而且这些数据需要进行持久性保存,以备日后其他处理过程使用。这些需要保存下来的数据采用数据存储的形式表示。图书管理系统一层图如图 3-17 所示。

3. 逐层细化数据流图

核心处理过程的描述只是从整体上描述了系统内部的合作形式,但是对于这些主要过程的具体操作规则和处理方式并没有体现出来,因此需要我们进一步细化。借阅过程的二层细化数据流图就是深入描述了在进行借阅过程中用户业务规定的数据处理流程,如图 3-18 所示。在这个环节所出现的处理加工,如果仍然存在数据流转的细节需要展示,则仍然可以继续按照这种思路分层细化。但是,如果这些环节中的处理过程只需要按照规则具体处理信息了,则不需要继续细化了。

图 3-17 图书管理系统一层图

图 3-18 图书管理系统读者服务二层图

针对二层图中的每一个加工处理,显然还没有完全揭示出来业务处理的流程,因此还需要通过三层图进一步进行细化。在这里,我们只以处理加工1.1借阅为例进行说明。

读者在借阅图书时,需要先提供读者的借书证,系统验证借书证的有效性,无效则提示其原因,有效则显示读者的基本信息(包括借书证号、姓名、部门、读者类别和在借书数量等)供图书管理员进行人工核对。图书管理员检查该读者所借图书是否超过指定数量,若已达到指定数量则拒借,未达指定数量则办理借书。图书管理员输入要借阅的书号,系统查阅并显示图书的基本信息,供管理员人工核对。最后提交借阅请求,若当前图书可借,则存储借阅记录,并修改当前图书拷贝的状态。根据上述信息整理而成的数据流图如图3-19所示。

图 3-19 借阅过程的三层细化数据流图

项目实践

1. 项目组长组织小组成员根据自定义项目背景讨论系统外部环境。

2. 项目组长组织讨论系统功能,并确定一层数据流图的组成。如果系统分成子系统,则需要讨论到二层数据流图。

3. 项目组长参照表3-6,根据组员的情况进行分工,分别绘制细化数据流图。

4. 项目组长负责将组员完成的数据流图组织到需求规格说明书中。

表 3-6　　　　　　　　　　职责分配表

角色	任务						
	组织整个会议	绘制顶层图	逐层分解系统	确定需求优先级	建立数据模型	构建数据字典	其他信息的整理
项目组长	△	√	√				√
需求分析师	√	△	△	△	√	√	△
系统架构师		√	√	√	√	√	
数据设计师					△	△	
质量保证人员			√	√			√
界面设计人员		√					
编程人员							
文档作者		√	√	√	√		√

5.检查点：

(1)系统功能描述与功能模型相符的程度。

(2)数据流图绘制的完备程度，是否与功能描述的内容相一致。

(3)数据流图绘制的规范性，是否正确运用数据流图的符号规则绘制图形。

任务3　构建数据模型

● 任务描述

构建了功能模型之后会发现在功能模型中使用到了很多的数据，尤其出现了需要持久化保存的数据存储。那么在实际业务运转过程中，这些数据之间有什么约束关系吗？如果约束存在，系统在运转过程中就必须遵守这些约束。然而，该如何表示这些数据之间的约束，描述这种关系呢？

● 相关知识

实体关系图(ERD)使软件工程师可以使用图形符号来标识数据对象及它们之间的关系。在结构化分析的语境中，ERD定义了应用中输入、存储、变换和产生的所有数据，因此，它只关注于数据，对于数据及其之间关系比较复杂的应用特别有用。

数据模型包括三种互相关联的信息：数据对象、描述数据对象的属性、描述对象间相互连接的关系。

①数据对象。几乎可以表示任何被软件理解的复合信息(复合信息是指具有若干不同特征或属性的事物)。数据对象可以是外部实体、事物、角色、行为或事件、组织单位、地点或结构。它描述对象及其所有属性，只封装数据而没有包含指向作用于数据的操作的引用。这与面向对象范型中的类或对象不同。具有相同特征的数据对象组成的集合仍然称为数据对象，其中的某一个对象叫作该数据对象的一个实例。

②属性。定义了数据对象的特征。它可以为数据对象的实例命名，描述这个实例以及建立对另一个表中的另一个实例的引用。另外，还应把数据对象中的一个或多个属性定义为标识符以唯一标识数据对象的某一个实例。标识符属性称为键(Key)或者关键码，书写为_id，例如在"学生"数据对象中用"学号"做关键码，可唯一地标识一个"学生"数据对象中的实例。

③关系。数据对象可通过多种不同方式互相连接。如一个学生"刘宇"选修"数据挖掘"与"系统仿真导论"两门课程，学生与课程的实例通过"选修"关联起来。实例的关联有三种：一对一(1:1)、一对多(1:n)和多对多(m:n)。这种实例的关联称为"基数"。基数是关于一个对象可以与另一个对象相关联的出现次数的规约，它表明了"重复性"。如1位教师带一个班的50位同学，就是1:n的关系，但也有1位教师带0位同学的情形，所以实例关联有"可选"和"必须"之分，用"O"表示关系是可选的，用"|"表示关系必须出现1次，三叉表示多次，如图3-20所示，该图表明了关系的"参与性"：教师是必须参与教学的，而学生则未必一定会选听某位教师的课。

基数定义了可以在一个关系中参与的对象关联的最大数目，但它没有指出一个特定的数据对象是否必须参与在关系中。为此，数据模型在"对象-关系"对中引入了形态(Modality)的概念。

图 3-20 基数与参与性

④形态。如果对关系的出现没有显示的需要或关系是可选的,关系的形态是 0。如果关系必须有一次出现,则形态是 1。例如,某电信公司的区域服务软件,对于一个客户指出的一个问题,如果诊断出此问题相对简单,只进行一次简单的修理行为;如果问题很复杂,则需要多个修理行为。图 3-21 说明了基数和形态,以及数据对象"客户"和"修理行为"间的关系。

图 3-21 基数和形态

与图 3-20 类似,图 3-21 中也建立了一个"一对多"的关系,可以向一个客户提供 0 个或多个修理行为。在关系连接上距数据对象矩形最近的符号指示基数;短竖线"|"表示 1,三叉表示多。形态用距离数据对象矩形较远的记号表示,左边的第二个短竖线指示发生一次修理行为必须有一个客户,右边的圆圈指示对客户报告的问题类型可能不需要修理行为。

⑤"实体-关系"图(ERD)。通过 ERD 以图形方式表示的"实体-关系"对是数据模型的基础。ERD 的主要目的是表示数据对象及其关系,它识别了一组基本成分:数据对象、属性、关系和各种类型指示符。图 3-22 给出学生选修课程的 ERD 及描述学生属性的实体对象表。

图 3-22 简单的 ERD 和数据对象表

在图 3-22 中,带标记的矩形表示数据对象,连接对象的带标记的线表示关系,在有些变种中连接线还包含一个标记有关系的菱形。数据对象的连接和关系使用各种指示基数和形态的代数符号来建立。

数据模型和"实体-关系"图向分析员提供了一种简明的符号体系,以便在数据处理应用的语境中考察数据。多数情况下,数据建模方法用来创建一部分分析模型,但它也可用于数据库设计,并支持任何其他的需求分析方法。

实施步骤

1. 搜集整理实体数据对象

对在需求分析过程中出现的数据和专用单据的搜集整理。例如,读者信息表、图书借阅文档和统计报表等。特别参考数据流图绘制过程中涉及的数据存储对象。

2. 描绘实体-关系图

在构建功能模型的过程中会发现很多需要存储的信息,同时在阅读用户需求的过程中也会发现很多系统中需要处理和保存的数据。这些数据之间由于业务的需要会存在着联系和约束。因此,这些数据就必须通过实体-关系图的形式明确它们之间的关系,否则在对一些数据进行修改时,如果没有注意到这些约束,很有可能造成数据的不一致。

原则上遵照数据实体在现实世界中的规律明确它们之间的关系。注意,此时不应过早使用数据库优化原则对数据对象进行分解和优化,否则不利于对数据关系的理解。在此过程中可以借助数据建模工具(PowerDesigner)进行辅助设计。

图书管理系统中的实体关系如图 3-23 所示。

图 3-23　图书管理系统 E-R 图

● **项目实践**

1. 项目组长组织组员根据自己组项目背景搜集并整理相关数据。
2. 项目组长组织讨论并确定初步的数据模型。
3. 项目组长对数据模型参照表 3-6 确定任务分工,并将数据模型整理到需求分析文档中。
4. 检查点:
(1) E-R 图符号运用的正确性。
(2) E-R 图中数据的完整性,是否将需求中涉及的信息对应到图中。

任务 4　构建行为模型

● **任务描述**

在进行需求获取,分析整理用户的功能需求的过程中,会发现不但要理清业务流程,还有很多业务规则需要特别关注。这些业务规则往往特定于某个业务对象,业务对象所发生的变化将导致相应的业务规则及业务运行方式发生改变。此时需要通过模型的建立来记录这种变化。那么,在结构化分析模型中,哪种模型可以用来记录行为的变迁呢?

相关知识

行为建模给出需求分析方法的所有操作原则,但只有结构化分析方法的扩充版本才提供这种建模符号。

利用如图 3-24 所示的"状态-迁移"图(STD)或"状态-迁移"表来描述系统或对象的状态,以及导致系统或对象的状态改变的事件,进而描述系统的行为。

(a) 状态-迁移图

(b) 状态-迁移表

状态\事件	S1	S2	S3
t1	S3		
t2			S2
t3		S3	
t4		S1	

图 3-24 "状态-迁移"图和与其等价的"状态-迁移"表

每一个状态代表系统或对象的一种行为模式。"状态-迁移"图指明系统的状态如何响应外部的信号(事件)进行推移。在"状态-迁移"图中,圆圈"O"表示可得到的系统状态,箭头"→"表示从一种状态向另一种状态的迁移。在箭头上要写上导致迁移的信号或事件的名字。如图 3-24(a)所示,系统中可取得的状态有 $S1$、$S2$ 和 $S3$,事件有 $t1$、$t2$、$t3$ 和 $t4$。事件 $t1$ 将引起系统状态 $S1$ 向状态 $S3$ 迁移,事件 $t2$ 将引起系统状态 $S3$ 向状态 $S2$ 迁移。图 3-24(b)是与图 3-24(a)等价的"状态-迁移"表。

另外,"状态-迁移"图指明了作为特定事件的结果(状态)。在状态中包含可能执行的行为(活动或加工)。

如果系统比较复杂,可把"状态-迁移"图分层表示。例如,在确定了图 3-24 所示的状态 $S1$、$S2$ 和 $S3$ 之后,接下来就可把它们细化(图 3-25 中对状态 $S1$ 进行了细化,将状态 $S1$ 分解为 $S1.1$ 和 $S1.2$)。此外,在"状态-迁移"图中,由一个状态和一个事件所决定的下一状态可能会有多个,实际会迁移到哪一个,是由更详细的内部状态和更详细的事件信息来决定的。此时可采用一种状态迁移图的变形(如图 3-26 所示),使用加判断框和处理框的标记法。

图 3-25 "状态-迁移"图的网

图 3-26 "状态-迁移"图的变形

$C1$、$C2$:判断条件
$p1$~$p5$:处理内容

Petri 网,简称 PNG(Petri Net Graph),适用于描述相互独立、协同操作的处理系统,即并发执行的处理系统,可以用在软件需求分析与设计阶段。

Petri 网是一种有向图,用"O"表示系统的状态,"—"或"|"表示系统中的事件。有向边表示对事件的输入或从事件输出:"→|"表示对事件的输入,"|→"表示从事件的输出,即事件的结果。

图 3-27 用 Petri 网描述了在一个多任务系统中的两个进程"进程 1"和"进程 2"使用一个公共资源 R 时,利用原语 LOCK(对资源加锁)和 UNLOCK(对资源解锁)控制 R 的使用、保证

进程间的同步的例子。

图 3-27 进程同步机制的 PNG

图中每个进程是一个数据对象,它有三个状态:等待资源($p1$ 或 $p4$)、占用资源执行的处理($p2$ 和 $p5$)、不占用资源执行的处理($p3$ 或 $p6$)。另外,系统有一个状态:资源空闲($p7$)。在有些状态中有一个黑点"⊙",称为标记或令牌,表明系统或对象当前正处于此状态。当具备了一个事件的输入的所有状态或持有令牌时,才能"激发"该事件(fire),此时系统和对象的状态向前推移,完成系统和对象的某些行为。

实施步骤

1. 分析项目中是否存在状态变迁需要记录的情况

在图书流通过程中,读者使用借书证是合法借书的唯一手段,我们通过已有的经验都知道,如果在借阅过程中借书证出现异常则读者借阅图书的请求将会受到影响。因此,借书证在当前系统运转过程中需要对其状态的变迁进行建模。

2. 针对图书管理系统中业务规则的需要构建行为模型

下面针对借书证状态的变化,观察在读者借阅过程中将会出现哪些变化。

(1)首次办理借书证的读者需要提供个人信息,系统将创建该读者的借阅帐户,并发放借阅证。此时的借书证处在正常状态。

(2)当读者不小心将借书证丢失,可以到图书证挂失办理处对借书证进行挂失处理。此时的借书证处于挂失状态,读者不能够使用该借书证进行图书的借阅和归还操作。

(3)当借书证处于正常状态,读者进行借阅、归还或续借操作时,借书证的状态不发生变化。

(4)当读者办理逾期归还图书或是丢失图书处理后,该读者的借书证处在冻结状态,需要等到系统设定的冻结时间过后,方可转入正常状态。

(5)当读者离开学校时,系统将注销该读者的借书证信息,该借书证处在销户状态。

通过借书证状态变迁图(如图 3-28 所示),借书证的状态变迁过程将会一目了然。

项目实践

1. 项目组长组织组员讨论自己项目背景中是否存在状态变迁的情况。
2. 对业务中存在的行为进行建模,并将其整理到对应的需求分析说明书中。
3. 检查点:
(1)行为模型构建的合理性。
(2)行为模型应用的准确性。

图 3-28 借书证的状态变迁图

任务 5　构建数据字典

● **任务描述**

无论是在数据流图中还是在 E-R 图中都使用到了数据。数据流图中直接使用数据流,描述数据流转的过程,然而数据流是数据项的集合。在 E-R 图中,找到了对数据流中数据项组成的描述,但是没有对数据项的细致解释。这些数据项是否也会存在着使用上的约束和要求呢?例如,银行中使用的存折账号具体代表着什么含义呢?软件系统在使用的时候有什么需要注意的地方吗?这些信息如果不清楚,恐怕会对使用系统的用户产生不好的影响。那么,是否也存在着某种方法来描述和整理这些信息呢?

● **相关知识**

数据词典(DD,Data Dictionary)是模型的核心,它是系统所涉及的各种数据对象的总和。是对所有与系统相关的数据元素的一个有组织的列表和精确的、严格的定义,使得用户和系统分析员对于输入、输出、存储成分和中间计算有共同的理解。它与数据流图配合,能清楚地表达数据处理的要求。

分析模型中包含了对数据对象、功能和控制的表示。在每一种表示中,数据对象和控制项都扮演一定的角色,通过数据词典这种组织方式可以表示每个数据对象和控制项的特性。

数据词典是为描述在结构化分析中定义的对象的内容而作为半形式化的语法被提出的,它精确地、严格地定义了每一个与系统相关的数据元素,并以有序列表形式将它们组织起来,使得用户和系统分析员对所有的输入、输出、存储成分和中间计算都有共同的理解。

(1)词条描述

在数据词典的每一个词条中应包含以下信息:

①名称。数据对象或控制项、数据存储或外部实体的主要名称。

②别名。第一项的其他名字。

③何处使用/如何使用。使用该词条(数据或控制项)的加工列表,以及如何使用。

④内容描述。表示内容的符号。
⑤补充信息。关于数据类型、预设值、限制或者局限等的其他信息。
(2)内容描述

在数据词典的编写中,分析员最常用的描述内容或数据结构的符号见表 3-7。

表 3-7 数据词典定义式中的符号

数据构造	记 号	意 义
顺序 选择 重复	=	由……构成
	+	和
	[|]	或
	{ }^{n}	n 次重复
	( )	可选的数据
	…	限定的注释

软件工程师使用表 3-7 的符号体系,可以通过三种基本构造方式来表示复合数据。
①作为数据项的序列。
②作为从一组数据项中的选择。
③作为数据项的重复的组合。

每个数据项中的项可以表示为顺序、选择和重复的一部分,而其本身又是另一个复合数据项,需要在字典中进一步细化。

内容描述需要一直扩展到所有的复合数据项(数据对象)都被表示为元素项,或者所有的数据对象用对大家都没有歧义的方式表示为止。

数据词典明确地定义了以上各种信息项。随着系统规模的增大,数据词典的规模和复杂性将迅速增加,可以使用 CASE 工具来维护数据词典。

上面描述的系统建模方法只是需求工程中所用到的建模方法的一个子集,表 3-8 对这些方法进行了总结。在结构化系统分析中有两种主要的建模方法:基于 DFD 图的传统功能反诘方法和面向对象方法。

表 3-8 建模技术小结

模型类型或方法	主要针对的系统层面	描 述
数据流图	行为	将系统建模为数据的功能转换的有向图
消息传递	行为	对象如何交换信息调用服务的功能模型
控制流图	行为	将环境事件和控制流之间的关系进行建模
有限状态模型	行为	对系统状态和对事件响应的处理功能进行建模
小规约/过程规约	行为	功能和动态行为的算法描述
"实体-关系"图	结构	功能转换处理的数据模型
对象模型	结构	根据领域的类别、结构关系、状态属性和功能属性所建立的实体模型
场景和事件跟踪	行为	事件和系统对象对事件的处理模型
数据词典	—	所有模型构件的自然语言描述
表跟踪	—	将需求映射为模型构件以便能够把需求上溯到描述它们的功能和对象

1. 使用 PDL 描述需求

为了解决自然语言描述固有的二义性问题,可以使用程序描述语言来描述需求,这样的语言称为 PDL。PDL 起源于 Java 或 Ada 这样的程序设计语言,包含附加的、更抽象的构造来提高其表达能力,可以使用软件工具对其进行语法和语义检查以发现需求的遗漏和不一致。

由 PDL 语言能得到非常详细的需求描述,有时它们与需求文档中的内容已经非常接近。在以下情况下推荐使用 PDL 语言:

(1)当操作能分解为一个比较简单的动作序列并且执行顺序非常重要的时候。

(2)当硬件和软件的接口已经被定义了的时候。在许多情况下,子系统之间的接口在系统需求描述中已被定义,使用 PDL 可以定义接口对象和类型。

(3)使用 PDL 叙述需求能进一步减少二义性而且更容易理解。如果 PDL 是基于实现语言的,从需求到设计就有了一个自然的过渡,误解的可能性就大大减少。

但是这种需求描述方法也有其缺点:

(1)这种语言表达系统功能的能力不够充分。

(2)使用的符号语言只有那些具有程序语言知识的人们才可以理解。

(3)需求被看成了一个设计描述的过程,而不是帮助用户了解系统的一个模型。

该方法的一个有效使用方式是将它与结构化自然语言结合使用:采用基于格式的方法来定义系统的总体框架,然后用 PDL 更详细地定义控制序列和接口。

2. 接口描述

绝大多数软件系统要与其他已实现或正运行着的系统进行交互,如果它们要一起工作,就必须精确地定义已存在的系统接口。这些描述在需求过程的早期阶段就应该给出,也可在需求文档或规约中以附录的形式给出。

必须定义三种类型的接口。

(1)程序接口。这是已存在的子系统提供的子程序接口,通过调用这些接口过程来执行子系统提供的服务。

(2)数据结构。这是从一个子系统到其他子系统之间的数据交换所使用的数据绫。基于 Java 的 PDL 可以描述这样的数据结构,用类来定义数据结构,属性表示结构中的域。也可以使用"实体-关系"图来描述数据结构。

(3)数据的表示(例如位元的顺序)。这是一个已存在的子系统建立的数据表示。Java 不支持这样详细的表达描述,所以基于 Java 的 PDL 不适用于此处。

形式化符号方法也能够无二义性地定义接口,但是因其专业化的特点而很难被更多的人掌握。虽然它是理想的工具,却很少用于实际的接口描述。PDL 接口描述的形式化程度较低,在可理解性和精确性之间做了折中,但是通常要比自然语言接口描述更为精确。

下面代码给出了一个记录打印程序的接口类型定义:

```
interface PrintRecord{
    //定义一个抽象的记录打印功能
    //需求:interface Record,interface Printer
    //功能:find, print, displayPrintQueue, cancelPrintJob, switchPrinter
    void find (Record r);
    void print (Printer p, Record r);
    void displayPrintQueue (Printer p);
    void cancelPrintJob (Printer p, Record r);
```

```
    void switchPrinter (Printer p1, Printer p2, Record r);
}// PrintRecord
```

实施步骤

在图书管理系统中,数据字典需要对系统中出现的数据进行细致的定义,因此包含的内容比较多。在这里由于教材篇幅所限,每个对应项只拿出一个例子作为代表进行描述。

1. 数据流条目(见表3-9)

表3-9　　　借书信息的数据流条目

数据流名:借书信息
别名:无
简述:读者借书时携带的信息
来源:读者
去向:加工1"借阅图书"
组成:借书证号+图书编号+借阅方式
数据流量:1 000次/周
高峰值:学期末1 000次/天

2. 数据存储条目(见表3-10)

表3-10　　　图书信息的数据存储条目

文件名:图书信息
别名:无
简述:存放图书馆库存中所有图书的基本信息
组成:ISDN+图书名称+出版社+作者姓名+库存总量
组织方式:索引文件,以图书编号为关键字
查询要求:要求能够立即查询

3. 数据项条目(见表3-11)

表3-11　　　借书证号的数据项条目

数据项名:借书证号
别名:无
简述:图书馆中注册读者的有效证件编号
类型:字符串
长度:8位(教师)12位(学生)
组成:身份标识+年+月+(专业+班级)+流水号
取值范围及含义:
第1位:[J|X|L](教工|学生|临时工)
第2-3位:"00"…"99"(办证年份)
第4-5位:"01"…"12"(办证月份)
第6-7位:"01"…"99"(专业,01软件工程专业,02计科专业,……)
第8-9位:"01"…"03"(班级)
第10-12位:"001"…"999"(流水号)

4. 加工条目（见表 3-12）

表 3-12　　　　检查可借性的加工条目

加工逻辑名:检查可借性
编号:2.6
激活条件:收到合法借阅信息时
输入:合法借阅信息
输出:可借阅信息、拒借信息
加工逻辑:根据库存目录 　　　　　IF 借阅图书状态为可借状态 　　　　　THEN 可办理借书,输出可借阅信息 　　　　　ELSE 给出拒借信息 　　　　　END IF
执行频率:随时

项目实践

1. 项目组长组织组员讨论和搜集自己项目背景中数据信息。
2. 将数据信息整理成数据字典,并将其填写到对应的需求分析说明书中。
3. 检查点:
(1) 数据字典的完整性。
(2) 数据字典的规范性。

小　结

俗话说,万事开头难。作为软件生命周期最重要的阶段之一,需求分析最根本的任务是确定用户到底需要一个什么样的软件系统。具体地说,是应该确定系统必须具有的功能和性质、系统要求的运行环境,通过分析得出系统详细的逻辑模型。在结构化需求分析中,采用一系列的图形工具来描述对系统的要求。功能模型采用数据流图来记录数据在各过程间的流转;通过 E-R 图构建数据模型来描述业务实体之间的关系;采用数据字典来定义系统所有必须共享的公共数据元素的集合;通过状态变迁图表达的行为模型来描述系统在外界环境发生变化后,系统行为的变化。

需求分析的结果是软件开发的基础,必须仔细验证它的正确性,开发人员必须同用户取得完全的一致,需求分析的文档也应被用户认可。但是这并不意味着随着项目的进展需求不会再发生变化。因此,为了更准确、更具体地确定用户的需求,往往通过原型法来加强同用户的沟通。此外,作为需求分析的结果,应该制定明确的软件需求规约,并有必要邀请多方人员以所描述功能的正确性、完整性和清晰性共同进行评审。

习　题

一、选择题(单选题)

1. 软件需求工程阶段的工作可以划分为以下四个方面:对问题的识别、分析与综合、制定需求规格说明和( )。
   A. 总结   B. 阶段性报告
   C. 需求分析评审   D. 以上答案都不正确

2. 各种需求分析方法都有它们共同适用的( )。
   A. 说明方法   B. 描述方法   C. 准则   D. 基本原则

3. 软件需求规格说明书的内容不应该包括对( )的描述。
   A. 主要功能   B. 算法的详细过程
   C. 用户界面和运行环境   D. 软件的性能

4. 需求分析产生的文档是( )。
   A. 项目开发计划   B. 可行性分析报告
   C. 需求规格说明书   D. 软件设计说明书

5. 需求分析中,分析人员要从用户那里解决的最重要的问题是( )。
   A. 要让软件做什么   B. 要给该软件提供什么信息
   C. 要求软件工作效率如何   D. 要让该软件具有何种结构

6. 需求规格说明书的作用不应包括( )。
   A. 软件设计的依据
   B. 用户与开发人员对软件要做什么的共同理解
   C. 软件验收的依据
   D. 软件可行性研究的依据

7. 在结构化分析方法中,用以表达系统内部数据的运行情况的工具有( )。
   A. 数据流图   B. 数据字典   C. 结构化英语   D. 判定树与判定表

8. 需求分析最终结果是产生( )。
   A. 项目开发计划   B. 可行性分析报告   C. 需求规格说明书   D. 设计说明书

9. 分层数据流图是一种比较严格又易于理解的描述方式,它的顶层数据流图描述了系统的( )。
   A. 细节   B. 输入与输出   C. 软件的作者   D. 绘制的时间

10. 一个局部数据存储,当它作为( )时就把它画出来。
   A. 某些加工的数据接口
   B. 某个加工的特定输入
   C. 某个加工的特定输出
   D. 某些加工的数据接口或某个加工的特定输入/输出

11. 对于分层的数据流图,父图与子图的平衡是指子图的输入、输出数据流同父图的输入、输出数据流( )。
   A. 必须一致   B. 数目必须相等   C. 名字必须相同   D. 数目必须不等

12. 软件需求分析的任务不应包括( )。
   A. 问题分析   B. 信息域分析   C. 结构化程序设计   D. 确定逻辑模型

二、问答题

1. 需求工程阶段主要解决的问题是什么?该过程中需要经过哪些主要活动?每项活动的主要任务和目标是什么?

2. 在软件需求分析时,首先建立当前系统的物理模型,再根据物理模型建立当前系统的逻辑模型。试问:什么是当前系统,当前系统的物理模型与逻辑模型有什么差别?

3.银行计算机储蓄系统的工作过程大致如下:储户填写的存款单或取款单由业务员键入系统,如果是存款则系统记录存款人姓名、住址(或电话号码)、身份证号码、存款类型、存款日期、到期日期、利率及密码(可选)等信息,并印出存款收据给用户;如果是取款而且存款时留有密码,则系统首先核对储户密码,若密码正确或存款时未留密码,则系统计算利率并打印利息清单给储户。

请完成以下任务:请绘制出储户存款、取款的业务流程图并用数据流图描绘本系统的功能。

4.为方便旅客,某航空公司拟开发一个机票预订系统。旅行社把预订机票的旅客信息(姓名、性别、工作单位、身份证号码、旅行时间、旅行目的等)输入该系统,系统为旅客安排航班,打印出取票通知和账单,旅客在飞机起飞的前一天凭取票通知和账单交款取票,系统校对无误即打印出机票给旅客。

请用数据流图描绘本系统的功能,并采用实体-关系图描绘本系统中的数据对象之间的关系。

第4章 软件设计

系统分析阶段所完成的任务实际上是描述我们对系统的一种期望,它包括系统最终具有的形式和功能等,也就是我们对系统提出了一套结合客户实际要求的展望,用来确定待解决的问题,即说明待实现的系统要"做什么"。但是这个展望应该如何着手构建呢?采用什么样的手段、方法、技术来实现呢?这个问题就需要在设计阶段解决,也就是说软件设计阶段的任务是处理"如何做"的问题,它是一套解决问题的完整方案。将需求阶段提出的功能模型和行为模型映射为系统的框架结构;数据模型映射为数据设计。为下一阶段系统实现做好准备。

任务1 构建软件体系结构

● 任务描述

在第3章中针对图书管理系统进行了功能模型的构建,理清了图书管理系统的业务规则和功能性需求,那么,是否可以将功能转换成对应的代码了呢?一个完整的应用程序,如果采用结构化语言进行编写,其主要的组成构件是函数,现在的问题是:是否可以借助于得到的功能模型为合理设定函数模块提供帮助。

● 相关知识

1. 软件设计概述

软件设计阶段是需求阶段和实现阶段的接口,它要将需求阶段产生的需求文档为其向可执行的代码转换提出一套完整合理的解决方案。因此软件设计阶段的输入是需求分析阶段产生的需求模型和系统需求规格说明书,输出是软件设计模型和系统设计文档。在软件设计的过程中,我们应该清楚软件设计的目标,理解软件设计的原理,按照软件设计的原则,选择一种合适的设计方法来完成软件的设计。

(1)软件设计的目的

在分析阶段,系统分析员建立了系统的文档和模型,它们是设计阶段的输入。分析阶段需要建立模型表示真实的世界,以便理解业务过程以及这个过程中所用到的信息。基本上来说,分析首先是分解,即把一个复杂信息需求的综合问题分解成易于理解的多个小问题,然后通过建立需求模型来对问题领域进行组织、构造并编制文档。分析和建模要求用户参与,他们解释需求并验证建立的模型是否正确。设计也是一个建模活动,它使用分析阶段得出的信息(需求模型)并把这些信息转换为称作解决方案的模型,该模型包括该目标系统有哪些组成部分、各部分如何组织在一起以及每个部分如何构造。所以设计阶段的目标是定义、组织和构造将作为最终解决方案的系统的各个组成部分。

从图4-1可以看出分析阶段和设计阶段不同的工作目标。我们在上一章讲过分析阶段的目标,即通过建立当前系统的物理模型了解业务事件和过程;下一步通过建立当前系统的逻辑模型抽象出系统的功能和处理的信息;然后建立目标系统的逻辑模型,说明目标系统的功能和处理的对象。有了上述分析阶段的成果作为输入,经过设计阶段的设计过程,输出系统解决方案的各组成部分和各部分的组织方式,即设计要完成的工作就是用一定的方法将分析模型转换为设计模型。

```
┌─────────────────────┐                    ┌─────────────────────┐
│      分析阶段        │                    │      设计阶段        │
│       目标          │   分析模型和文档      │       目标          │
│  1. 商业事件和过程    │  ═══════════════>   │ 定义、组织和构造作为结构蓝│
│  2. 系统活动和处理需求 │                    │ 图的最终解决方案系统的各个│
│  3. 信息存储需求     │                    │      组成部分        │
└─────────────────────┘                    └─────────────────────┘
```

图 4-1　从分析目标到设计目标

(2) 软件设计的原理

软件设计是软件开发的一个很重要的阶段,该阶段的产品为软件设计模型及文档,对前期和后期的工作有很大的影响。软件设计的结果如果不能够实现需求阶段定义的需求,则结束设计工作;软件设计的结果还作为实现、测试和维护的依据,所以我们会对设计方案进行论证以寻找更适合的设计方案,并对设计方案进行优化,使其更好地满足软件需求和各种约束。

软件设计是一种非确定性的过程,不同的系统设计师对相同的需求可以得到不同的设计方案,也不可能期望得到一个完全预期的结果。既然软件设计是一个重要的阶段,该阶段又没有确定性的结果,那么我们就期望这个过程按照一定的原理进行,尽量使设计的结果可预期并且具有更好的质量。

在上述软件设计的过程中,在讲具体的软件设计方法之前,首先需要掌握一些软件设计的常用概念,它们会在今后的软件设计过程中不断出现,所以在本节中做了详细介绍。

在进行软件设计过程中将用到抽象、逐步求精、模块化、软件体系结构、控制层次、信息隐藏等方法,并遵循模块独立性原理。

① 模块化

模块化是指软件被划分成独立命名和可独立访问的被称作模块的构成成分,它们集合到一起满足问题的需求。

设 $C(x)$ 是定义问题 x 复杂性的函数,$E(x)$ 是定义解决问题 x 所需工作量(以时间计算)的函数。对于问题 $p1$ 和 $p2$,如果 $C(p1)>C(p2)$,那么 $E(p1)>E(p2)$。还有一个特性:即如果 $C(p1+p2)>C(p1)+C(p2)$,那么 $E(p1+p2)>E(p1)+E(p2)$。这就引出了"分而治之"的结论,这个理论可运用于软件的开发,意味着软件被划分为小的模块,那么开发小模块的工作量会变小。开发单个软件模块所需的工作量(成本)的确随着模块数量的增加会下降,给定同样的需求,更多的模块意味着每个模块的尺寸更小,然而随着模块数量的增加,集成模块所需的工作量(成本)也在增长。

由图 4-2 可以看出,模块数量在 $M1$~$M2$ 之间时,软件的总成本最低,是我们期望的。$M1$、$M2$ 具体的数值和软件项目的规模有关,并且在一定程度上还依赖于项目开发者的经验。

② 抽象

抽象源于哲学,它是一种解决问题的方法,即忽略事物的一些细节,只关注少数特性的解决问题的方法,这一方法目前已被应用于软件领域。开发人员对要解决的问题进行抽象,随着解决方案的提出,在逐渐考虑更多的细节。

图 4-2 模块化和软件成本之间的关系

"抽象"的心理学观念使人能够集中于某个一般性级别上的问题,而不去考虑无关的底层细节,这种解决问题的方式也可应用于软件领域。

在软件开发过程中,开发人员把待解决的软件问题划分为若干个子问题,这就相当于在原有的问题划分后的子问题的级别上考虑其解决方案。这就是将抽象的思维方式应用于软件开发领域,但软件过程中的每一个步骤都是软件解决方案抽象级别上的求精。在软件分析阶段,软件的解决方案使用问题领域中熟悉的术语来陈述;当进入设计阶段,抽象级别降低,采用软件开发领域的一些术语和工具表示;当进入源代码生成时,进入抽象的最低层次。

根据软件开发过程中,抽象的对象不同,把抽象过程分为三方面:过程抽象、数据抽象和控制抽象。

a.过程抽象:是对处理业务的过程进行抽象,最终形成函数或方法。例如,针对查询这个业务过程,随着对查询功能的不断分析与设计,查询过程分为:按书名查询,按作者查询,按出版社查询等;再具体点如按书名查询步骤,首先输入关键字,然后进行查询,最后显示查询结果。

b.数据抽象:它是对系统处理的对象进行抽象,最终形成数据库中的表、表的字段、类以及类的属性。例如,查询"书",进一步详细定义其属性:书名、作者、出版社、出版日期、ISBN等。书名,进一步定义其长度为 50 个字符的字符串,这就是数据抽象的过程。

c.控制抽象:是程序控制机制内部细节的设计。例如,模块之间的控制信息,模块内部的控制信息。

③逐步求精

逐步求精是由 Niklaus Wirth 最初提出的一种自顶向下设计策略,系统是通过过程细节连续的层次精化开发的,层次结构通过逐步地分解功能的宏观声明直至形成程序设计语言的语句而开发。逐步求精实际是一个详细描述的过程,首先是一种初始的声明,然后随着后续的开发工作提供越来越多的细节。

逐步求精的思想应用于软件开发的整个过程。在需求分析阶段,对于功能的调研从系统的目的和范围入手,不断细化系统的功能,直到将用户要求的功能完全描述,写入需求规格说明书,并保证其完整、一致、没有二义性。

在设计阶段,我们先要从系统的体系结构入手,根据需求确定整体的框架结构,再考虑在该框架下实现需求规格说明书中的全部需求,然后可根据需求的分配设计各个模块的接口,再按照模块分配的功能设计实现该模块的算法。

在实现阶段也是同样道理,我们可以利用辅助工具生成部分代码框架,在此基础上,再添加更多的代码。

通过上述描述能够看出,在软件的开发过程中,每个阶段都是遵从逐步求精的思想从整体到局部一步一步完成的。

逐步求精和抽象是互补的概念,随着软件的开发过程逐步求精是越来越精化的,而抽象是越来越具体的。

④信息隐藏

信息隐藏的原则就是说模块应该设计成其包含的信息(过程和数据)对不需要这些信息的其他模块是不可访问的,或者是不可随意访问的。有效的模块化是将系统划分为若干个模块,模块与模块之间进行通信完成指定的功能,隐藏就是要求模块与模块之间通信时,只交流必要的信息,这样加强了对模块内部过程细节或模块使用的任何局部数据结构的访问约束。

模块的独立性就是靠信息隐藏实现的,为后期的软件测试和维护提供了极大的方便。一旦在进行测试或者维护时发现问题,那么对模块的变更不会影响或者至少很少影响其他模块,不会将影响扩大并传播。

⑤控制层次

控制层次也称为"程序结构",它代表了程序构件(模块)的组织并暗示控制的层次结构。一般有四个特征:深度、宽度、扇入和扇出。其中深度和宽度是针对整个控制层次说的;扇入和扇出是针对一个模块而言的。

a. 深度:定义为控制层次的层数,或者说是控制级别的数量。

b. 宽度:定义为控制层次的跨度。

c. 扇入:指明有多少个模块直接控制一个给定的模块。

d. 扇出:指明被一个模块直接控制的其他模块的数量。

首先要了解深度和宽度的概念。深度是指控制层次的层数,或者说是控制级别的数量;宽度是指控制层次的跨度。这两个特征是从系统的整体角度来衡量控制层次设计是否合理的。如图 4-3 所示,该系统结构的深度应该是 5,宽度是 7,我们进行设计时应该使设计结果的软件控制层次呈现顶细,中间鼓,底比中间要收拢的形状,图 4-3 基本就是这样的形状。

扇入和扇出是从一个模块的角度提出的系统特征。某个模块的扇入是指有多少个模块直接调用该模块。如图 4-3 所示,R 模块的扇入是 4,L 模块的扇入是 1。某个模块的扇出是指被该模块直接调用的其他模块的数量。如图 4-3 所示,H 模块的扇出是 4,D 模块的扇出是 2。

图 4-3 控制层次的深度、宽度、扇入和扇出

如果扇出过高的话,那么执行模块就会太复杂。在典型的系统中,平均的扇出数是3或4,但这不是必须机械遵循的准则。一般较好的系统形态,高层的模块有较大的扇出,在底层的模块则有较大的扇入。

在系统的控制结构中,某一层的模块中的判定或者条件在系统中产生的结果会影响到其他层的某个处理或数据,这样该处理就是条件依赖于那个判定。因此在控制结构中产生另外两个概念:作用范围和控制范围。

a. 作用范围:一个模块的作用范围是指条件依赖于这个模块的全部模块。即使一个模块全部处理中只有一小部分为这个判定所影响,整个模块也被认为在作用范围中。

b. 控制范围:一个模块的控制范围是指模块本身和它的全部子模块。

作用范围和控制范围相关的设计原则:对于任何判定,作用范围应该是这个判定所在模块的控制范围的一个子集。通常我们通过把判定结点在结构中上移来达到这个原则。换句话说,受该判定影响的所有模块应该都是该判定模块的子模块,最理想的情况是,把作用范围限制在该判定本身所在模块以及与它直接相连的子模块中,但实际上在系统中可能会有如图4-4所示的四种情况:图4-4(a)中作用范围不属于控制范围,这种情况是不好的设计,因为B2中的判定影响了模块A,这种影响是通过模块B、模块Y传递过去的,造成模块B2和模块A耦合性增加。图4-4(b)中作用范围在控制范围以内,但是判定所在模块距离它的作用范围模块较远,造成沿途模块会引入错误的可能性增强。图4-4(c)中控制范围较好地包含了作用范围,判定所在模块距离依赖于该判定的模块远近适当。最理想的设计应为图4-4(d)所示,图中作用范围和控制范围是最理想的关系。

(a) 作用范围在控制范围之外

(b) 作用范围在控制范围之内,但判定位置太高

(c) 作用范围在控制范围之内,正确地实现

(d) 理想的作用范围和控制范围

图4-4 作用范围和控制范围

因为模块一定通过某个数据或者参数来影响作用范围内的模块,如果该模块不在控制范

围内,则参加了耦合度,不利于发展良好的系统结构,通常这种情况都是通过上移判定点来满足的。

⑥模块独立性

系统是由若干个模块组成的,每个模块具有一定的功能,它们相互联系共同完成整个系统的功能,因此模块之间必然有着这样那样的关系或者依赖。模块之间的这种联系越多,就越会增大测试和维护的难度。所以我们在进行软件设计的时候,还要遵循模块独立性原理,希望模块之间的联系越少越好,即模块的独立性越强越好,相互之间的接口越简单越好。那么如何来衡量模块独立性的强弱呢?这就涉及两个概念:耦合度和内聚度,它们从不同的角度来衡量模块独立性的强弱。

a. 耦合度。耦合度是指模块与模块之间联系的强弱程度。它们之间的联系越多,模块的耦合度就越强,独立性就越弱。模块之间的联系体现在相互调用时需要互相了解的程度。如果一个模块需要调用另外一个模块来完成它的功能,那么调用模块需要了解被调用模块的信息越多,它们之间的联系就越多,因此如果被调用模块发生变化,对调用模块产生影响的可能性就大,造成调用模块也要随之变化。我们在进行软件设计的时候,就希望模块之间的耦合度越低越好,因为这样的话,模块之间的联系就少,便于后续的实现、测试和维护。

在这里根据耦合度的强弱,将其分为七个等级:

非直接耦合:两个模块是不同模块的从属模块,相互之间无直接关联,因而没有耦合发生,称为非直接耦合。图 4-5 中 A、B 之间属于非直接耦合。非直接耦合是耦合度最低的,但是一个软件产品的模块之间不可能都是非直接耦合,否则就无法构成一个整体。

此外的六种耦合都属于模块之间有一定的关联和依赖。

图 4-5 各种耦合关系的一个实例

(a) 数据耦合：模块与模块之间需要通过常规的参数表访问，数据通过该列表传递，传递的数据是简单类型的，这种耦合称为数据耦合。图 4-5 中 A、E 之间属于数据耦合，在显示学生的详细信息时需要提供该生的学号。

(b) 标记耦合：当模块与模块之间传递的参数是数据结构的一部分时，这种耦合是标记耦合。它是数据耦合的变体，两者都属于低级别耦合。图 4-5 中 A、D 之间属于标记耦合，对学生进行排序时需要提供待排序的学生序列。

(c) 控制耦合：调用模块与被调用模块之间传递的信息对于被调用模块的执行路径有决定作用，此种耦合属于控制耦合。图 4-5 中 B、F 之间为控制耦合，因为学生选课时提交的系别和年级对学生可选择的课程的类别和详细信息都是不同的，也就是 B 传递给 F 的信息，系别和年级对 F 调用 I、J 和 K 中的哪一个模块起到决定作用。控制耦合是中级别的耦合度。

(d) 外部耦合：当模块连接到软件外部环境上时会发生的耦合关系，具有相对较高的耦合度。

(e) 公共耦合：多个模块都访问一块全局数据区中的数据项（一个磁盘文件、一个全局可访问的内存区），这种耦合程度就是公共耦合。E、G 和 H 三个模块是公共耦合，它们共同访问同一个数据库文件。

(f) 内容耦合：一个模块访问另一个模块边界中的数据或控制，这种耦合是内容耦合，也是最强的耦合。

如果发生下列情形，两个模块之间就发生了内容耦合：
- 一个模块直接访问另一个模块的内部数据。
- 一个模块不通过正常入口转到另一模块内部。
- 两个模块有一部分程序代码重叠。

可以使用适当的解耦方法来消除或者减弱模块之间的耦合度，具体做法：
- 将公共的数据区进行分割，降低多个模块因共享该数据区而产生的耦合。
- 将模块之间的连接方式尽量标准化：只用调用，不直接引用；只传递必要信息，无冗余。
- 引入缓冲区。
- 减少公共区使其局部化。
- 输入/输出尽量在少量模块间进行，不要分散在全系统。
- 参数确定得越晚，就越容易修改，越灵活。

b. 内聚度。内聚度是模块所执行任务的整体统一性的度量，是指模块内部组成部分之间联系的紧密程度，它与耦合度是相对应的。在一个理想的系统中，每一个模块应该是执行一个单一明确的任务，但是实际中一个模块可能完成一些结合在一起的、有一定相关性的功能，或者几个模块一起完成一个或一组功能。一般模块功能的相关性强，我们就认为将其转换为代码时，代码也是高度相关的，换句话说，不在同一个模块中的代码其功能相关性是很小的，所以要尽力减少模块之间连接数和模块之间的耦合度，以保证模块的独立性。

模块的内聚度按照其程度也分为 7 个级别，按顺序内聚性依次变强。

(a) 偶然内聚。设计者随意决定将没有关系的几个任务组合在一个模块中，该模块的内聚程度就是偶然内聚，一般来说这样的模块是没有任何意义的。

例如，为了节省空间，将多个模块中重复出现的语句提取出来，组成一个新的模块，图 4-6(a) 就是偶然内聚的例子，模块 M1、M2 和 M3 中都出现了一部分同样的语句，为了节省空间将这部分语句单独构成一个新的模块 T。这样的模块存在的问题是模块不易取名、含义不易理解、难以测试、重用性差且更不易修改。由于这样的模块内部的语句相关性很低，又包含多个任务，往往修改的可能性很大，因此会为后续工作造成很坏的影响，应尽量避免偶然内聚的发生。

图 4-6 各种逻辑内聚示例

矫正方法：因为它执行多个任务，可以考虑将模块分成更小的模块，每个小模块执行一个操作，或者是将模块中的语句放回它们各自出现的地方。

(b)逻辑内聚。把逻辑上相似的功能结合到一个模块中,该模块的内聚程度就是逻辑内聚。一般来说这种逻辑相似体现在:第一,使用统一动词但针对不同的对象,有相同的代码段;第二,起始于某多路开关,以后转向不同的代码段,但各代码段间联系很少。如图 4-6(b)所示,这个小例子的模块实现的功能是为四个年级的学生显示各自的课程体系结构,但是各自的课程体系差别很大,它们只是逻辑上类似(都是显示课程体系)。这种聚和现象带来一些设计问题:增加了开关量、不易理解、不易维护、效率低。因此也要尽量避免使用这种内聚。

可以将它内部不相干的功能分离成更多的小模块,实现各自的功能,将功能逻辑相同的代码段提出来,单独做一个模块,然后在被分离出去的模块中调用。

(c)时间性内聚。在某一时间同时执行的任务放在同一模块中,该模块的内聚度就是时间性内聚。如,初始化模块,集中初始化功能的模块,图 4-6(c)就是时间性内聚的一个小例子。

(d)过程性内聚。模块中各个处理任务相关,并且是按照特定次序执行,这样模块的聚合度就是过程性内聚。一般来说,这种聚合情况往往发生在程序流程图中以及相邻的处理功能聚合的模块中。例如,接收用户的输入信息并对其进行格式化编辑,图 4-6(d)就是这种聚合的一个例子。

(e)通信性内聚。模块中各个功能需要用到同样的数据,而将其放于一个模块中,则称之为通信性内聚模块。如图 4-6(e)所示,模块中包含对选课信息的修改和删除,它们由于是对相同的数据对象进行处理,因此放在一个模块中,这种聚合要比过程性内聚强,但是由于模块中各部分使用相同的数据对象,会降低模块的执行效率。

(f)信息性内聚。模块中各功能任务利用相同的输入或产生相同的输出。由于它可能包含几个功能或只是某个功能的一部分,所以内聚性不是最高的。如图 4-6(f)中的模块结构,该模块中的任务用到的是相同的输入,就是学生的选课信息,然后对其进行不同的操作,打印出了信息中的不同部分。

(g)功能性内聚。一个模块中各个部分都是完成某一具体功能必不可少的组成部分,或者说该模块中所有部分都是为了完成一项具体功能而协同工作,紧密联系,不可分割,则称该模块为功能性内聚模块,它是最强的一种内聚,这样内聚形式的模块易于实现,易于测试、修改和维护。

模块独立性原则是软件设计的一条基本原理,在进行设计的时候,我们希望模块本身是高内聚的,模块之间是低耦合的,而两者之中,从广泛的实践来说聚合度显得更加重要,因为,耦合以及传递的特定数据项的数量可以很好地表示模块的内聚程度,执行一个单一独立的任务的模块,往往是高内聚的,所有的内部代码使用同样的数据项。低内聚的模块往往有高耦合以及相互之间松散关系的任务,通常是对不同的数据对象进行的操作,需要上层模块传递相互关系不大的数据项。

(3)软件设计的过程

软件设计的过程是指将前一阶段的分析模型转换为设计模型的过程,即为实现前一阶段提出的功能需求找到适合的实现方案。首先应明确系统中的主要部件,如图 4-7 所示,主要包括硬件部分和软件部分,软件部分是运行在硬件上的。软件部分又包括应用程序、数据库、界面和接口等,这些就是我们要设计的内容。

设计方案来源于分析的结果,如图 4-8 所示。其中系统结构设计源于分析阶段的数据流图和状态迁移图;数据库的物理设计源于分析阶段的实体关系图,即数据库的概念设计;子系统的设计源于数据流图确定的模块功能和系统结构图;分析文档始终是设计的依据和检查设计结果的依据。

图 4-7 系统设计所需要的组件

图 4-8 设计过程解决的问题

在软件设计的过程中,当然也和分析过程一样是自顶向下的设计过程,也就是从高层到底层的设计过程。一般来说,软件设计过程分成两个层次:概要设计过程和详细设计过程,这两个过程在面向对象设计中称为软件架构设计和细节设计。

概要设计(Preliminary Design)是软件设计的高层次内容,也称为总体结构设计

(Architecture Design),是详细设计的基础,它注重的是软件系统中大粒度的构成部分和部分之间的关系,如子系统的划分和子系统之间的交互等,不包括硬件、网络以及物理平台的设计。详细设计是在概要设计的基础上,确定子系统或者模块内部的实现问题,也称之为代码设计。

2. 体系结构风格

在软件概要设计的过程中,我们主要完成的设计内容是:体系结构设计、数据设计和界面设计。体系结构设计是要根据需求,选择合适的体系结构风格来解决需求提出的问题,也就是提出系统模块的划分,以及模块之间的层次调用关系。

随着网络的发展和系统规模的壮大,软件体系结构已经在软件工程领域中有着广泛的应用,但迄今为止还没有一个被大家所公认的定义,许多专家学者从不同角度和不同侧面对软件体系结构进行了刻画,这里使用下面这个定义:

软件体系结构是具有一定形式的结构化元素,即构件的集合,包括处理构件、数据构件和连接构件。处理构件负责对数据进行加工,数据构件是被加工的信息,连接构件把体系结构的不同部分组合(连接)起来。这一定义注重区分处理构件、数据构件和连接构件,这一方法在其他的定义和方法中基本上得到保持。

软件体系结构是一个很重要的设计内容,也是设计工作开始就要做的内容,其重要性表现在如下几方面:

①体系结构是系统的高层表示,是不同的系统相关人员讨论的焦点。

②在系统开发的早期阶段给出系统的体系结构,实际上就是对系统分析的过程。分析当前体系结构的设计能否满足系统关键性需求,如系统的性能、可靠性和可维护性等的评估具有极深的影响。

③系统体系结构的内容是关于系统的组织和组件间的互操作,其形式是一个紧凑的、易于管理的描述单元。体系结构能在具有相似需求的系统之间互用,由此来支持大规模的软件复用。产品体系结构的开发就是希望有一个通用的产品体系结构供一系列相关系统使用。

如果每个项目都要从头开始设计软件的体系结构,那么开发的效率就会极大地降低,因此提出了软件体系结构风格的研究和应用。

对软件体系结构风格的研究和实践促进了对设计的复用,一些经过实践证实的解决方案也可以可靠地用于解决新的问题。体系结构风格的不变部分使不同的系统可以共享同一个实现代码。只要系统是使用常用的、规范的方法来组织,就可使别的设计者很容易地理解系统的体系结构。例如,如果某人把系统描述为"客户/服务器"模式,则不必给出设计细节,我们立刻就会明白系统是如何组织和工作的。

在本文中,我们介绍几种主要的、经典的体系结构风格及它们的优缺点。

(1)C2 风格

C2 体系结构风格可以概括为:通过连接件绑定在一起的按照一组规则运作的并行构件网络。C2 风格中的系统组织规则如下:

①系统中的构件和连接件都有一个顶部和一个底部。

②构件的顶部应连接到某连接件的底部,构件的底部则应连接到某连接件的顶部,而构件与构件之间的直接连接是不允许的。

③一个连接件可以和任意数目的其他构件和连接件连接。

④当两个连接件进行直接连接时,必须由其中一个的底部到另一个的顶部。

此种软件体系风格如图 4-9 所示,图中构件与连接件之间的连接体现了 C2 风格中构建系统的规则。

图 4-9　C2 风格的体系结构

C2 风格是最常用的一种软件体系结构风格。从 C2 风格的组织规则和结构图中,我们可以得出 C2 风格具有以下特点:

①系统中的构件可实现应用需求,并能将任意复杂度的功能封装在一起。
②所有构件之间的通信是通过以连接件为中介的异步消息交换机制来实现的。
③构件相对独立,构件之间依赖性较少。系统中不存在某些构件将在同一地址空间内执行,或某些构件共享特定控制线程之类的相关性假设。

(2)管道/过滤器风格

在管道/过滤器风格的软件体系结构中,每个构件都有一组输入和输出,构件读取输入的数据流,经过内部处理,然后产生输出数据流,这个过程通常通过对输入流的变换及增量计算来完成,所以在输入被完全消费之前,输出便产生了。因此,这里的构件被称为过滤器,这种风格的连接件就像是数据流传输的管道,将一个过滤器的输出传到另一个过滤器的输入。此风格特别重要的过滤器必须是独立的实体,它不能与其他的过滤器共享数据,而且一个过滤器不知道它上游和下游的标识。一个管道/过滤器网络输出的正确性并不依赖于过滤器进行增量计算过程的顺序。

图 4-10 就是管道/过滤器风格的体系结构,一个典型的管道/过滤器体系结构的例子是以 UNIX shell 编写的程序。UNIX 既提供一种符号,以连接各组成部分(UNIX 的进程),又提供某种进程运行机制以实现管道。另一个著名的例子是传统的编译器,传统的编译器一直被认为是一种管道系统,在该系统中,一个阶段(包括词法分析、语法分析、语义分析和代码生成)的输出是另一个阶段的输入。

图 4-10　管道/过滤器风格的体系结构

管道/过滤器风格的软件体系结构具有许多特点:

①使得软件具有良好的隐蔽性和高内聚、低耦合的特点。

②允许设计者将整个系统的输入/输出行为看成多个过滤器的行为的简单合成。

③支持软件重用。主要提供适合在两个过滤器之间传送的数据,任何两个过滤器都可被连接起来。

④系统维护和增强系统性能简单。新的过滤器可以添加到现有系统中来,旧的可以被改进的过滤器替换掉。

⑤允许对一些如吞吐量、死锁等属性的分析。

⑥支持并行执行。每个过滤器是作为一个单独的任务完成,因此可与其他任务并行执行。

但是,这样的系统也存在着若干不利因素:

①通常导致进程成为批处理的结构。这是因为虽然过滤器可增量式地处理数据,但它们是独立的,所以设计者必须将每个过滤器看成一个完整的从输入到输出的转换。

②不适合处理交互的应用。当需要增量地显示改变时,这个问题尤为严重。

③因为在数据传输上没有通用的标准,每个过滤器都增加了解析和合成数据的工作,这样就导致了系统性能下降,并增加了编写过滤器的复杂性。

(3)数据抽象和面向对象风格

抽象数据类型概念对软件系统有着重要作用,目前软件界已普遍转向使用面向对象系统。这种风格建立在数据抽象和面向对象的基础上,数据的表示方法和它们的相应操作封装在一个抽象数据类型或对象中。这种风格的构件是对象,或者说是抽象数据类型的实例。对象是一种被称作管理者的构件,因为它负责保持资源的完整性。对象是通过函数和过程的调用来交互的。如图4-11所示。

图4-11 数据抽象和面向对象风格

面向对象的系统有许多优点,并早已为人所知:

①因为对象对其他对象隐藏它的表示,所以可以改变一个对象的表示,而不影响其他的对象。

②设计者可将一些数据存取操作的问题分解成一些交互的代理程序的集合。

但是,面向对象的系统也存在一些问题:

①为了使一个对象和另一个对象通过过程调用等进行交互,必须知道对象的标识。只要一个对象的标识改变了,就必须修改所有其他明确调用它的对象。

②必须修改所有显式调用它的其他对象,并消除由此带来的一些副作用。例如,如果A使用了对象B,C也使用了对象B,那么,C对B的使用所造成的对A的影响可能是意想不到的。

(4) 基于事件的隐式调用风格

基于事件的隐式调用风格的思想是构件不直接调用一个过程，而是触发或广播一个或多个事件。系统中的其他构件中的过程在一个或多个事件中注册，当一个事件被触发，系统自动调用在这个事件中注册的所有过程，这样，一个事件的触发就导致了另一模块中的过程的调用。

从体系结构上说，这种风格的构件是一些模块，这些模块既可以是一些过程，又可以是一些事件的集合。过程可以用通用的方式调用，也可以在系统事件中注册一些过程，当发生这些事件时，过程被调用。

基于事件的隐式调用风格的主要特点是事件的触发者并不知道哪些构件会被这些事件影响，这样不能假定构件的处理顺序，甚至不知道哪些过程会被调用，因此，许多隐式调用的系统也包含显式调用作为构件交互的补充形式。

支持基于事件的隐式调用的应用系统很多。例如，在编程环境中用于集成各种工具，在数据库管理系统中确保数据的一致性约束，在用户界面系统中管理数据以及在编辑器中支持语法检查。例如，在某系统中，编辑器和变量监视器可以登记相应 Debugger 的断点事件，当 Debugger 在断点处停下时，它声明该事件由系统自动调用处理程序，如编辑程序可以卷屏到断点，变量监视器刷新变量数值，而 Debugger 本身只声明事件，并不关心哪些过程会启动，也不关心这些过程做什么处理。

隐式调用系统的主要优点有：

① 为软件重用提供了强大的支持。当需要将一个构件加入现存系统中时，只需将它注册到系统的事件中。

② 为改进系统带来了方便。当用一个构件代替另一个构件时，不会影响到其他构件的接口。

隐式调用系统的主要缺点有：

① 构件放弃了对系统计算的控制。一个构件触发一个事件时，不能确定其他构件是否会响应它，而且即使它知道事件注册了哪些构件的构成，也不能保证这些过程被调用的顺序。

② 数据交换的问题。有时数据可被一个事件传递，但另一些情况下，基于事件的系统必须依靠一个共享的仓库进行交互，在这些情况下，全局性能和资源管理便成了问题。

③ 既然过程的语义必须依赖于被触发事件的上下文约束，关于正确性的推理便存在问题。

(5) 层次系统风格

层次系统组织成一个层次结构，每一层为上层服务，并作为下层客户。在一些层次系统中，除了一些精心挑选的输出函数外，内部的层只对相邻的层可见，这样的系统中，构件在一些层实现了虚拟机（在另一些层次系统中层是部分不透明的）。连接件通过决定层间如何交互的协议来定义拓扑约束（包括对相邻层间交互的约束）。

这种风格支持基于可增加抽象层的设计。这样，允许将一个复杂问题分解成一个增量步骤序列来实现。由于每一层最多只影响两层，同时只要给相邻层提供相同的接口，允许每层用不同的方法实现，同样为软件重用提供了强大的支持。

图 4-12 是层次系统风格的示意图。层次系统最广泛的应用是分层通信协议，在这一应用领域中，每一层提供一个抽象的功能，作为上层通信的基础，较低的层次定义低层的交互，最底层通常只定义硬件物理连接。

图 4-12 层次系统风格

层次系统有许多可取的属性：

①支持基于抽象程度递增的系统设计，使设计者可以把一个复杂系统按递增的步骤进行分解。

②支持功能增强，因为每一层至多和相邻的上下层交互，因此功能的改变最多影响相邻的上下层。

③支持重用。只要提供的服务接口定义不变，同一层的不同实现可以交换使用。这样，就可以定义一组标准的接口，以允许各种不同的实现方法。

但是，层次系统也有其不足之处：

①并不是每个系统都可以很容易地划分为分层的模式，甚至即使一个系统的逻辑结构是层次化的，出于对系统性能的考虑，系统设计师不得不把一些低级或高级的功能综合起来。

②很难找到一个合适的、正确的层次抽象方法。

(6) 仓库风格

在仓库风格中，有两种不同的构件：中央数据结构说明当前状态，独立构件在中央数据存储上执行，仓库与外构件间的相互作用在系统中会有大的变化。

控制原则的选取产生两个主要的子类。若输入流中某类时间触发进程执行的选择，则仓库是一个传统型数据库；另一方面，若中央数据结构的当前状态触发进程执行的选择，则仓库是一个黑板系统。如图 4-13 所示，黑板系统的传统应用是信号处理领域，如语音和模式识别，另一应用是松耦合代理数据共享存取。

图 4-13 黑板系统

从图 4-13 中可以看出，黑板系统主要由三部分组成：

①知识源。知识源中包含独立的、与应用程序相关的知识，知识源之间不直接进行通信，

它们之间的交互只通过黑板来完成。

②黑板数据结构。黑板数据是按照与应用程序相关的层次来组织的解决问题的数据,知识源通过不断地改变黑板数据来解决问题。

③控制。控制完全由黑板的状态驱动,黑板状态的改变决定使用的特定知识。

3. 结构化设计的方法

结构化设计主要是在 20 世纪 70 年代由 Constantine 和 Yourdon 等总结了一些优秀的程序设计实践而发展起来的,其最大的好处是极大地增加了代码复用的能力。它的主要思想是认为系统是由一组功能操作来构成的,每个功能忽略内部细节,看作提供该功能的黑盒子。也就是说,软件设计首先必须无视模块的内部情况,而只对模块间的关系进行分析,然后将模块按一定的层次组织形成软件结构,在设计阶段的后期再来实现从逻辑功能模块到物理模块的映射。这就是结构化设计的目标:将软件设计为结构互相独立、功能单一的模块,建立系统的模块结构图。

结构化设计的优点是通过划分独立模块来减少程序设计的复杂性,并且增加软件的可重用性,以减少开发和维护的费用。

结构化设计方法将分析阶段的数据流图转换为系统模块的层次结构图,完成软件系统的概要设计;再根据概要设计的结果,进行详细设计,并选用适当的表达方式精化设计的结果。

(1)软件结构图概述

程序结构或程序物理结构是对要解决的问题或要设计的系统的一种分层的表示方法,它指出了组成程序(系统)的各个元素(各个模块)以及它们之间的关系。程序结构是从需求分析阶段定义的分析模型导出的。

程序结构隐含着控制层次的关系,但不表示程序的具体算法或过程关系,即不表示诸如处理的顺序、选择的出现和次序、操作的循环等。程序结构通常用软件结构图的形式表示。

结构化的程序设计方法经常被描述为面向数据流的设计方法,因为它提供了方便了从数据流向软件结构图的变换。具体变换步骤如下:

①确定数据流图的特点及边界。

②映射为软件结构,得到两层结构图,表明结构控制信息及主要数据流。

③细化后得到初始结构图。

④获得最终的软件结构图。

具体步骤之间的关系如图 4-14 所示。

软件结构图也叫系统结构图或控制结构图,它与数据流程图、过程结构图和编码等作为一组标准的图表工具,用来描述系统层次结构和相互关系,是结构化系统设计的常用方法,它表示了系统构成的模块以及模块间的调用关系。

结构图中常用符号包括下述几种类型(如图 4-15 所示):

①传入模块——从下属模块取得数据,经过某些处理,再将其传送给上级模块。它传送的数据流叫作逻辑输入数据流。

②传出模块——从上级模块获得数据,进行某些处理,再将其传送给下属模块。它传送的数据流叫作逻辑输出数据流。

③变换模块——它从上级模块取得数据,进行特定的处理,转换成其他形式,再传送回上级模块。它加工的数据流叫作变换数据流。

④协调模块——对所有下属模块进行协调和管理的模块。

图 4-14 数据流图向软件结构转换的步骤

图 4-15 系统结构图中常用符号

(2) 数据流类型划分

① 事务流:数据流经常可以被描述成有一个称为事务的单个数据项,它可以沿多条路径之一触发其他数据流(如图 4-16 所示)。数据沿某输入路径流动,该路径将外部信息转换为事务,事务被估值,根据其值启动很多动作路径之一的数据流,其中发射出多条动作路径的数据流中心被称为事务中心,具有这样特点的数据流就是事务流。

② 变换流:为了处理方便,外部数据形式必须转化成内部形式,信息沿各种将外部数据变换为内部数据形式的路径进入系统,这些路径被标识为输入流。在软件的核心,有一个变迁发生,输入数据通过"变化中心",并沿各种路径流出软件,沿这些路径流出的数据称为"输出流"。整个的数据流动以一种顺序的方式沿一条或仅仅很少的几条"直线"路径进行。如果一部分数据流图体现了这些特征,就是变换流。如图 4-17 所示。

区分不同的数据流类型的目的是在映射为系统的体系结构时,映射为不同的结构。变换流要经过变化分析转换为系统体结构,而事务流经过事务分析转换为系统体系结构。

(3) 事务分析

虽然在任何情况下都可以使用变换分析方法设计软件结构,但是在数据流具有明显的事务特点时,也就是有一个明显的"发射中心"(事务中心)时,还是以采用事务分析方法为宜。

图 4-16 事务型数据流

图 4-17 不同类型数据流之间的关系

事务分析的设计步骤和变换分析的设计步骤大部分相同或类似,主要差别仅在于由数据流图到软件结构的映射方法不同。对于一个大型系统,常常把变换分析和事务分析应用到同一个数据流图的不同部分,由此得到的子结构形成"构件",可以利用它们构造完整的软件结构。事务型的数据流图因为其对于数据输出处理上的不同,存在两种类型的软件结构图,典型的事务型数据流图为对应的软件结构图。

第一种是每个不同的事务具有自己的输出,如图 4-18 所示。

图 4-18 事务型数据流的转换 1

第二种是事务处理所得到的结果有统一的输出处理过程对应的软件结构图,如图 4-19 所示。

以上两种事务型数据流图不同之处在于:不同的事务类型处理的方式最终是否统一进行输出处理,如果没有统一的输出,则系统结构图属第一种情况;否则属于第二种情况。

图 4-19 事务型数据流的转换 2

(4) 变换分析

变换分析是一系列设计步骤的总称,经过这些步骤把具有变换流特点的数据流图按预先确定的模式映射成软件结构。下面通过一个例子说明变换分析的方法,如图 4-20 所示。

图 4-20 将变换型数据流图转换为软件结构图

具体步骤:
① 复查基本系统模型。
② 复查并精化数据流图。
③ 确定数据流图具有变换特性还是事务特性。

④确定输入流和输出流的边界,从而孤立出变换中心。
⑤完成"第一级分解"。
⑥完成"第二级分解"。
⑦使用设计度量和启发规则对第一次分割得到的软件结构进一步精化。

实施步骤

1. 选取软件体系结构模型

图书管理系统的核心是对图书和读者等信息的维护与管理,根据前面学习过的常见体系结构模型,比对目前图书管理的业务背景,判定所构建的系统是典型的信息管理系统,是以数据为中心的仓库风格的体系结构,它依靠数据联通各个部分并使之协调工作。

图书管理系统对应的体系结构示意图如图 4-21 所示。

图 4-21 图书管理系统体系结构示意图

2. 确定系统的基本分割策略

根据需求阶段分析得到的数据流图和需求规格说明书中对系统安全性的要求,增加了用户身份验证的环节。对一层图进行了细化和修改,形成如图 4-22 所示整理后的数据流图。

图 4-22 整理后的数据流图

通过如图 4-22 所示的数据流图可以看到,系统需要根据用户的业务需求来选择某一项任务。当系统判断出是哪一项具体的任务之后,便会针对性地选择相应的加工处理完成相应的任务，而不会再考虑其他路径上的加工处理。因此可以判断出该数据流图是典型的事务型的数据流图。按照事务分析的过程，先要仔细核对数据流图，找到事务中心，然后运用事务型软件结构的典型架构画出相应子系统的初步划分，形成软件结构图的顶层格局，如图 4-23 所示。

从软件实现的整体布局考虑，增加了系统初始化模块和菜单显示模块，用以完成系统运行环境的搭建。图 4-23 也是经过调整后的软件结构图。

图 4-23　图书管理系统顶层软件结构图

3. 细化软件结构

从前面得到的软件结构图中可以看到事务分辨中心下面分别调用的是读者服务子系统模块、文献建设子系统模块和系统维护子系统模块。这三个模块是实际的业务处理模块，需要进一步进行分解。

现在以图书管理系统中读者服务子系统为例进行细化，调整后的数据流图如图 4-24 所示。它的核心是为读者提供图书的借阅和归还服务，辅以帐户的管理和查询统计功能。

图 4-24　整理后的读者服务细化数据流图

第 4 章 软件设计

在查询统计和借书证管理模块中又设有多种业务形式,因此总体上又是事务型套事务型的软件结构图。其对应的软件结构图如图 4-25 所示。

图 4-25 读者服务模块的软件结构图

对于借阅图书功能,数据流图 4-26 描述了细化后的借阅流程。

图 4-26 对应的数据流图

其对应的初始软件结构图如图 4-27 所示。

图 4-27 借阅图书部分的软件结构图

注意区分事务型数据流图和中心变换型数据流图:虽然中心变换型数据流图可能会存在分支的情况,但如何区分此时的分支是哪种情况呢?其中最显著的区分是事务型的分支在运行过程中有路径的选择性,也就是当判断出具体事务类型之后,其他的路径将不会执行;但中心变换型的数据流图(在特定条件下)将会执行全部分支。

4. 优化软件体系结构

完成软件结构图后,还要做一个很重要的事情是对已完成的结构图进行优化,优化的原则是使用软件设计原理和原则,尤其是模块的独立性原则。

考虑设计优化问题时应该记住,"一个不能工作的'最佳设计'的价值是值得怀疑的"。软件设计人员应该致力于开发能够满足所有功能和性能要求,而且按照设计原理和启发式设计规则衡量是值得接收的软件。应该在设计的早期阶段尽量对软件结构进行精化。可以导出不同的软件结构,然后对它们进行评价和比较,力求得到"最好"的结果。这种优化的可能,是把软件结构设计和过程设计分开的真正优点之一。

在初步建立起的借阅图书部分的软件结构图中,先按照变换型数据流的典型架构搭建起来软件结构图,但是经过细致的分析发现,对于输入借阅数量和对借阅合法性的判断在借阅过程中实际上只需要执行一次,而如果是借阅多本图书,则后续的工作主要集中在借书的处理上,而且每本图书的借阅结果都需要立刻进行反馈。基于上述考虑,对于输出借阅结果的处理下放到每次借书处理中更加合理。同时,由于对每本书的处理方式完全一致,因此采用循环方式处理这一问题。调整后的软件结构图如图 4-28 所示。

图 4-28 优化后的借阅部分软件结构图

在构建软件结构图和分析细化数据流的过程中,如果发现先前的数据流存在需调整的地方,若不涉及业务描述不正确的实质性问题,只需调整数据流,不需要再重新绘制数据流并进行文档化,将调整后的软件结构图体现在概要设计文档中即可。

5. 提取公共模块

在进行各子系统和各功能模块的分解过程中,尤其是底层的数据处理部分,会有一些处理共性问题的模块出现,此时需要合理地规划和提炼 1 这些部分,以形成具有重用性比较强的公共模块。由于篇幅所限,本章节不再详细描述。

实施要求

1.根据任务分配列表,明确各自的分工。见表 4-1。

表 4-1　　　　　　　　　　确定体系结构任务分配表

角色	任务				
	组织会议	设计体系结构	数据设计	用户界面设计	编写文档
项目组长	△	√			√
需求分析师	√		√	√	√
系统架构师		△	√	√	△
数据设计师		√	△	√	√
质量保证人员		√			√
界面设计人员				△	√
编程人员					√

根据小组长的分配,每名小组成员提交各自负责的软件结构图。要求学生根据实践步骤完成各自项目的软件结构图。

2. 由项目组长进行任务分配,完成《概要设计说明书》。

3. 检查点:

(1) 体系结构风格选择的合理性。

(2) 数据流图类型分析的合理性。

(3) 软件结构图与数据流图之间的转换合理性。

任务 2　构建数据库

● 任务描述

在分析图书管理系统的过程中出现了很多与业务相关的数据流、数据存储以及数据实体等数据表现形式。这些数据在系统实现过程中都需要使用到并需要体现出来的。例如,数据存储本身是一种静态数据的表示方式,就意味着在系统中需要持久化这些数据。数据库往往是持久化数据的常用方法。那么,这些数据应该以什么样的形式进行组织,又应该怎样表达出来呢?

● 相关知识

1. 数据设计

数据设计是软件设计的重要内容之一。因为数据是软件处理和存储的对象,没有数据,系统就失去它的意义。数据设计的好与坏也直接影响着系统执行的效率,所以数据设计是软件设计的关键任务之一。

在软件设计阶段要做的数据设计包括数据结构设计和数据库设计,其中数据结构设计是指程序中用来存储信息的载体的设计,如数组、结构体、堆、栈等的设计和选择;数据库设计是指那些需要永久驻留在设备中的信息的组织形式的设计,如 DBMS 的选择、表结构的设计、字段的定义等。本小节主要讲这两部分内容的设计方法和过程,重点讲解数据库的设计。

2. 数据结构设计

数据结构设计是数据设计中至关重要的部分,它涉及程序运行的效率,包括时间和空间两方面的内容。其设计原则如下：

①尽量使用简单的数据结构。简单的数据结构处理效率高，占用空间小，当它作为参数传递时相对来说也简单。

②在设计数据结构时要注意数据之间的关系，如是否有序等。数据结构的选择一定要根据数据的特点，方便以后在数据上的操作。

③为了加强数据设计的可复用性，应该针对常用的数据结构和复杂的数据结构设计抽象类型，这样做能够增强代码的重用，并且增加数据结构的分层管理。

④尽量使用经典数据结构，因为典型的数据结构已经被经验证明，使用稳定，并且有成型的算法可以使用，省去一定的开发时间又稳定。

⑤在确定数据结构时一般先考虑静态结构。静态结构，程序执行效率高，程序易读，便于测试、修改和维护。

⑥对于复杂数据结构，应给出图形和文字描述，以便于理解。如果是自定义的复杂数据结构，要求给出详细说明，否则不易沟通，降低开发效率，并且不易测试。

⑦数据结构设计和其他设计一样，也是自顶向下的，先考虑全局数据结构再考虑局部数据结构。

注意：数据结构设计在软件的概要设计和详细设计阶段都会涉及，在概要设计阶段要考虑使用的全局数据结构，在详细分析设计阶段要考虑模块或者子系统内部用到的数据结构，这里所说的数据结构还包括该数据结构上定义的各种操作。

3. 数据库设计

数据库设计在现在越来越大型的信息系统中显得越来越重要，由于信息量大，处理频繁等原因，使得系统设计和开发中与数据库有关的部分都很重要，所以，这里我们会重点讲解数据库的设计，并且是从开发过程的角度来讲解。

在早一些的软件工程的书中，可能还会看到文件设计这个概念，而在目前的软件工程书中较少看到。文件和数据库是着眼于两个不同观点来定义数据的：用户视图和计算机视图。用户视图是从使用观点考虑，从记录或者最终显示角度来设计数据的定义，以帮助各部门处理自己的具体任务；计算机视图观点中数据以文件结构方式来存储和检索的。计算机存储数据的结构是根据具体计算机技术和高效处理数据的要求而定的。这里我们讲的数据库设计是后一种角度。数据库设计的过程需要我们耐心地收集、整理和分析数据、单据等，仔细找出数据之间的关系，然后按照数据库设计步骤认真完成。

(1) 数据库设计的过程

数据库的设计过程分为六个阶段逐步来完成的，它始于需求阶段。

①需求分析阶段，确定建立数据库的目的和收集数据。数据库设计过程的第一个阶段是确定建立数据库的目的和收集数据。以了解在数据库中需要存储哪些数据，要完成什么样的数据处理功能。这一过程是数据库设计的起点，它将直接影响到后面各个阶段的设计，并影响到设计结果是否合理和实用。

②概念设计阶段，建立数据库的概念模型。这一阶段是整个数据库设计的关键，通过对用户需求进行综合、归纳与抽象，形成一个独立于具体数据库管理系统(DBMS)的概念模型。设计时一般先根据应用的需求，画出能反映每个应用需求的 E-R 图，其中包括确定实体、属性和联系的类型。然后优化初始的 E-R 图，消除冗余和可能存在的矛盾。概念模型是对用户需求的客观反映，并不涉及具体的计算机软、硬件环境。因此，在该阶段中必将注意力集中在怎

③逻辑数据模型的构建,将 ERD 转换成关系型数据库能够理解的关系模型,其仍与具体的数据库管理系统无关。建立一个关系数据模式可采用以下步骤:
- 为每个实体类型建立一张表
- 为每个表选择一个主键(如果需要可以定义一个)
- 增加外部码以表示一对多关系
- 建立几个新表来表示多对多关系
- 定义参照完整性约束
- 评价模式质量,并进行必要的改进
- 为每个字段选择适当的数据类型和取值范围

④物理设计阶段,为逻辑数据模型选取一个最适合应用环境的物理结构(包括存储结构和存取方法),此时必须指定一个具体的数据库管理系统。将数据模型应用的环境进行搭建,配置数据库服务器等;然后设计数据的存取方法。

⑤数据库实施阶段,运用 DBMS 提供的数据语言、工具及宿主语言,根据逻辑设计和物理设计的结果,建立数据库,编制与调试应用程序,组织数据入库,并进行试运行。

⑥数据库运行和维护阶段,数据库应用系统经过试运行后即可投入正式运行。在数据库系统运行过程中必须不断地对其进行评价、调整与修改。

在以上数据库设计的过程中,把数据库的设计和对数据库中数据处理的设计紧密结合起来,将这两个方面的需求分析、抽象、设计、实现在各个阶段同时进行,相互参照,相互补充,以完善两方面的设计。

● 实施步骤

1. 完善原有 E-R 图

将需求分析过程中获得的 E-R 图,根据最新软件结构图中分析的数据,丰富和修改原有结构。针对图书管理系统在需求阶段分析实体关系时,由于主要是针对业务对象,对于系统实现相关的权限信息没有进行表示,在设计阶段就需要加以考虑。因此,在优化 E-R 图时,增加了对权限信息的描述。如图 4-29 所示。

2. 形成对应的逻辑模型

注意观察通过数据库建模工具转化后的逻辑模型与概念模型之间的区别。观察自动生成的逻辑模型是如何遵循关系模式转换规则的。如图 4-30 所示。

3. 确定数据库类型,完成物理模型的设计

根据候选数据库各自的特点与当前项目在数据存储方面的需求,确定最终数据库产品。根据数据库的转换原则,将其转换成关系型数据库中的关系模型。如图 4-31 所示。

4. 生成数据库的初始化生成文件

以文本文件的形式保存数据库的创建过程脚本,便于后期数据库环境的搭建。

● 实施要求

1. 根据表 4-1 任务分配列表,明确各自的分工。
2. 运用数据库建模工具根据实践步骤完成项目的数据模型的构建。

图 4-29 图书管理系统概念模型

图 4-30 对应的逻辑模型

图 4-31 图书管理系统的物理模型

3. 检查点：

(1) 数据库模型设计的规范性与合理性。

(2) 数据库字段类型设计的合理性。

任务 3　设计界面

● 任务描述

在需求分析阶段已经接触到采用快速原型的方式来获取和明确用户的需求，在设计阶段已经基本上掌握了用户的想法，需要根据需求规格说明书中提到的信息构建和明确系统实现的界面，那么，在用户界面构建的过程中，除了确定界面中所包含的界面信息外，还有哪些方面需要注意呢？

● 相关知识

用户界面设计在人和计算机之间创建一个有效的通信媒介。遵循一组界面设计原则，设计任务需标识界面对象和动作，然后创建屏幕布局，形成用户界面原型的基础。

用户界面设计很重要，它是用户直接接触的软件部分。界面好不好，主要是看是否容易使用及是否美观。

用户界面设计的八项黄金规则：

(1) 尽量保持一致性

设计一致性的外观和功能界面是最重要的设计目标之一。信息在窗体上的组织方式、菜单项的名称以及排列、图标的大小和形状以及任务的执行次序都应该是贯穿系统始终的。如果一个新的应用程序提供与众不同的操作方式，肯定会降低它的生产效率，并且用户也不乐意接受。

(2) 为熟练用户提供快捷键

经常使用某个应用系统的用户愿意花些时间学会使用快捷键操作方式。当熟练用户明确知道自己要做什么的时候，他们很快就对冗长的菜单选择次序和大量的对话框操作失去耐心。因此，快捷键的使用可以针对某一给定任务减少交互步骤，同时设计者应该为用户提供使用功能，允许用户创建自定义快捷键。

(3) 提供有效反馈

对用户所做的每一个工作，计算机都要提供某些类型的反馈信息，借此使用户知道相应动作是否已被确认。这种确认方式对于用户非常重要，如果用户整天和系统打交道，而系统不能显示太多的对话框，还要用户做出回应，一定会降低用户的工作效率。

(4) 设计完整的对话过程

系统的每一次对话都应该有明确的次序：开始、中间处理过程和结束。任意定义完好的任务都由开始、中间处理和结束三部分，因此计算机上的用户任务也有相同的感觉。如果用户正想着"我要查一查消息"，那么对话过程将从一次询问开始，接下来是信息交换，然后结束。如果任务的开始和结束不明确的话，那么用户可能会很迷惑。另外，用户常常会一心一意地专注于某一任务，所以如果确认该任务完成，那么用户就会理清思路并转向下一项任务。

(5) 提供简单的错误处理机制

用户出错是有代价的，既要花费时间改错，也有错误结果造成的耗费，因此系统设计者必须尽可能防止用户出错。主要方法是限制可用选项和允许用户在对话框的任意位置都能选择有效选项。如果出错，就需要系统提供相应机制来处理。一旦系统发现错误，错误信息应该特别说明出了什么错误并且解释要如何改正。

例如，系统出现错误时，给用户提供出错界面，常用界面提示有如下几种形式：

① JavaError:Java. XML……

② 致命错误！

③ 系统错误(或运行错误或数据库错误)。

需考虑两方面的因素：

① 从用户角度：用户难于理解，容易让用户产生恐惧感，而且错误很难重现。

② 从系统保密性：技术细节暴露给不应该看到的人，丧失了技术保密性，会给自己带来不必要的损失。

解决方案：

① 错误说明应该以用户能够识别的语言进行表示。

② 提供错误代码，便于缩小和确定错误范围。

③ 记录错误日志。

(6) 允许撤销动作

用户需要建立起这样的感觉：他们可以查看选项并且可以毫不费力地取消或撤销相应的动作。用户在任一步骤上可以回退，最后如果用户删除某些文件、记录等，系统会要求用户确认该项操作。例如，应用程序的安装，应该提供相应的取消键，否则的话，当用户在启动安装程序后忽然改变主意了，那他只能通过非正常途径来终止程序，例如停止进程。

(7)提供控制的内部轨迹

有经验的用户希望有控制系统的感觉,系统响应用户命令,用户不应该被迫做某事或者感觉到正在被系统所控制,而应该让用户觉得是由用户在做决定,可以通过提示字符和提示消息的方式使用户产生这种感觉。例如,典型情况下,安装界面会提供:典型安装、最小化安装和自定义安装。典型安装是在不熟悉安装环境的情况下的一种傻瓜式安装方式,一旦对于安装的过程和内容有所设想时,就应该选择自定义安装形式,根据自己的想法自己设置要安装的内容。

(8)减少短期记忆负担

人有很多限制,短期记忆是其中最大限制之一。界面设计者不能假定用户能够记忆在人机交互过程中一个接一个的窗体或者从一个对话框到另一个对话框的所有内容,这样的系统设计给用户制造了太多的记忆负担。

实施步骤

虽然目前设计的系统属于控制台风格的程序,没有图形界面展示丰富信息,但同样也涉及界面设计原则的应用。

1. 系统界面的确定

根据软件结构图中确定的终端模块,特别是物理输入和输出模块,给出相关界面元素的提取和设计。图 4-32~图 4-34 给出了图书管理系统的部分界面。

图 4-32 续借图书界面

图 4-33 归还图书界面

图 4-34　查询图书界面

2. 系统界面风格的确定

根据用户的具体要求(公司标志、色调等)设计系统界面的总体风格。注意运用界面设计原则,保证系统的易用性。

3. 确定页面之间的迁移关系

在需求(原型)要素的基础之上进行相应的修改和完善,给出系统的静态页面的转换关系。

实施要求

1. 根据任务分配列表,明确各自的分工。
2. 合理运用工具,每名成员负责自己分配的核心界面的绘制。
3. 检查点:
   (1)界面风格设计的合理性。
   (2)界面元素设计的合理性。

任务 4　描述算法

任务描述

通过概要设计阶段所获得的软件体系结构,我们已经了解了系统内部基本的组成形式及模块间的调用关系,下面我们需要深入模块内部,去探寻一下每个模块具体的实现策略,那么,可以采用什么样的方式来对模块内部实现策略进行描述呢?

相关知识

1. 详细设计

概要设计规定了系统的构成,即子系统的划分、子系统之间的接口、全局数据结构和数据库模式、界面结构等,也就是解决了高层次系统的构造,进一步要解决的问题就是子系统规定的功能如何来实现?请使用相应的工具将详细设计的结果表示出来,具体包括下面的内容:

①明确每一个系统的功能在系统的结构上所起到的作用。
②根据概要设计明确该模块的接口需要传递哪些数据。

③确定局部使用什么数据结构。

④确定实现指定功能用什么算法。

这就是详细设计的任务,在使用程序设计语言之前,需要对所采用的算法逻辑关系进行分析,设计出必要的过程细节,并采用合适的工具表达出来,作为编码的依据。详细设计阶段的工作步骤如下:

①为每一个模块确定采用的算法,选择适合的工具表达算法的逻辑结构。

②确定模块所使用的数据结构以及该数据结构上相应的操作。

③确定模块接口细节,包括外部接口和内部接口,外部接口包括界面和与其他软、硬件的接口,内部接口是模块与模块之间的接口,要确定接口类型和接口数据的类型,并按照设计原则进行评审。

④为每个模块设计测试用例以及测试环境,该测试用例是白盒测试的测试用例,针对详细设计阶段产生的逻辑结构进行测试。

⑤编写详细设计文档,一般包括详细设计产生的模型以及相关说明、单元测试的测试计划。

2. 详细设计工具

程序过程是对程序结构的细化,是在概要设计的基础之上,细致地通过详细设计工具描述函数实现的算法,如图 4-35 所示。

图 4-35 详细设计与概要设计之间的关系

下面将介绍几种代表性的过程设计工具:

①盒图、PAD 以及程序流程图三种图形工具

②判定树、判定表,表格工具

③PDL 基于文本的工具

(1)图形工具

①程序流程图。程序流程图简称流程图,是一种采用方框表示处理步骤,菱形表示逻辑判断,箭头表示控制流的一种图形符号来描述问题解决方式的表示方法。

在使用流程图表示过程细节时,要注意不要乱用箭头(它的效果类似于乱用 goto 语句),否则会使结构混乱,容易出错,给编码带来不必要的麻烦。

图 4-36 所示是程序流程图的基本符号。

(a) 顺序型
(b) 选择型
(c) 先判定型循环 (DO-WHILE)
(d) 后判定型循环 (DO-UNTIL)
(e) 多情况选择型 (CASE 型)

图 4-36　程序流程图基本符号

下面是一个程序流程图的实例(如图 4-37 所示)。

图 4-37　程序流程图实例

程序流程图的使用曾经非常广泛,特别是流程图中的箭头符号使用起来非常灵活,满足了人们在思考过程中的思维方式的表达,流程图的应用很好地描述了解决问题的方法,在结构化设计中占有重要的位置。但是由于它的灵活性,也带来了一些弊端:

a. 流程图中用箭头代表控制流,因此程序员不受任何约束,可以完全不顾结构程序设计的精神,随意转移控制。

b. 流程图本质上不是逐步求精的好工具,它诱使程序员过早地考虑程序的控制流程,而不去考虑程序的全局结构。

c. 流程图不易表示数据结构。

基于这些原因,目前程序流程图所占据的应用空间正逐步地被盒图所取代。

② 盒图(N-S 图)。盒图也叫作方块图,它在绘制过程中将程序的五种控制结构(如图 4-38 所示)分别用长方形框定在一个范围内,通过这种方式强调了结构化原则的应用,避免了程序流程图的缺点。

图 4-38 盒图基本符号

盒图具有以下特点:

a. 功能域(某一具体构造的功能范围)有明确的规定,并且能很直观地从图形表示中看出来。

b. 想随意分支或转移是不可能的。

c. 局部数据和全程数据的作用域可以很容易确定。

d. 容易表示出递归结构。

下面给出图 4-37 所示程序流程图对应的盒图的实例,如图 4-39 所示。

图 4-39 盒图实例

③ PAD 图。PAD 图又称问题分析图(Problem Analysis Diagram,PAD),它是 20 世纪 70 年代日本日立公司发明的,是一种具有很强结构化特征的分析工具。

PAD 图具有以下特点:

a. 使用表示结构化控制结构的 PAD 符号所设计出的程序必然是结构化程序。

b. PAD 图所描述的程序结构十分清晰,图中最左面的竖线是程序的主线,即第一层结构,随着程序层次的增加,PAD 图逐渐向右延伸,每增加一个层次,图形向右扩展一条竖线,PAD

图中的竖线的总条数就是程序的层次数。

c. 用 PAD 图表现程序逻辑,易读、易懂、易记,PAD 图是二维树形结构的图形,程序从图中最左竖线上端的结点开始执行,自上而下、从左向右顺序执行,遍历所有结点。

d. 容易将 PAD 图转换成高级语言源程序,这种转换可用软件工具自动完成。

e. 既可以用于表示程序逻辑,也可用于描述数据结构。

f. PAD 图的符号具有支持自顶向下、逐步求精方法的作用。开始时设计者可以定义一个抽象的程序,随着设计工作的深入而用 def 符号逐步增加细节,直至完成详细设计。

图 4-40 显示了 PAD 所使用的基本图符。

图 4-40 PAD 图基本符号

使用 PAD 图表示的实例,如图 4-41 所示。

图 4-41 PAD 图实例

(2) 表格工具

① 判定表。判定表能够清晰地表示复杂的条件组合与应做的动作之间的对应关系,而其他的工具则不易实现。

一张判定表由四部分组成,左上部列出所有条件,左下部是所有可能做的动作,右上部是表示各种条件组合的一个矩阵,右下部是和每种条件组合相对应的动作。

判定表的每一列实质上是一条规则,规定了与特定的条件组合相对应的动作。

以行李托运费的算法为例说明判定表的组织方法,见表 4-2。

假设某航空公司规定,乘客可以免费托运重量不超过 30 kg 的行李。当行李重量超过 30 kg 时,对头等舱的国内乘客超重部分每千克收费 4 元,对其他舱的国内乘客超重部分每千克收费 6 元,对外国乘客超重部分每千克收费比国内乘客多一倍,对残疾乘客超重部分每千克收费比正常乘客少一半。用判定表可以清楚地表示与上述每种条件组合相对应的动作(算法)。

表 4-2　　　　　　　　用判定表表示的行李托运费算法

		1	2	3	4	5	6	7	8	9
条件	国内乘客		T	T	T	T	F	F	F	F
	头等舱		T	F	T	F	T	F	T	F
	残疾乘客		F	F	T	T	F	F	T	T
	行李重量 W≤30	T	F	F	F	F	F	F	F	F
动作	免费	√								
	(W−30)×2					√				
	(W−30)×3						√			
	(W−30)×4			√					√	
	(W−30)×6						√			√
	(W−30)×8							√		
	(W−30)×12									

② 判定树。判定树是判定表的变种，也能清晰地表示复杂的条件组合与应做的动作之间的对应关系。判定树的形式简单，不需任何说明，容易看出含义，易于掌握和使用，但也有缺点，例如，简洁性不如判定表，相同的数据元素往往要重复写多遍，而且越接近树的叶端重复次数越多等。判定树的使用方法如图 4-42 所示。

图 4-42　用判定树表示的行李托运费算法

(3) 伪代码

过程设计语言(Process Design Language，PDL)也称为伪代码，它是一种笼统的名称，是用正文形式表示数据和处理过程的设计工具。

PDL 具有严格的关键字外部语法，用于定义控制结构和数据结构；另一方面，PDL 表示实际操作和条件的内部语法通常又是灵活自由的，以便可以适应各种工程项目的需要。例如，它可以作为注释直接写在源程序中间，可以使用普通的文本编辑系统方便地完成 PDL 的书写。缺点是不如图形工具形象直观，清晰简单。

如下例：

```
If 9 点以前 then
    Do 私人事务。
Else 9 点到 18 点之间 then
    工作。
Else
    下班。
End if
```

这样的伪代码可以达到文档的效果,同时可以节约时间,更重要的是使结构比较清晰,表达方式更加直观。

● 实施步骤

1. 公共模块的实现

在概要设计阶段已经把初步的公共函数进行了归纳和提取,在详细设计阶段就需要首先对公共模块进行实现,至少应该把函数的接口确定下来,便于项目小组内部的分工合作。

2. 软件结构图中模块的实现

运用详细设计工具对软件结构图中的核心模块进行描述,但只限于运用详细设计工具描述解决问题的思路,不是编写真正的代码。下面根据图书管理系统从上层函数开始抽取典型模块进行介绍。

(1) main()(主函数)

系统主函数是整个程序的入口,完成对用户的身份验证,并确定用户要使用的功能类型,并转入对应的功能模块。如果身份验证失败,则再给两次密码输入的机会,总共三次机会均失败,则系统自动退出。概要设计阶段对顶层软件结构的设置,需要在详细设计阶段向源代码靠拢,要给出在程序实现过程中能够真正使用的函数名和接口的定义。如图 4-43 所示是对顶层软件结构图的重命名。

图 4-43　图书管理系统主函数软件结构图

根据主函数实现的思路,运用程序流程图将其问题处理的逻辑关系描述出来。如图 4-44 所示。

图 4-44　main 函数程序流程图

(2)int authenticationServ()(身份验证过程模块)

身份验证过程控制,设定身份验证步骤。包含从用户界面获得信息,通过子函数 authentication 完成具体的验证过程。返回值 1 表示成功;0 则表示失败。采用程序流程图描述的算法逻辑如图 4-45 所示。

图 4-45 authenticationServ 函数软件结构图

(3)int authentication(char * userName,char * passWord)(身份验证模块)

本模块根据用户提供的用户名密码进行身份有效性验证。其中参数 userName 表示用户名,passWord 表示密码。返回值 1 表示成功,0 则表示失败。

算法描述如图 4-46 所示。

图 4-46 身份验证模块算法描述

实施要求

1. 要求每名小组成员提交各自负责模块的详细设计。见表 4-3。

表 4-3　　　　　　　　　　　　任务分配表

角色	任务				
	组织会议	细化数据结构	描述算法	实现数据库	编写文档
项目组长	△		△		△
需求分析师	√				√
系统架构师		√		√	√
数据设计师		△	√	△	√
质量保证人员					√
界面设计人员					√
编程人员			√		√

2. 项目组长组织编写《详细设计说明书》，并进行提交。
3. 检查点：
(1) 得到的详细设计能够回溯到对应的软件结构图。
(2) 详细设计工具使用的合理性和规范性。

小　结

本章通过介绍软件设计阶段的目的，即解决软件如何做的问题，讲述了在软件设计的过程中要遵循的基本原理和原则。软件设计原则是在软件设计过程中必须履行的，它也是软件设计成果质量的评价标准。尤其是模块独立性原则的应用，强调高内聚、低耦合，是提升软件可维护性、可扩展性的必然手段。

软件设计从管理的角度分为概要设计和详细设计，强调了在每个阶段应该完成的重点工作。从技术的角度软件设计要完成的内容包括体系结构设计、数据设计、用户界面设计，明确了构建一个系统需要从哪些角度入手、考虑哪些方面的问题。

本章通过讲解结构化的软件设计方法，详细阐述了如何应用具体的技术来完成软件设计各个阶段的任务，从而构建结构化设计模型描述出软件内部的组成方式。

习　题

1. 结合以往的代码，谈谈对内聚和耦合的认识。
2. 数据库设计分为哪几个阶段？简述每个阶段的工作内容。
3. 传入数据流和传出数据流有何区别？
4. 根据已知的银行处理储户的存款取款业务的数据流图（必要时进行进一步细化）画出对应的软件结构图，并进行合理细化。
5. 某厂对部分职工重新分配工作的政策是：年龄在 20 岁以下者，初中文化程度脱产学习，高中文化程度当电工；年龄在 20 岁至 40 岁之间者，中学文化程度男性当钳工，女性当车工，大学文化程度都当技术员；年龄在 40 岁以上者，中学文化程度当材料员，大学文化程度当技术员。请用判定树描述上述问题。

6. 根据下面伪代码画出对应 N-S 图。

```
begin
    A;
    B;
    if X then
    {
        D;
        if Y then E;
        F;
    }else
    {
        H;
        Do
        I;
        Until G;
    }
end
```

第5章 软件实现

软件实现(Software Implementation)不同于纯粹的编程,从宏观上说,它是详细设计、编程、代码审查、单元测试以及集成测试的综合表述;从微观上说,它包括编程和单元测试。在上一章已经学习了详细设计相关的内容,而软件测试将在下一章进行详细讲解,本章主要讲解的是在代码编写阶段相关的背景、原则和管理等方面的内容。本阶段的输入是详细设计规格说明书,输出是源程序和目标程序等。

任务　规范代码的编写

● 任务描述

经过前面对系统内部组成形式的不断探讨和思考,已经基本上对系统的搭建形成了比较明清晰的思路,接下来是代码的实现阶段。

代码的编写并不像想象的那样随意。真正好的代码不仅要能够正确地运行,而且还要让别人能够看懂。就像一篇文章,段落清晰,文字规范,读者乐于阅读;但是如果是一篇没有段落、密密麻麻的杂乱的草稿,对于读者来讲就没有阅读的兴趣了,更不用说去理解了。对于程序的编写也是一样,也应该是段落清晰、语义明确,把这种代码称为易于阅读和易于维护的代码。当前所构建的图书管理系统不仅仅要能够运行,考虑到日后的升级和维护,代码的可阅读性就尤为重要了。那么,如何才能编写出符合要求的代码呢?

● 相关知识

1. 软件实现的概述

软件实现阶段也称为系统实施阶段,是软件过程中唯一一个不可缺少的阶段,该阶段的目标是按照详细设计说明书中对数据结构、算法和模块逻辑结构等方面的设计说明,用适当的编程语言及工具,分别实现各模块的功能,从而实现目标系统的功能、性能、接口、界面等要求。

软件实现与软件开发过程中其他阶段之间又是怎样的关系呢?软件设计为软件实现提供输入,软件实现的输出是软件测试的输入。软件实现与软件设计、软件测试是独立的过程,但软件实现本身也涉及设计和测试工作,它们之间的界限因具体项目而定。如果项目的规模较小,就可以边设计边实现,设计和实现的界限就变得模糊了。如果项目的规模较大,设计一定是和软件实现分开的,而且设计还会分为框架设计和详细设计,详细设计有时可以在软件实现阶段完成一部分,所以软件开发过程模型中阶段的划分是模糊的,有时还是迭代的。此外,软件实现还会产生大量的配置项,如源程序、测试用例等,因此软件实现过程还涉及配置管理。软件实现与其他阶段的关系如图5-1所示。

图 5-1 软件实现与其他阶段的关系

该阶段的主要任务是：

①按总体设计方案购置和安装计算机网络系统。硬件准备包括计算机主机、输入和输出设备、存储设备、辅助设备、通信设备等。

②软件准备。软件准备包括系统软件、数据库管理系统以及一些应用程序。

③人员培训。主要是指用户的培训，这些用户是源自现行系统，精通业务，但是缺乏计算机知识。

④知识准备。主要包括数据收集、整理和录入，是一项繁重的工作。

⑤投入和试运行。

在实施过程中，还有若干非技术因素的影响。系统的建设涉及企业机构、权限组织和分配，通过系统的调研、分析和设计，可能会优化企业现有的工作组织结构。

2. 软件实现的流程

软件实现的流程如图 5-2 所示，一般来说，编程、代码审查、单元测试、集成测试大致存在先后顺序关系，也可以并行、迭代地开展。上述任何活动中发现的缺陷都应当用缺陷跟踪工具管理，开发人员应及时消除缺陷。

图 5-2 软件实现流程

软件实现阶段的主要准备工作有：

①开发小组制订计划（包括编程计划、代码审查计划、测试计划等），项目经理审批该计划。

②开发小组确定编程、代码审查、内部测试等规范。如果机构已经存在相应的规范，则采用之，如果机构不存在相应的规范，则由开发小组制定。

③开发小组构建编程与测试环境，例如安装软件开发工具（包括复用库）、配置管理工具、软件测试工具和缺陷跟踪工具等。如果是异地开发和测试，那么要构建 Internet 环境。

④如果开发小组组长认为开发小组需要接受编程、测试、代码审查等方面的培训，那么由开发小组组长安排相应的培训。

然后进入具体实施过程,在这个过程中按照开发小组制订的计划来完成相应的工作,还要管理好在本阶段产生的各种配置项。

在整个软件实现阶段结束后,应该提交的主要成果包括软件实现阶段的计划、软件的源代码和构件库、编程规范、与编程相关的技术文档、测试用例和测试报告等。

3. 编程语言的种类与选择

所谓编码是指选择一种或几种编程语言来实现设计阶段的设计方案,使其变成初始可运行的目标系统。编程语言的相关知识已经在这之前讲过,如 C 语言、Java 语言等,本节的编码不再强调语法,而是把重点放在编程语言种类的介绍,编程风格与编码规范方面。

(1)编程语言的种类与选择

自 20 世纪 60 年代以来,世界上公布的程序设计语言已有上千种之多,但是只有很小的一部分得到了广泛的应用。从发展的过程来看可以分为四代:

① 第一代语言是指与机器紧密相关的机器语言和汇编语言,其历史可追溯到第一台电子计算机问世。因其与硬件操作一一对应,基本上有多少种计算机就有多少种汇编语言。

② 第二代语言产生于 20 世纪 50 年代末到 60 年代初,这一代语言包括 FORTRAN、COBOL、BASIC 等,是结构化语言的前身和基础。FORTRAN 语言是 Formula Translation 的缩写,意为"公式翻译",它是为科学、工程问题或企事业管理中的那些能够用数学公式表达的问题而设计的,其数值计算的功能较强。COBOL 是一种面向数据处理、文件、过程(POL)的高级编程语言,是一种功能很强而又极为冗长的语言。COBOL 适用于具有循环处理周期的环境(例如打印工资支票)以及数据操纵量相当大的环境。COBOL 主要应用于商业数据处理领域,对各种类型的数据进行收集、存储、传送、分类、排序、计算及打印报表、输出图像等是它的强项。

③ 第三代语言,也称为结构化程序语言,其特点是直接支持结构化构件,并具有很强的过程能力和数据结构能力。这一代语言可细分为通用高级语言、面向对象的语言和专用语言。最早的通用语言是 Algol 60,以它为基础衍生出 Pascal、C 等许多高级语言,广泛应用于各种领域,如工程计算、嵌入式系统等。面向对象程序语言是 20 世纪 70 年代以来诞生的,包括 C++、Smalltalk、Java 等。专用语言一般应用面窄,语法形式独特,其中最有代表性的 LISP、Prolog 一般应用于人工智能领域。专用语言针对特殊用途设计,一般翻译过程简单、高效,但与通用语言相比,可移植性和可维护性较差。

④ 第四代语言(4GL)是非过程化语言,编码时只需要说明"做什么",不需描述算法细节,它的典型应用就是数据库查询语言(SQL)。用户只需将要查找的内容在什么地方、根据什么条件进行查找等信息告诉 SQL,SQL 将自动完成查找过程。目前,所谓的第四代语言大多是指基于某种语言环境上具有 4GL 特征的软件工具产品,如 PowerBuilder 等。

第四代程序设计语言是面向应用的,是为最终用户设计的一类程序设计语言,它具有缩短应用开发过程、降低维护代价、最大限度地减少调试过程中出现的问题以及对用户友好等优点。

在这么丰富的编程语言的环境中,我们在实现项目时应该选择哪种语言呢?不同的项目、不同的开发团队通常会选择不同的编程语言,而且有时也会选择多种编程语言。语言选择合适,会使编码困难减少,程序测试量减少,并且可以得到易读、易维护的软件,这就是我们所说的"工欲善其事,必先利其器"。因此在编码之前应选好适当的语言,任何一种语言都有其优缺点和擅长的领域,所以在选择编程语言的时候要考虑很多方面,以下是一般选择编程语言时要考虑的问题：
①项目的应用领域，长期以来一些项目固定采用某种语言作为开发语言，所以在进行语言选择时首先考虑应用领域。
②算法和计算复杂性。
③软件运行环境。
④用户需求中关于性能方面的需要。
⑤数据结构的复杂性。
⑥软件开发人员的知识水平。
⑦可用的编译器与交叉编译器。

除上述因素以外，在进行编程语言选择时可能还有其他考虑，如硬件对软件的影响、购买成品构件等。要注意，编程语言的选择虽然放在本章讲解，但在开发过程中，编程语言是在早期就已经确定了的，例如可以在可行性分析时确定。

4. 编程风格与规范

(1) 编程风格

编码风格又称程序设计风格或编程风格。风格原指作家、画家在创作时喜欢和习惯使用的表达自己作品题材的方式，而编码风格实际上指编程的基本原则，包括规范化的程序内部文档、数据结构的详细说明、清晰的语句层次结构、遵守某一编程规范等。

在程序设计初期，许多人认为程序只是给机器执行的，而不是供人阅读的，所以只要程序逻辑正确，能为机器理解并依次执行就足够了，至于文体如何无关紧要。20世纪70年代初，有人提出在编写时应该使程序具有良好的风格，这个想法很快就为人们所接受。20世纪70年代以来，编码的目标从强调效率转变为强调清晰。人们逐步意识到，良好的编码风格能在一定程度上弥补语言存在的缺陷，而如果不注意风格就很难写出高质量的程序，尤其当多个程序员合作编写一个很大的程序时，需要强调良好而一致的编码风格，以便相互通信，减少互不协调而引起的问题。因此，建立很好的编程风格，让程序员遵循，以便编写出正确的、有效的、可维护的、易读易懂的程序。

对于编码风格，不同的公司可能有不同的要求，但是其目的都是相同的，希望开发出的系统编码具有较好的易读、易维护等质量特性。

(2) 编程的规范

编程规范顾名思义，就是在编程时要遵守的规范。规范中包括对命名、界面、提示以及帮助信息规范、热键定义等。

编程规范是在开始编程之前就确定下来的，不同的公司为不同的程序语言形成自己不同的编程规范，有了这些编程规范，就在很大程度上提高了程序员之间的交流效率。如用Java编程时，类名的命名要遵守一定的编程规范，这样程序员们一看到类的名称就基本能够确定这个类的职责，减少编程的时间，提高工作效率。此外，具有良好的编程规范还可以提高软件的测试效率和将来的可维护性，所以至关重要。

● **实施步骤**

1. 制定编码规范

根据图书管理系统项目的实际情况选择C语言进行实现，并制定C语言的编码规范。

2. 制定系统程序结构规范

根据系统设计的结构采用分层结构对程序结构进行搭建,图书管理系统主要分为界面、业务逻辑控制和数据处理三部分,具体描述如图 5-3 所示。

```
Source Files
  entity
    bookFile.c
    readerFile.c
    userFile.c
  view
    docCnstrMain.c
    rdServiceMain.c
    sysMaintMain.c
  service
    sysMaintain
      rightMng.c
    docConstruction
      bookMaintain.c
    readerService
      lendService.c
  common.c
  LiberaryMain.c
Header Files
  liberary.h
```

图 5-3 系统结构示意图

针对目录中各部分的解释见表 5-1。

表 5-1 系统结构说明表

/	根目录		
	LiberaryMain.c	系统入口	
	Common.c	公共函数库	
	entity	数据文件处理目录	针对文件读取的操作
		bookFile.c	
		readerFile.c	
		userFile.c	
	view	菜单界面目录	菜单的显示及各功能选择分配的入口
		docCnstrMain.c	
		rdServiceMain.c	
		sysMaintMain.c	
	service	业务逻辑目录	按子系统分类,是对处理逻辑的控制
		sysMaintain	系统维护子系统目录
		rightMng.c	权限维护业务处理
		docContruction	文档建设子系统目录
		bookMaintain.c	图书信息维护
		readerService	读者服务子系统目录
		lendService.c	借阅业务处理

3. 编写代码

给出根据编码规范编写的程序段。下面的代码为图书管理系统的主函数部分的代码。主要侧重在编码规范的应用上。

```
/*************************************************************
文件名:LiberaryMain.c
```

文件功能:系统执行入口,初始化系统环境,验证身份后允许根据选项使用系统
作者:石冬凌
编写日期:2012-3-21
**/
#include "liberary.h"
/***
形参:无
返回值:无
函数功能:系统初始化,提取公共数据到公共数据区,为后续的操作做好数据准备。数据包括权限信息
作者:石冬凌
编写日期:2012-3-21
**/

```c
void initial()
{
    //初始化全局变量
    userList=NULL;
    readerList=NULL;
    bookList=NULL;
    //如果第一次使用系统则初始化用户名密码为 aa,bb
    //装载用户信息
    loadUserFile();
    //装载读者信息
    //loadRdrFile();
    //装载图书信息
    //loadBookFile();
}
```

/**
形参:无
返回值:无
函数功能:身份验证过程控制,设定身份验证步骤
作者:石冬凌
编写日期:2012-3-21
**/

```c
int authenticationServ()
{
    char userName[20];
    char passWord[10];
    //获得用户名、密码
    printf("please input username:\n");
    scanf("%s",userName);
    printf("please input password:\n");
    scanf("%s",passWord);
    printf("hello %s & %s",userName,passWord);
    getchar();
```

```c
        getchar();
        return authentication(userName,passWord);
}
/*************************************************************
形参:userName——用户名,password——密码
返回值:int 型
1——成功,0——失败
函数功能:根据用户提供的用户名密码进行身份有效性验证
作者:石冬凌
编写日期:2012-3-21
*************************************************************/
int authentication(char * userName,char * passWord)
{
    struct LUser * user;
    //比对用户信息
    user=userList;
    while(user! =NULL)
    {
        if(! strcmp(user->userInfo. userName,userName))
            if(! strcmp(user->userInfo. passWord,passWord))
                return 1;
        user=user->next;
    }
    return 0;
}
//将所有信息写入文件,进行持久化保存
void writeToFile()
{
    //用户信息保存
    writeUserFile(userAddress);
    //读者信息保存
    writeRdrFile(readerAddress);
    //图书信息保存
    writeBookFile(bookAddress);
}
//显示主菜单
void showMainMenu()
{
    system("cls");
    //system("color 1e");
    system("color f0");//设置背景颜色为白色
    printf("\n");
    printf("\t\t\t* * * * * * * * * * * * * * * * * * * * \n");
    printf("\n");
```

```
        printf("\t\t\t 大连东软信息学院图书馆欢迎您\n");
        printf("\n");
        printf("\t\t\t * * * * * * * * * * * * * * * * * * * * * * * * * * * \n");
        printf("\n");
        //主功能菜单显示
        printf("\t\t\t 1 读者服务\n");
        printf("\t\t\t 2 文献建设\n");
        printf("\t\t\t 3 系统维护\n");
        printf("\t\t\t 4 退出系统\n");
        printf("\t\t\t 请选择功能项(1~4):!!! \n");
        printf("\n");
        printf("\n");
}
//主功能选项
void mainFuncSelect()
{
        int func;
        scanf("%d",&func);
        switch(func)
        {
                case 1:readerService();//读者服务
                        break;
                case 2:docConstrction();//文献建设
                        break;
                case 3:sysMaintain();//系统维护
                        break;
                case 4:writeToFile();//退出系统时,将所有信息保存到文件中
                        exit(0);
                default:printf("选项错误! 请重新输入功能选项! \n");
                        getchar();
                        getchar();
        }
}
//系统入口
main()
{
        int valid=0;//身份验证结果,0 为非法,1 为合法
        int i;//用户功能选项号
        int times=0;//登录失败计数
        int n=0;
        initial();
        //身份验证合法则进入系统。
        do
        {
```

```
            valid=authenticationServ();
            if(valid)
            {
                while(1)
                {
                    showMainMenu();
                    mainFuncSelect();
                }
            }else
            {
                times++;//失败计数
                n=3-times;
                if(n! =0)
                    printf("用户名、密码错误,请重新输入！您还有 %d 次机会！\n",n);
            }
        }while(times! =3);
        printf("抱歉,您没有使用系统的权限,欢迎下次再来！\n");
}
```

● **实施要求**

1. 提交小组编码规范,每个小组一份。
2. 实践过程中自主编写各自负责的代码部分要求能够运行。
3. 检查点：
(1)严格按照小组制定的编码规范执行。
(2)编码风格良好,包括段落清晰合理和注释充分等。

小　结

　　软件开发在实现阶段的主要任务是按照编程规范完成编码任务,同时介绍了实现阶段与前面的详细设计和后面测试阶段中单元测试之间的密切关系,明确了该阶段的重要性。
　　本章还重点讲解了与编程语言相关的知识,包括了如何针对系统特点选择编程语言的种类,良好的编程风格对系统可维护性的影响以及何为编程规范以及编程过程中需遵守的基本原则。
　　软件实现阶段的任务看似简单,由于其与前后阶段之间的密切关系,实际上还有很多工作需要去做,在实现阶段的主要流程中对此做了阐述。

习　题

1. 举例说明各类系统的编程语言的选择。
2. 仔细阅读老师给的编码规范,讨论以往在编码时有哪些地方是违背编码规则的。
3. 简述系统的实施阶段的主要活动有哪些。
4. 实施阶段和测试阶段的关系是怎样的？

第6章 软件测试

一旦生成了源代码,软件必须进行测试,以使软件产品在交付客户之前能够发现(和改正)尽可能多的错误。软件测试的目标是要设计一组具有高的发现错误的可能性的测试方案,如何做呢?这就是软件测试技术被应用的地方。这些技术提供了软件测试的系统化的指南,用于测试软件构件的内部逻辑和测试程序的输入和输出域,以便发现程序功能、行为和性能方面的错误和不足。

软件的测试从两个不同的视角进行:其一是使用"白盒"测试方案设计技术来测试内部程序逻辑;二是使用"黑盒"测试案例设计技术来测试软件需求。这两种测试方案基本意图均是以最少的工作量和时间发现最大数量的错误。

任务1 进行静态测试

● 任务描述

代码在编写过程是与软件测试并发执行的。一般对测试的理解认为必须让程序跑起来才能够查看程序是否存在问题。实际上,静止状态下的源代码也可以暴露出一些问题。

下面给出一段源代码程序,大家看看是否可以直接找出问题呢?

```
#include<stdio.h>
main()
{int x,y,n,z,m,count,l=0,a=0,b=0,c=0;
printf("请输入商品价格:");
scanf("%d",&x);
printf("请输入顾客付款:");
scanf("%d",&z);
if(0<x&&x<=100&&0<z&&z<100)
{y=z-x;
if(y>50||y==50)
{a++;
n=y-50;
}
else
{n=y;}
if(n/10>1)
{b=n/10;
m=n%10;
}
else
```

```
{m=n%10;}
if(m/5>0||m==5)
{c++;
l=m%5;
}
else
{l=m%5;}
printf("找回钱数:%d 张 50 元%d 张 10 元%d 张 5 元%d 张 1 元\n",a,b,c,l);
}
else
{printf("输入错误\n");}
count=a+b+c+l;
printf("至少张数:%d\n",count);
}
```

相关知识

1. 软件测试的概述

所谓测试,首先是指一项活动,在这项活动中某个系统或组成的部分将在特定条件下运行,结果被观察和记录,并对系统或组成部分进行评估。测试活动最终会有两种结果:要么找出缺陷,要么显示软件执行正确。测试活动是一个或多个测试用例的集合。

测试用例是指为特定的目的而设计的一组测试输入、执行条件和预期的结果,测试用例是执行测试的最小实体。

软件测试就是在软件投入运行前,对软件需求分析、设计规格说明和编码的最终复查,是软件质量保证的关键步骤。软件测试的定义有两种描述:

①软件测试是为了发现错误而执行程序的过程。

②软件测试是根据软件开发各阶段的规格说明和程序内部结构而精心设计的一批测试用例(输入数据及其预期的输出结果),并利用这些测试用例运行程序以及发现错误的过程,即执行测试步骤。

软件测试不仅仅是对程序的测试,它贯穿于软件定义和开发的整个过程。因此软件开发过程中产生的需求分析、概要设计、详细设计以及编码等各个阶段所得到的文档,包括需求规格说明书、概要设计规格说明、详细设计规格说明以及源程序,都是软件测试的对象。

软件测试在软件生命周期(也就是软件在开发设计、运行、直到结束使用的全过程)中,主要横跨以下两个阶段:实现阶段,即对每个模块编写出以后所做的必要测试;综合测试阶段,即在完成单元测试后进行的测试,如系统测试、验收测试。

2. 软件测试的目的和原则

测试的目的是通过设计测试用例,以最小的代价、在最短时间内系统地发现软件产品中各种不同类型的错误。这就要求测试人员设计的测试用例要合理,在选取测试数据的时候要考虑易于发现程序错误的数据。Grenford J. Myers 指出软件测试的目的是:

①测试是程序的执行过程,目的在于发现错误。

②一个好的测试用例在于发现至今未发现的错误。

③一个成功的测试是发现了至今未发现的错误的测试。

要达到上述的目的,就要采用合理的、科学的方法,经过实践的不断总结,人们发现在软件测试过程中一般遵循如下原则:

①所有的软件测试都应该追溯到用户需求。这是因为软件开发的目的是使用户完成预定的任务,并满足用户要求,如果软件中存在的缺陷和错误使软件不能达到用户的要求,只有尽可能地修正软件中的缺陷。

②应当把"尽早地和不断地进行软件测试"作为软件测试者的座右铭。由于软件的复杂性和抽象性,在软件的生命周期各个阶段都可能产生错误,所以不应该把软件测试仅仅看作软件开发这一独立阶段的工作,而应当把它贯穿到软件开发的各个阶段中。在软件开发的需求分析和设计阶段就应该开始测试工作,编写相应的测试文档,同时,坚持在软件开发的各个阶段进行技术评审与验证,这样才能在开发过程中尽早发现和预防错误,杜绝某些缺陷和隐患,提高软件质量。只要测试在生命周期中进行得足够早,就能够提高被测试软件的质量,这就是预防性测试基本原则。

③在有限的时间和资源下进行完全测试并找出软件所有的错误和缺陷是不可能的,软件测试不能无限进行下去,应适时终止。因为输入量太大,输出结果太多,路径组合太多,对每一种可能的路径都执行一次的穷举测试是不可能的。测试也是有成本的,越到测试后期付出的代价越大,所以软件测试要在符合软件质量标准的情况下停止。

④测试无法显示软件潜在的缺陷。软件测试只能发现软件中的缺陷,不能证明软件中的缺陷全部找到了。在后续的使用过程中,可能还会发现一些错误。

⑤充分注意测试中的群集现象。经验表明,测试后程序中残存的错误数目与该程序中发现的错误数目或检错率成正比,所以应当对错误群集的程序段进行重点测试,以提高测试投资的效益。在所测试的程序段中,若发现错误数目多,则残存错误数目也比较多。这种错误群集现象在很多实际项目中被证实。

⑥程序员应该避免检查自己的程序。基于心理因素,人们认为揭露自己程序中的问题总是一件不愉快的事,不愿否认自己的工作;由于思维定式,人们难于发现自己的错误。因此,为达到测试目的,应有客观、公正、严格的独立测试部门或者独立的第三方测试机构进行测试。

⑦尽量避免测试的随意性。软件测试应该是有组织、有计划、有步骤的,应严格地按照计划,形成标准的测试文档,这样既便于今后测试工作的经验积累,也便于系统的维护。

⑧80/20 原则。80/20 原则是指 80% 的软件缺陷存在于软件 20% 的空间里,软件缺陷具有空间聚集性。这个原则告诉我们,如果想使软件测试更有效,记住常常关注其高危多发"地段",在那里发现软件缺陷的可能性会大得多。该条原则是 Pareto 原理在软件测试中的应用。

以上是软件测试时必须遵守的几条基本原则,除了这些基本原则之外还有一些前人总结出的测试准则,如应该在真正的测试工作开始之前很长时间内,就根据软件的需求和设计来制订测试计划,在测试工作开始后,要严格执行,排除随意性;测试要兼顾合理输入与不合理输入数据,要预先确定被测试软件的测试结果;应该从"小规模"单个程序模块测试开始,并逐步进行"大规模"集成模块和整个系统测试;长期保留测试数据,将它留作测试报告以备以后的反复测试用,重新验证纠错的程序是否有错等。

3. 软件测试与软件开发各阶段的关系

软件测试并不只是在编码结束时才开始的过程,它在开发的各个阶段都产生一定的作用(如图 6-1 所示)。

图 6-1　软件测试与软件开发各阶段的关系图

①项目规划阶段：负责从单元测试到系统测试的整个测试阶段的监控。

②需求分析阶段：确保测试需求分析、系统测试计划的制订，并经评审后成为配置管理项。测试需求分析对产品生命周期中测试所需要的资源、配置、每阶段评判通过标识进行规约；系统测试计划是依据软件的需求规格说明书制订测试计划和设计相应的测试用例。

③概要设计和详细设计阶段：确保集成测试计划和单元测试计划完成。

④编码阶段：开发人员在编写代码的同时，必须编写自己负责部分的测试代码，如果项目比较大，必须由专人写测试代码。

⑤测试阶段（单元测试、集成测试、系统测试）：测试人员依据测试代码进行测试，测试负责人提交相应的测试状态报告和测试结束报告。

软件开发过程中的 V 字模型很好地表述了测试在软件开发各阶段所产生的影响，如图 6-2 所示。

图 6-2　V 字模型

另外，软件测试的对象不只是程序，还包括各阶段的文档，因此软件测试阶段的输入信息包括两类：

①软件配置：指测试对象。通常包括需求说明书、设计说明书和被测试的源程序等。

②测试配置：通常是包括测试计划、测试步骤、测试用例以及具体实施测试的测试程序、测试工具等。

对测试结果与预期的结果进行比较后，即可判断是否存在错误，以决定是否进入排错阶段或者进行调试任务。对修改以后的测试对象进行重新测试，因为修改可能会带来新的问题。

4. 软件测试的过程

软件测试过程按测试的先后次序可分为单元测试、集成测试、确认（有效性）测试、系统测试和验收（用户）测试等五个步骤，如图 6-3 所示。

图 6-3 软件测试的步骤

①单元测试:针对每个单元的测试,以确保每个模块能正常工作为目标。单元测试大量采用白盒测试法,以发现程序内部的错误。

②集成测试:对已测试过的模块组装后进行集成测试。这项测试的目的在于检验与软件设计相关的程序结构问题。集成测试较多采用黑盒测试法来设计测试用例。

③确认测试:在完成集成测试后,开始对开发工作初期制定的确认准则进行检验。确认测试是检验所开发的软件能否满足所有功能和性能需求的最后手段,通常采用黑盒测试法。

④系统测试:在完成确认测试后,应属于合格软件产品,但为了检验它能否与系统的其他部分(如硬件、数据库和操作人员)协调工作,还需要进行系统测试。

⑤验收测试:检验软件产品质量的最后一道工序是验收测试。验收测试主要突出用户的作用,同时软件开发人员也应有一定程度的参与。

(1)单元测试

软件单元测试是检验程序的最小单位,即检查模块有无错误,它是编码完成后必须进行的测试工作。单元测试一般由程序开发者自行完成,因而单元测试大多是从程序内部结构出发设计测试用例,即采用白盒测试方法,当有多个程序模块时,可并行独立开展测试工作。

单元测试的主要任务是针对每个程序的模块,重点测试五个方面的问题:模块接口、局部数据结构、独立路径、边界条件和错误处理。

①模块接口

模块接口的测试主要检查进出程序单元的数据流是否正确。对模块接口数据流的测试必须在任何其他测试之前进行,因为如果不能确保数据正确地输入、输出的话,所有的测试都是没有意义的。

②局部数据结构

在模块工作过程中,必须测试其内部的数据能否保持完整性,包括内部数据的内容、形式及相互关系不发生错误。应该说,模块的局部数据结构是经常发生错误的错误源。对于局部数据结构,应该在单元测试中注意发现以下几类错误:

- 不正确的或不一致的类型说明。
- 错误的初始化或默认值。
- 错误的变量名,如拼音错误或缩写错误。
- 下溢、上溢或者地址错误。

除局部数据结构外,在单元测试中还应弄清全程数据对模块的影响。

③路径测试

在单元测试中,最主要的测试是针对路径的测试。测试用例必须能够发现由于计算错误、不正确的判定或不正常的控制流而产生的错误。常见的错误有:
- 误解的或不正确的算术优先级。
- 混合模式的运算。
- 错误的初始化。
- 精确度不够精确。
- 表达式的不正确符号表示。

针对判定和条件覆盖,测试用例还需要能够发现如下错误:
- 不同数据类型的比较。
- 不正确的逻辑操作或优先级。
- 应当相等的地方由于精确度的错误而不能相等。
- 不正确的判定或不正确的变量。
- 不正确的或不存在的循环终止。
- 当遇到分支循环时不能退出。
- 不适当的修改循环变量。

④边界条件

经验表明,软件常在边界处发生问题。例如,处理数组的第 n 个元素时容易出错,循环执行到最后一次循环执行体时也可能出错。边界测试是单元测试的最后一步,十分重要,必须采用边界值分析法来设计测试用例,认真仔细地测试为限制数据处理而设置的边界处,看模块是否能够正常工作。

⑤出错处理

出错处理测试的重点是模块在工作中发生了错误,验证其中的出错处理设施是否有效。

程序运行中出现异常现象并不奇怪,良好的设计应该预先估计到投入运行后可能发生的错误,并给出相应的处理措施,使得用户不至于束手无策。检验程序中的出错处理可能面对的情况有:
- 对运行发生的错误描述得难以理解。
- 所报告的错误与实际遇到的错误不一致。
- 出错后,在错误处理之前就引起系统的干预。
- 例外条件的处理不正确。
- 提供的错误信息不足,以至于无法找到出错原因。

在通常情况下,单元测试常常是和代码编写工作同时进行的,在完成了程序编写、复查和语法正确性的验证后,就应该进行单元测试用例设计。

在对每个模块进行单元测试时,不能完全忽视他们与周围模块的相互关系。为模拟这一联系,在进行单元测试时,需要设置一些辅助测试模块。辅助测试模块有两种。一种是驱动模块,用来模拟被测试模块的上一级模块。驱动模块在单元测试中接收数据,并将相关的数据传递给被测试的模块,启动被测试模块,打印相应的结果。另一种是桩模块,用来模拟被测试模块工作过程中所调用的模块。桩模块被测试模块调用,它们一般只进行很少的数据处理,如打印入口和返回,以便检验被测模块与其下级模块的接口。

驱动模块和桩模块是额外开销,虽然在单元测试时必须编写,但并不需要作为最终产品交给用户。

(2) 集成测试

集成测试阶段是指每个模块完成单元测试后,需要按照设计时确定的结构图,将它们组装起来进行集成测试,集成测试也称为综合测试。实践表明,即使软件系统的一些模块能够单独地工作,也不能保证连接之后也肯定能正常工作。程序在某些局部反映不出的问题,在全局上有可能暴露出来,影响软件功能的实现。

集成测试包括两种不同的方法:非增量式测试和增量式测试。

非增量式测试方法采用一步到位的方法来构造测试:对所有模块进行个别的单元测试后,按照程序结构图将各模块连接起来,将连接后的程序当作一个整体进行测试。

增量式测试方法的集成是逐步实现的,按照不同的次序实施有两种不同的方法:自顶向下结合和自底向上结合。

① 自顶向下增量式测试。自顶向下增量式测试表示逐步集成和逐步测试是按照结构图自上而下进行的,即模块继承的顺序是首先集成主控模块(主程序),然后按照控制层次结构向下进行集成,从属于主控模块的按深度优先或者广度优先集成到结构中去。集成的过程中需要设计桩模块,然后再将桩模块用真正的模块(已经执行过单元测试的模块)取代。

② 自底向上增量式测试。自底向上增量式测试表示逐步集成和逐步测试工作是按照结构图自下而上进行的,由于是从最底层开始集成,所以也就不再需要使用桩模块进行辅助测试。由于是自底向上集成所以需要设计驱动模块辅助测试。

通过对以上介绍的几种集成测试的介绍,可以得出以下结论:

① 非增量式测试的方法是先分散测试,然后再集中起来一次完成集成测试。假如在模块的接口处存在错误,只会在最后的集成测试时一下子暴露出来。与此相反,增量式测试的逐步集成和逐步测试的方法是将可能出现的差错分散暴露出来,便于找出问题和修改,而且一些模块在逐步集成的测试中,得到了较多次的考验,因此,可能会取得较好的测试效果。总之,增量式测试要比非增量式测具有一定的优越性。

② 自顶向下测试的主要优点在于它可以自然做到逐步求精,一开始就能让测试者看到系统的框架。它的主要缺点是需要提供桩模块,并且输入/输出模块接入系统以前,在桩模块中表示测试数据有一定困难。因为桩模块不能模拟数据,如果模块间的数据流不能构成有相的非环状形式,一些模块的测试数据便难以生成,同时,观察和解释测试的输出常常也比较困难。

③ 自底向上的优点在于由于驱动模块模拟了所有调用参数,即使数据流并未构成有相的非环状图,生成测试数据也无困难。如果关键的模块是在结构图的底部,那么自底向上测试具有优越性。它的主要缺点在于,直到最后一个模块被加进去之后才能看到整个程序的框架。

在进行集成测试时,回归测试是很必要的。每当一个新的模块被当作集成测试的一部分加进来的时候,软件就发生了改变,因为这时新的数据流路径建立起来,新的 I/O 操作可能出现,还有可能激活了新的控制逻辑,这些改变可能会使原本工作的很正常的功能产生错误。在集成测试策略环境中,回归测试是对某些已经进行过测试的某些子集再重新测试一遍,以保证上述改变不会传播无法预料的副作用或引发新的问题。

在更广的环境里,任何种类的成功测试结果都是发现错误,而错误需要被修改。每当软件被修改的时候,软件配置的某些方面(如程序、文档或者数据)也被修改了。回归测试就是用来保证(由于测试或者其他原因的)改动不会带来不可预料的行为或者新的错误。

回归测试可以通过重新执行所有的测试用例的一个子集人工地进行,也可以使用自动化的捕获回放工具来进行。捕获回放工具使得测试人员能够捕获到测试用例,然后可以进行回放和比较。

在集成测试进行过程中,回归测试可能会变得非常庞大。因此,回归测试应设计为只对出现错误的模块的主要功能进行测试。每进行一个修改时就对所有程序功能都重新执行所有的测试是不实际的,而且效率很低。

(3) 确认测试

在集成测试完成之后,分散开发的各个模块将连接起来,从而构成完整的程序。此时各模块之间接口存在的各种错误都已消除,可以进行系统工作的最后部分,即确认测试。确认测试是检验所开发的软件是否能够按用户提出的要求运行,若能够达到这一要求,则认为开发的软件是合格的。确认测试也称为合格性测试。

① 确认测试的准则

软件确认要通过一系列的证明软件功能和要求一致的黑盒测试来完成。在需求规格说明书中可能做了原则性的规定,但在测试阶段需要更详细、更具体的测试规格说明书做进一步的说明,列出要进行的测试种类,应该对开发的软件给出结论性的评价:

- 经过检验的软件功能、性能及其他要求已满足需求规格说明书的规定,因而可被认为是合格的软件。
- 经过检验发现与需求说明是有相当的偏离,得到一个各项缺陷清单。对于这种情况,往往很难在交付期之前将发现的问题校正过来,这就需要开发部门与用户进行协商,找出解决的办法。

② 配置审查的内容

确认测试过程的重要环节就是配置审查工作,其目的在于确保已开发软件的所有文件资料均已编写齐全,并得到分类编目,足以支持运行以后的软件维护工作。这些文件资料包括用户所需的以下资料:

- 用户手册。
- 操作手册。
- 设计资料,如设计说明书、源程序以及测试资料(测试说明书、测试报告)等。

(4) 系统测试

软件在计算机系统当中是重要的组成部分,因此在软件开发完成以后,最终还要和系统中的其他部分,比如硬件系统、数据信息集成起来,在投入运行以前完成系统测试,以保证各组成部分不仅能单独地得到检验,而且在系统各部分协调工作的环境下能正常工作。尽管每一个检验都有特定的目标,然而,所有的检测工作都要验证系统中每个部分均已得到正确的集成,并完成制定的功能。

(5) 验收测试

验收测试是以用户为主的测试,软件开发人员和 QA(质量保证)人员也应参加。由用户参加设计测试用例,由用户界面输入测试数据,并分析测试输出结果,一般使用生产中的实际数据进行测试。

5. 软件测试的方法

软件测试方法就是设计测试用例的方法。测试用例的设计方法随着测试策略的不同而不同。软件测试方法通常按照软件被测试时运行与否,分为静态测试方法和动态测试方法。

(1) 静态测试方法

不实际运行软件,主要是对软件的编程格式、结构等方面进行评估。静态测试包括代码检查、静态结构分析、代码质量度量等。静态测试可以由人工进行,充分发挥人的逻辑思维优势,也可以借助软件工具自动进行。

① 代码检查

主要检查代码和设计的一致性,代码对标准的遵循、可读性,代码的逻辑表达的正确性,代码结构的合理性等,通过此项检查可以发现违背程序编写标准的问题,程序中不安全、不明确和模糊的部分,找出程序中不可移植的部分、违背程序编程风格的问题等。

② 静态结构分析

主要是以图形的方式表示程序的内部结构,来检验程序的内部逻辑结构的合理性。主要用到下述形式:

- 函数关系调用图,以直观的图形方式描述了一个应用程序中各个函数的调用和被调用关系,通过它可以看出函数之间的调用关系的复杂性,以及是否存在递归关系。
- 文件调用关系图,体现文件之间的依赖性,通过依赖性来体现系统结构的复杂程度。
- 模块控制流图,衡量函数的复杂程度。

(2) 动态测试方法

主要特征是计算机必须真正运行被测试的程序,通过输入测试用例,对其运行情况及输入与输出的对应关系进行分析,以达到检测的目的。按照测试的不同出发点,软件测试方法可以分为黑盒测试和白盒测试,后续小节将着重详细讲解。

实施步骤

任务描述中给出的那段代码有什么问题吗?

通过阅读任务描述中的代码,首先发现代码要表达的含义不是非常明显。虽然从向外输出的信息中能够猜到一部分,但是具体实现的策略就很难让人理解。虽然这只是段实现了一个小功能的代码,但是在阅读的时候已经比较困难,更何况是更复杂些的代码。这样的代码在维护起来就非常困难。

1. 整理段落

为了能够让代码易于阅读,首先需要调整它的段落格式,明确各行代码的隶属关系。段落经过整理的代码如下:

```
#include<stdio.h>
main()
{
    int x,y,n,z,m,count,l=0,a=0,b=0,c=0;
    printf("请输入商品价格:");
    scanf("%d",&x);
    printf("请输入顾客付款:");
    scanf("%d",&z);
```

```
        if(0<x&&x<=100&&0<z&&z<100)
        {
            y=z-x;
            if(y>50||y==50)
            {
                a++;
                n=y-50;
            }
            else
            {
                n=y;
            }
            if(n/10>1)
            {
                b=n/10;
                m=n%10;
            }
            else
            {
                m=n%10;
            }
            if(m/5>0||m==5)
            {
                c++;
                l=m%5;
            }
            else
            {
                l=m%5;
            }
            printf("找回钱数:%d张50元%d张10元%d张5元%d张1元\n",a,b,c,l);
        }
        else
        {
            printf("输入错误\n");
        }
        count=a+b+c+l;
        printf("至少张数:%d\n",count);
}
```

2. 整理变量命名,使其符合规范

经过段落调整的代码,其处理问题的思路基本清晰,下面对于代码的具体含义,需要进一步调整和修改。整理完毕的源代码如下:

```
#include<stdio.h>
main()
{
    int price,balance,rest,paid;
    int fifty_M=ten_M=five_M=one_M=0;
    printf("请输入商品价格:");
    scanf("%d",&price);
    printf("请输入顾客付款:");
    scanf("%d",&paid);
    if(0<price&&price<=100&&0<paid&&paid<100)
    {
        balance=paid-price;
        if(balance>50||balance==50)
        {
            fifty_M++;
            rest=balance-50;
        }else
            rest=balance;
        if(rest/10>1)
        {
            ten_M=rest/10;
            rest=rest%10;
        }
        else
            rest=rest%10;
        if(rest/5>0||rest==5)
        {
            five++;
            one_M=rest%5;
        }
        else
            one_M=rest%5;
        printf("找回钱数:%d 张 50 元%d 张 10 元%d 张 5 元%d 张 1 元\n",fifty_M,ten_M,five_M,one_M);
    }
    else
        printf("输入错误\n");
    count=fifty_M+ten_M+five_M+one_M;
    printf("至少张数:%d\n",count);
}
```

通过对代码中变量的重命名,可以很轻易地理解这段代码的含义:计算找零过程中最少纸币的张数及其策略。与此同时,在对代码规范检查的同时,也能够发现其变量定义的不合理性。在示例中原有变量的定义较为混乱,当将其含义明确后会发现变量 m 没有用,完全可以用原有变量 n 来替代，即剩余金额 rest。

3. 添加相应注释

添加注释的目的主要是为了能够让阅读者在查阅代码的时候能够迅速抓住源代码作者编写代码的主要思路，深入理解代码的含义。通过静态测试方法极大地改善了源代码的可阅读性，同时也能够检查代码作者的思路是否存在问题。添加注释的源代码如下：

```c
/*****************************
函数功能:计算找零钱币最小值
*****************************/
#include<stdio.h>
main(){
    int price,balance,rest,paid。
    int fifty_M=ten_M=five_M=one_M=0;
    printf("请输入商品价格:");
    scanf("%d",&price);
    printf("请输入顾客付款:");
    scanf("%d",&paid);
    if(0<price&&price<=100&&0<paid&&paid<100){
        balance=paid-price;
        //50元张数的计算
        if(balance>50||balance==50){
            fifty_M++;
            rest=balance-50;
        }else
            rest=balance;
        //10元张数的计算
        if(rest/10>1){
            ten_M=rest/10;
            rest=rest%10;
        }else
            rest=rest%10;
        //5元张数的计算,剩下的就是一元钱的个数
        if(rest/5>0||rest==5){
            five++;
            one_M=rest%5;
        }else
            one_M=rest%5;
        printf("找回钱数:%d张50元%d张10元%d张5元%d张1元\n",fifty_M,ten_M,five_M,one_M);}
    else
        printf("输入错误\n");
    //计算钱币的总体张数
    count=fifty_M+ten_M+five_M+one_M;
```

```
        printf("至少张数:%d\n",count);
}
```

● 实施要求

1. 需要准备笔记本电脑或相关运行(实践)环境。
2. 学生必须事先已经编写出能够进行测试的函数代码。
3. 交换测试任务分工。
项目组长负责将组内成员进行匹配,保证每名同学能够对应一名其他同学的程序。
4. 组内每名成员扮演资深程序员的角色,对相匹配的同学负责的代码进行检查。
检查的内容包括:
(1)注释。
(2)编码规范。
(3)编码风格。
(4)模块内聚性的确认。
(5)检查代码模块的设置,是否与软件结构图之间的对应关系。
5. 每名小组成员将检查的结果记录在实践报告上。同时,将结果反馈给相应同学,要求予以改正。

任务 2　进行白盒测试

● 任务描述

目前图书管理系统代码已经编写完身份验证部分的代码。如何设计合理的测试数据,才能让这个函数中的所有代码都运行一遍,并能够验证其逻辑实现的合理性,检验程序中是否存在问题。

(1)数据结构的定义代码如下:

```
//用户信息
struct USERINFO
{
    char userName[20];
    char passWord[10];
};
typedef struct USERINFO userType;
//用户链表
struct LUser
{
    userType userInfo;
    struct LUser * next;
};
//声明实体数据的引用链表
struct LUser * userList;
```

（2）身份验证模块代码如下：

```c
int authentication(char * userName,char * passWord)
{
    struct LUser * user;
    //比对用户信息
    user=userList;
    while(user! =NULL)
    {
        if(! strcmp(user->userInfo.userName,userName))
            if(! strcmp(user->userInfo.passWord,passWord))
                return 1;
        user=user->next;
    }
    return 0;
}
```

相关知识

1. 白盒测试

白盒测试的目的是证明各种内部操作和过程是否符合设计规格和要求。白盒测试也称为结构测试、逻辑驱动测试或基于程序的测试。它允许测试人员依据软件设计说明书利用被测程序内部的逻辑结构和有关信息设计或选择测试用例，对程序内部的细节严密检验，针对特定条件设计测试用例，对程序所有逻辑路径进行测试。

白盒测试主要针对程序模块进行以下检查：

- 对程序模块的所有独立的执行路径至少测试一次。
- 对所有的逻辑判定，取 TRUE 与取 FALSE 的两种情况都能至少测试一次。
- 在循环的便捷和运行界限内执行循环体。
- 测试内部数据结构的有效性等。

白盒测试主要是以开发人员为主。通过检查软件内部的逻辑结构，对软件中的逻辑路径进行覆盖测试；在程序不同的地方设立检查点，检查程序的状态，以确定实际运行状态与预期状态是否一致。

白盒测试主要介绍两种方法：逻辑覆盖和基本路径覆盖。

2. 逻辑覆盖

逻辑覆盖是一系列设计白盒测试用例的方法，包括：语句覆盖，判定覆盖，条件覆盖，判定-条件覆盖，条件组合覆盖。

（1）语句覆盖

为了暴露程序中的错误，程序中的每条语句至少应该执行一次。语句覆盖的含义是选择足够多的测试数据，使被测程序中每条语句至少执行一次。以图 6-4 中的一段程序为例，要满足语句覆盖，也就是要求程序按照 a－c－d－e 的路径执行，这样的执行路径就满足语句覆盖，所以就要设计能够使程序按照这样的路径执行的测试用例。如，A=2,B=0,X=4。这样一组数据能够使第一个判断取"TRUE"，第二个判断取"TRUE"，这样就保证了这段程序中每一条语句都被执行到。

```
         a
         ↓
    F  ╱(A>1)&&(B=0)╲  T
  ┌────              ────┐
  │                      │ c
  │                    ┌─────┐
  │ b                  │X=X/A│
  │                    └─────┘
  │                      │
  └──────────┬───────────┘
             ↓ d
    F  ╱(A>2)||(X>1)╲  T
  ┌────              ────┐
  │                      │ e
  │                    ┌─────┐
  │ f                  │X=X+1│
  │                    └─────┘
  │                      │
  └──────────┬───────────┘
             ↓
```

图 6-4 被测程序流程图

（2）判定覆盖

比语句覆盖强的覆盖标准，判定覆盖的定义：设计足够的测试用例，使得程序中的每个判定至少获得一次"TRUE"和"FALSE"，或者说是使得程序中的每个取"TRUE"和"FALSE"分支至少执行一次，因此判定覆盖也称为分支覆盖。

要满足判定覆盖一组测试数据是不可能满足要求的，所以至少要两组测试数据，才能够使程序在两个判定结点处分别取"TRUE"和"FALSE"。

如：A=2,B=0,X=4。
    A=1,B=0,X=0。

这两组数据，能够使得程序分别按：a—c—d—e,a—b—d—f 两条路径执行（见表 6-1）。第一组数据使得判定结点 1 取"TRUE"，判定结点 2 取"TRUE"；第二组数据使得判定结点 1 取"FALSE"，判定结点 2 取"FALSE"。

表 6-1　　　　　　　　　　符合判定覆盖的测试用例

测试用例			判定条件取值				判定结点取值		程序执行路径
A	B	X	A>1	B=0	A>2	X>1	(A>1)&&(B=0)	(A>2)||(X>1)	
2	0	4	T	T	F	T	T	T	a—c—d—e
1	0	0	F	T	F	F	F	F	a—b—d—f

（3）条件覆盖

条件测试就是设计若干个测试用例，运行所测试程序，使得程序中每个判断的每个条件的可能取值"TRUE"和"FALSE"各至少执行一次。

如上例中两个判定结点，每个判定结点由两个条件经过逻辑运算得到，如(A>1)&&(B=0)是由条件：A>1 和 B=0 经过"与"运算得到，要满足条件覆盖，这两个条件中的每一个取"TRUE"和"FALSE"都要执行到，另一个判定结点同理。

如：A=3,B=1,X=0。
    A=1,B=0,X=2。

其中第一组测试数据能够使得程序分别测试到：A＞1 取"TRUE"和 B＝0 取"FALSE"；A＞2 取"TRUE"和 X＞1 取"FALSE"；另外一组测试数据能够使得程序分别测试到：A＞1 取"FALSE"和 B＝0 取"TRUE"；A＞2 取"FALSE"和 X＞1 取"TRUE"。

注意：这两组测试用例符合条件覆盖，但是不符合判定覆盖。

表 6-2 是符合条件覆盖的测试用例。

表 6-2　　　　　　　　　　　符合条件覆盖的测试用例

测试用例			判定条件取值				判定结点取值		程序执行路径
A	B	X	A＞1	B＝0	A＞2	X＞1	(A＞1)&&(B＝0)	(A＞2)||(X＞1)	
3	1	0	T	F	T	F	F	T	a－b－d－e
1	0	2	F	T	F	T	F	T	a－b－d－e

（4）判定-条件覆盖

由于判定覆盖和条件覆盖所覆盖的强度不是递增的，不能互相替代，所以就有了判定-条件覆盖，它要求测试用例既满足判定覆盖又满足条件覆盖。

上例中两个判定结点(A＞1)&&(B＝0)，(A＞2)\|\|(X＞1)分别取"TRUE"和"FALSE"，同时又能够使四个判定条件分别取"TRUE"和"FALSE"，下面两组测试数据满足判定条件覆盖。

如：A＝3，B＝0，X＝4。
　　A＝1，B＝1，X＝1。

表 6-3 是符合判定-条件覆盖的测试用例。

表 6-3　　　　　　　　　　符合判定-条件覆盖的测试用例

测试用例			判定条件取值				判定结点取值		程序执行路径
A	B	X	A＞1	B＝0	A＞2	X＞1	(A＞1)&&(B＝0)	(A＞2)||(X＞1)	
3	0	4	T	T	T	T	T	T	a－c－d－e
1	1	1	F	F	F	F	F	F	a－b－d－f

（5）条件组合覆盖

条件组合覆盖测试是设计足够的测试用例，运行所测试的程序，使得每个判断的所有可能的条件取值组合至少执行一次。

图 6-4 所示例子中共有八种可能的条件组合：

A＞1，B＝0
A＞1，B≠0
A≤1，B＝0
A≤1，B≠0
A＞2，X＞1
A＞2，X≤1
A≤2，X＞1
A≤2，X≤1

下面的四组数据可以使上面列出来的八种条件组合每种至少出现一次。

A＝3，B＝0，X＝4（针对 1,5 两种组合，覆盖路径 ce）；
A＝3，B＝1，X＝1（针对 2,6 两种组合，覆盖路径 be）；
A＝1，B＝0，X＝2（针对 3,7 两种组合，覆盖路径 be）；
A＝1，B＝1，X＝1（针对 4,8 两种组合，覆盖路径 bd）。

3. 基本路径覆盖

上面的例子是比较简单的程序段,只有 4 条执行路径,但实际问题中,即便一个不太复杂的程序,其路径的组合都是一个庞大的数字,所以要穷举程序的所有路径是不现实的。为解决这一难题,需要把覆盖的路径数压缩在一定限度内,例如,程序中的循环体只执行一次。这里介绍的基本路径测试是这样一种测试方法:它在程序控制流图的基础上,通过分析控制流的环形复杂度,导出基本可执行路径的集合,然后据此设计测试用例。设计出的测试用例是保证在测试中程序的每一条可执行语句至少执行一次。

(1)程序控制流图

控制流图是描述程序控制流的一种图示方式。基本的控制结构对应的图形符号如图 6-5 所示,其中圆圈称为控制流图的结点,表示一个或多个无分支的语句或源程序语句。

图 6-5 控制流图的表示符号

图 6-6(a)是一个程序流程图,可以映射成如图 6-6(b)所示的控制流程图。

(a)程序流程图 (b)控制流图

图 6-6 程序流程图和对应的控制流程图

这里我们假定在流程图中用菱形表示的判定条件内没有符合条件,而一组顺序处理框可以映射为一个单一的结点。控制流程图中的箭头表示了控制流的方向,类似于流程图中的流线,一条边必须终止于一个结点,但在选择或者是多分支结构中分支的汇聚处,即使汇聚处没有执行语句也应该添加一个汇聚结点。边和结点圈定的部分叫作区域,当对区域计数时图形外的部分也应记为一个区域。

如果判断中的条件表达式是复合条件,即条件表达式是由一个或多个逻辑运算符连接的逻辑表达式,则需要改变符合条件的判断为一系列只有单个条件的嵌套的判断。例如,对应如图 6-7(a)所示的复合逻辑下的程序流程图的控制流图如图 6-7(b)所示。

```
...
If A and B
Then X;
Else Y;
...
```

(a)　　　　　　　　　(b)

图 6-7　复合逻辑下的控制流程图

(2) 程序的环形复杂度

程序的环形复杂度即 McCade 复杂性度量,在进行程序的基本路径测试时,从程序的环形复杂性可导出程序基本路径集合中的独立路径条数,这是确保程序中每个可执行语句至少执行一次所必需的测试用例数目的上界。可以用下述三种方法之一来计算环形复杂度。

① 流图中的区域数等于环形复杂度。

② 流图 G 的环形复杂度 $V(G)=E-N+2$,其中 E 是流图中边的条数,N 是流图中结点数。

③ 流图 G 的环形复杂度 $V(G)=P+1$,其中 P 是流图中判定结点的数目。

如图 6-6 所示的控制流图,其环形复杂度应该是 4。

独立路径是指包括一组以前没有处理的语句或条件的一条路径。从控制流图来看,一条独立路径是至少包含有一条在其他独立路径中从未有过的边的路径。例如,图 6-6 所示的控制流图中,一组独立路径如下:

Path1:1—11。

Path2:1—2—3—4—5—10—1—11。

Path3:1—2—3—6—8—9—10—1—11。

Path4:1—2—3—6—7—9—10—1—11。

从此例中可知,一条新的路径必须含有一条新边。路径 1—2—3—4—5—10—1—2—3—6—8—9—10—1—11 不能作为一条独立路径,因为它只是前面已经说明了的路径的组合,没有通过新的边。

路径 Path1、Path2、Path3 和 Path4 组成了如图 6-6 所示的控制流图的一个基本路径集。只要设计出的测试用例能够确保这些基本路径的执行,就可以使得程序中的每个可执行语句至少执行一次,每个条件的取真和取假分支也能得到测试。基本路径集不是唯一的,对于给定的控制流图,可以得到不同基本路径集。

(3) 基本路径测试法步骤

基本路径测试法适用于模块的详细设计及源程序,其主要步骤如下:

① 以详细设计或源代码作为基础,导出程序的控制流图。

② 计算得到的控制流图 G 的环形复杂度 $V(G)$。

③确定线性无关的路径的基本集。
④生成测试用例,确保基本路径集中每条路径的执行。

下面以一个求平均值的过程 average 为例,说明测试用例的设计过程。

例题:根据 PDL 语言描述的 average 过程,采用基本路径测试法设计测试用例。

```
PROCEDURE average;
/* 这个过程计算不超过 100 个在规定值域内的有效数字的平均值;同时计算有效数字的总和
及个数。*/
    INTERFACE RETURNS average, total_input, total_valid;
    INTERFACE ACCEPTS value, minimum, maximum;
    TYPE value[1...100] IS SCALAR ARRAY。
    TYPE average, total_input, total_valid, minimum, maximum, sum IS SCALAR;
    TYPE i IS INTEGER;
    i=1。
    total_input=total_valid=0。
    sum=0。
    DO WHILE value[i]<>-999 AND total_input<100
        increment total_input by 1;
        IF value[i]>=minimum  AND value[i]<=maximum
        THEN increment total_valid by 1;
            sum=sum+value[i];
        ELSE skip。
        ENDIF
        increment i by 1;
    ENDDO
    IF total_valid>0
    THEN average=sum/total_valid;
    ELSE average=-999。
    ENDIF
END average
```

①首先以源代码作为基础,对 average 过程定义结点,如图 6-8 所示;然后,导出程序的控制流图,如图 6-9 所示。

②其次,计算得到的控制流图 G 的环形复杂度 V(G)。

利用前面给出的计算控制流图环形复杂度的方法,算出控制流图的环形复杂度。如果一开始就知道判断结点的个数,甚至不必画出整个控制流图就可以计算出该图的环形复杂度的值(V(G)=6)。

③再次,确定线性无关的路径的基本集。

针对图 6-9 所示的控制流图计算出的环形复杂度的值,就是该图已有的线性无关基本路径集中路径数目。该图所有的 6 条路径如下所示:

Path1:1-2-10-11-13
Path2:1-2-10-12-13
Path3:1-2-3-10-11-13
Path4:1-2-3-4-5-8-9-2…

```
 1  i=1;
    total_input=total_valid=0;
    sum=0;

               2                      3
 DO WHILE  value(i)<>-999  AND  total_input<100

 4  increment total_input by 1;

             5                    6
 IF  value(i)>=minimum  AND  value(i)<=maximum

 7  THEN increment total_valid by 1;
         sum=sum+value(i);
    ELSE skip;

 8  ENDIF
    increment i by 1;

 9  ENDDO

              10
 IF  total_valid>0

 11  THEN average=sum/total_valid;

 12  ELSE average=-999;

 13  ENDIF
```

图 6-8 对 average 过程定义结点

Path5：1—2—3—4—5—6—8—9—2…

Path6：1—2—3—4—5—6—7—8—9—2…

路径 Path4、Path5 和 Path6 后面省略号表示控制结构中以后剩下的路径是可选择的。在很多情况下，标识判断结点常常能够有效地帮助导出测试用例。生成的测试用例要确保基本路径集中每条路径的执行。

④最后，根据判断结点给出的条件，选择适当的数据以保证某一条路径可以被测试到。满足上述基本路径集的测试用例如下所示。

Path1　输入数据：value[k]=有效输入，限于 k<i, i 定义如下：
　　　　value[i]=-999，当 2<=i<=100
　　　　预期结果：n 个值的正确的平均值、正确的总计数

注意：不能孤立地进行测试，应当作为路径 Path4、Path5 和 Path6 测试的一部分来测试。

Path2　输入数据：value[1]=-999
　　　　期望结果：平均值=-999，总计数取初始值

Path3　输入数据：试图处理 101 个或更多的值，而前 100 个应当是有效的值
　　　　期望结果：与测试用例 1 相同

(a)每个标号对应一个结点控制流图　　(b)将一些标号语句合并后的控制流图

图 6-9　实例的控制流图

Path4　输入数据：value[i]＝有效输入，且 i＜100
　　　　　　　　value[k]＜最小值，当 k＜i 时
　　　　预期结果：n 个值的正确的平均值、正确的总计数
Path5　输入数据：value[i]＝有效输入，且 i＜100
　　　　　　　　value[k]＞最大值，当 k＜i 时
　　　　预期结果：n 个值的正确的平均值、正确的总计数
Path6　输入数据：value[i]＝有效输入，且 i＜100
　　　　预期结果：n 个值的正确的平均值、正确的总计数

每个测试用例执行之后，与预期的结果进行比较。如果所有测试用例都执行完毕，则可以确信程序中所有的可执行语句至少被执行了一次。但是必须注意的是，一些独立的路径(如此例中的 Path1)，往往不是完全独立的，有时它是程序正常的控制流的一部分，这时，这些路径的测试可以是另一条路径测试的一部分。

● 实施步骤

1. 分析源代码

参考详细设计文档对应函数的程序流程图或是自己重新绘制程序流程图，设计相应的测试用例。由于这里的判断组成比较简单，每个判断中只包含一个条件，因此选择判定覆盖就可以达到较为全面的覆盖效果。身份验证模块的程序流程图如图 6-10 所示。

为了简化数据的描述，现设定三个判定表达式分别为：

P1 代表 userList！＝null。

P2 代表 user－＞userInfo.userName＝＝userName。

P3 代表 user－＞userInfo.password＝＝password。

```
                    Begin
                      │
                      ▼
                ┌──────────┐
                │初始化链表user│
                └──────────┘
                      │
                      ▼
                ┌──────────┐
                │user=userList│
                └──────────┘
                      │
                      ▼
         F      ╱─────────╲
      ┌────────╱ user!=NULL ╲◄──────┐
      │        ╲─────────╱          │
      ▼              │T             │
  ┌────────┐         ▼              │
  │return 0│   ╱──────────────╲  F  │
  └────────┘  ╱user->userInfo.╲─────┤
      │      ╲userName=userName╱    │
      │       ╲──────────────╱      │
      │              │T             │
      │              ▼              │
      │     ╱──────────────╲    F   │
      │    ╱user->userInfo.╲────────┤
      │    ╲passWord=passWord╱      │
      │     ╲──────────────╱        │
      │           │T                │
      │           ▼              ┌──────────────┐
      │      ┌────────┐          │user=user->next│
      │      │return 1│          └──────────────┘
      │      └────────┘
      ▼           │
    ┌───┐         │
    │End│◄────────┘
    └───┘
```

图 6-10 身份验证模块的程序流程图

2. 构建测试用例

根据前面分析的结果设置测试用例。见表 6-4。

表 6-4　　　　　　　　　　　测试用例的设置

序号	判定条件取值	测试用例					结果
^	^	userList	userList－>userInfo.userName	userList－>userInfo.passWord	userName	passWord	^
1	$P_1 TP_2 TP_3 T$	不为空,拥有后面的节点	"zhangsan"	"1234"	"zhangsan"	"1234"	1
2	$P_1 TP_2 TP_3 F$	不为空,拥有后面的节点	"zhangsan"	"1234"	"zhangsan"	"1236"	0
3	$P_1 TP_2 F$	不为空,拥有后面的节点	"zhangsan"		"李四"		0
4	$P_1 F$	为空					0

在源代码中虽然使用的是 user 这个局部变量在进行实际的操作,但是 user 的数据是来自程序最前端的赋值语句。因此,在组织数据的时候,对实际影响程序运行的变量进行设置。这些数据包括装载用户信息的 userList 和通过参数列表传进来的参数 userName 和 passWord。

3. 运行程序检验结果

通过设置相应的驱动模块驱动程序的运行,查看运行的结果与设计的结果相一致,表明对于目前设计的这组测试用例测试通过。

● **实施要求**

1. 检查完代码之后,要求学生根据各自编写的代码编写测试用例。注意设计适当的驱动模块和桩模块。

2. 测试用例设计过程。

(1) 首先保证语句覆盖。

(2) 如果存在判定则选用判定覆盖或条件组合覆盖方法对逻辑进行测试。

3.单元测试测试用例的内容包括:
(1)模块接口:测试模块的数据流。
(2)局部数据结构测试。
(3)错误处理测试:预见的出错条件,并设置适当的出错处理对策。
(4)边界测试:循环的边界条件,运算和判断的最大最小值是否出错等。

任务3 进行黑盒测试

● 任务描述

当图书管理系统已经完成了系统的集成及集成测试之后,整个程序处在可运行状态。下一步需要确认用户的需求是否已经得到满足。下面这段文字是从《图书管理系统需求规格说明书》中摘取的借阅功能的需求描述,现在需要根据需求说明中的陈述验证程序是否能够达到预定的目标。

借阅管理

借阅图书时,先输入读者的借书证号,系统验证借书证的有效性,无效则提示其原因,有效则显示读者的基本信息(包括借书证号、姓名、系别和读者类型等),供管理员人工核对。图书管理员检查该读者所借图书是否超过指定数量,若已达到指定数量,拒借,未达指定数量,办理借书。图书管理员输入要借阅的书号,系统查阅并显示图书的基本信息,供管理员人工核对。最后提交借阅请求,若被系统接受,则存储借阅记录,并修改当前图书拷贝的状态。

图书管理员也可以为需要续借的读者办理续借手续。续借的期限是在当前时间基础上向后延续30天。

图 6-11 需求说明文档中借阅功能描述

● 相关知识

1.黑盒测试

黑盒测试也称为功能测试,它通过测试来检验每个功能是否都能正常使用。在测试时,把程序看作一个不能打开的黑盒子,在完全不考虑程序内部结构和内部特性的情况下,在程序接口进行测试,它只检查程序功能是否按照需求规格说明书的规定正常使用,程序是否能够适当地接收输入数据并产生正确的输出信息。黑盒测试着眼于程序外部结构,不考虑内部逻辑结构,主要针对软件界面和软件功能进行测试。

黑盒测试是以用户的角度,从输入数据与输出数据的对应关系出发进行测试的。很明显,如果外部特性本身有问题或规格说明的规定有误,用黑盒测试方法是发现不了的。

黑盒测试法注重测试软件的功能需求,主要试图发现以下几类错误:
①功能不正确或遗漏。
②界面错误。
③数据库访问错误。
④性能错误。
⑤初始化和终止错误等。

具体的黑盒测试用例设计方法包括等价类划分、边界值分析法、错误推测法、因果图法、判定表驱动法等。

2.等价类划分

等价类划分的方法是把程序的输入域划分成若干部分,然后从每个部分中选取少数代表性数据作为测试用例。每一类的代表性数据在测试中的作用等价于这一类中的其他值,也就是说,如果某一类中的一个例子发现了错误,这一等价类中的其他例子也能发现同样的错误;反之,如果某一类中的一个例子没有发现错误,则这一类中的其他例子也不会查出错误。使用这一方法设计测试用例,首先必须在分析需求规格说明的基础上划分等价类,列出等价类表。

(1)划分等价类和列出等价类表

等价类是指某个输入域的子集合。在该子集合中,各个输入数据对于揭露程序中的错误都是等价的,并合理地假定:测试某等价类的代表值就等于对这一类其他值的测试。

因此,可以把全部输入数据合理地划分为若干等价类,在每一个等价类中取一个数据作为测试的输入条件,就可以用少量代表性的测试数据取得较好的测试结果。等价类划分有两种不同的情况:有效等价类和无效等价类。

有效等价类是指对软件规格说明来说是有意义的、合理的输入数据所组成的集合。利用有效等价类,能够检验程序是否实现了规格说明预先规定的功能和性能。根据具体问题有效等价类可以是一个或多个。

无效等价类是指对软件规格说明而言是无意义的、不合理的输入数据所构成的集合。利用无效等价类可以检查被测对象的功能和性能的实现是否有不符合规格说明要求的地方。根据具体问题,无效等价类可以是一个或多个。

设计测试用例时,要同时考虑这两种等价类,因为软件不仅要能接受合理的数据,也要能经受不合理数据的考验。下面给出六条确定等价类的原则:

①在输入条件规定了取值范围或值的个数的情况下,可以确立一个有效类和两个无效等价类。例如,要求输入为1~12月份中的一个,则1~12定义了一个有效等价类和两个无效等价类,月份小于1和月份大于12。

②在输入条件规定了输入值的集合或者规定了"必须如何"的条件的情况下,可确定一个有效等价类和一个无效等价类。

③在输入条件是一个布尔量的情况下,可确定一个有效等价类和一个无效等价类。

④在规定了输入数据的一组值(假定 n 个),并且程序要对每一个输入值分别处理的情况下,可确立 n 个有效等价类和一个无效等价类。

⑤在规定了输入数据必须遵守的规则的情况下,可确立一个有效等价类(符合规则)和若干个无效等价类(从不同角度违反规则)。

⑥在已划分的等价类中,各元素在程序处理中的方式不同的情况下,则应再将该等价类进一步地划分为更小的等价类。

在确立了等价类后,建立等价类表,列出所有划分出的等价类见表6-5。

表 6-5　　　　　　　　　　等价类表

输入条件	有效等价类	无效等价类
…	…	…

(2)确定测试用例

根据已列出的等价类表,按以下步骤确定测试用例:

①为每个等价类规定一个唯一的编号。

②设计一个新的测试用例,使其尽可能多地覆盖尚未覆盖的有效等价类。重复这一步,最后使得所有有效等价类均被测试用例所覆盖。

③设计一个新的测试用例,使其只覆盖一个无效等价类。重复这一步使所有无效等价类均被覆盖。

实例:根据下面给出的规格说明,利用等价类划分的方法,给出足够的测试用例。

一个程序读入三个整数,把这三个数值看作一个三角形的三条边的长度值。这个程序要打印出信息,说明这个三角形不等边的、等腰的或是等边的。

我们可以设三角形的 3 条边分别为 A、B、C,如果能够构成三角形的 3 条边,必须满足:A>0,B>0,C>0,且 A+B>C,B+C>A,A+C>B。

如果是等腰的,还要判断 A=B,或 B=C,或 A=C。

如果是等边的,则需判断是否 A=B,且 B=C,且 A=C。

列出等价类表,见表 6-6。

表 6-6　　　　　　　　　　　三角形等价类划分表

输入条件	有效等价类	无效等价类
是否三角形的 3 条边	A>0　① B>0　② C>0　③ A+B>C　④ B+C>A　⑤ A+C>B　⑥	A≤0　⑦ B≤0　⑧ C≤0　⑨ A+B≤C　⑩ B+C≤A　⑪ A+C≤B　⑫
是否等腰三角形	A=B　⑬ B=C　⑭ C=A　⑮	(A≠B)and(B≠C)and(C≠A)　⑯
是否等边三角形	(A=B)and(B=C)and(C=A)　⑰	A≠B　⑱ B≠C　⑲ C≠A　⑳

测试用例:输入顺序为 A,B,C,测试用例见表 6-7。

表 6-7　　　　　　　　　　　测试用例表

序 号	A,B,C	覆盖等价类	输 出
1	3,4,5	①,②,③,④,⑤,⑥	一般三角形
2	0,1,2	⑦	
3	1,0,2	⑧	
4	1,2,0	⑨	不能构成三角形
5	1,2,3	⑩	
6	1,3,2	⑪	
7	3,1,2	⑫	
8	3,3,4	①,②,③,④,⑤,⑥,⑬	
9	3,4,4	①,②,③,④,⑤,⑥,⑭	等腰三角形
10	3,4,3	①,②,③,④,⑤,⑥,⑮	
11	3,4,5	①,②,③,④,⑤,⑥,⑯	非等腰三角形

（续表）

序 号	A,B,C	覆盖等价类	输 出
12	3,3,3	①,②,③,④,⑤,⑥,⑰	等边三角形
13	3,4,4	①,②,③,④,⑤,⑥,⑭,⑱	非等边三角形
14	3,4,3	①,②,③,④,⑤,⑥,⑮,⑲	
15	3,3,4	①,②,③,④,⑤,⑥,⑬,⑳	

等价分配的目标是把可能的测试用例组合缩减到仍然足以满足软件测试需求为止。因为，选择了不完全测试，就要冒一定的风险，所以必须仔细选择分类。但是不同的软件测试人员可能会制定出不同的等价区间，只要审查等价区间的人都认为它们足以覆盖测试对象就可以了。

3. 边界值分析法

边界值分析法是一种很实用的黑盒测试用例设计方法，它具有很强的发现程序错误的能力，与前面提到的等价类划分方法不同，它的测试用例来自等价类的边界。无数的测试实践表明，在设计测试用例时，一定要对边界附近的处理十分重视，大量的故障往往发生在输入定义域或输出域的边界上，而不是在其内部。为检查边界附近的处理专门设计测试用例，通常都会取得很好的测试效果。

应用边界值分析法设计测试用例，首先要确定边界情况，输入等价类和输出等价类的边界就是要测试的边界情况。

边界值分析法的基本思想是：利用输入变量的最小值（min）、略大于最小值（min+）、输入值域内的任意值（nom）、略小于最大值（max−）和最大值（max）来设计测试用例。对于一个含有 n 个变量的程序，边界值分析测试程序会产生 $4n+1$ 个测试用例。还是前面三角形的那个例子，如果假设三角形的边的下限和上限分别是 1 和 100。表 6-8 给出边界值分析测试用例。

表 6-8　　　　　　　　　　　边界值分析测试用例

测试用例编号	A	B	C	预期输出
1	**1**	60	60	等腰三角形
2	**2**	60	60	等腰三角形
3	**99**	50	50	等腰三角形
4	**100**	50	50	非三角形
5	60	**1**	60	等腰三角形
6	60	**2**	60	等腰三角形
7	50	**99**	50	等腰三角形
8	50	**100**	50	非三角形
9	60	60	**1**	等腰三角形
10	60	60	**2**	等腰三角形
11	50	50	**99**	等腰三角形
12	50	50	**100**	非三角形
13	60	60	60	等边三角形

健壮性测试是边界值分析测试的一种扩展,除了取五个边界值外,还需要考虑采用一个略超过最大值以及略小于最小值的取值,检查超过极限值时系统的情况。健壮性测试最有意义的部分不是输入,而是预期的输出。

边界值分析是一种补充等价类划分的测试用例设计技术,它不是选择等价类的任意元素,而是选择等价类边界的测试用例。边界值分析法不仅重视输入条件边界,而且也适用于输出域测试用例。

对边界值设计测试用例应遵循以下几条原则:

① 如果输入条件规定了值的范围,则应取刚达到这个范围的边界的值以及刚刚超越这个范围边界的值作为测试输入数据。

② 如果输入条件规定了值的个数,则用最大个数、最小个数、比最小个数少1、比最大个数多1的数作为测试用例。

③ 根据规格说明的每个输入条件,使用前面的原则①。

④ 根据规格说明的每个输出条件,使用前面的原则②。

⑤ 如果程序的规格说明给出的输入域或输出域是有序集合,则应该取集合的第一个元素和最后一个元素作为测试用例。

⑥ 如果程序中使用了一个内部数据结构,则应当选择这个内部数据结构边界上的值作为测试用例。

⑦ 分析规格说明,找出其他可能的边界条件。

4. 错误推测法

错误推测法就是基于经验和直觉推测程序中的所有可能存在的各种错误,有针对性地设计测试用例。

错误推测法的基本思想是列举程序中所有可能有的错误和容易发生的特殊情况,根据它们选择测试用例。例如,设计一些非法、错误、不正确和垃圾数据进行输入测试是很有意义的。如果软件要求输入数字,就输入字母;如果软件只接受正数,就输入负数;如果软件对时间敏感,就看它在公元3000年是否还能正常工作。另外,输入数据和输出数据为0的情况,或者输入表格为空格或输入表格只有一行,这些都是容易发生错误的情况,可选择这些情况下的例子作为测试用例。

在应用错误推测法时,以往类似项目、类似环境下出现的错误和问题都可以帮助我们设计相关的测试用例,这也是错误推测法经常被应用的原因之一。

5. 因果图法

等价类划分和边界值分析法都只考虑输入条件而不考虑输入条件的各种组合,也不考虑各个输入条件之间的相互制约的关系。如果在测试时必须考虑输入条件的各种组合,则可能的组合数目将可能是一个天文数字,因此必须考虑使用一种适合于描述多种条件组合,产生多个相应动作的测试方法,这就需要因果图。因果图法能够帮助测试人员按照一定的步骤高效率的开发测试用例,以检查程序输入条件的各种组合情况。它是将自然语言规格说明转化成形式语言规格说明的一种严格的方法,可以指出规格说明存在的不完整性和二义性。

因果图中使用了简单的逻辑符号,以直线连接左右结点。左结点表示输入状态(或称为原因),右结点表示输出状态(或称为结果)。因果图中用四种符号分别表示规格说明中的四种因果关系。图 6-12 表示了常用的四种符号所代表的因果关系。

(a) 恒等　　　　　　　　　(b) 非

(c) 或　　　　　　　　　　(d) 与

图 6-12　因果图的基本符号

图 6-12 中 C_i 表示原因,通常位于图的左部,E_i 表示结果,位于图的右部。C_i 和 E_i 取值 0 或 1,0 表示某状态不出现,1 表示某状态出现。

恒等:若 C_i 是 1,则 E_i 也为 1,否则 E_i 为 0。
非:若 C_i 是 1,则 E_i 为 0,否则 E_i 为 1。
或:若 C1 和 C2 有一个为 1,则 E1 为 1,如果 C1 和 C2 都不为 1,则 E1 为 0。
与:若 C1 和 C2 都为 1,则 E1 为 1,如果其中一个不为 1,则 E1 为 0。

在实际问题当中输入状态相互之间还可能存在某些依赖关系,称为"约束"。例如,某些输入条件本身不可能同时出现,输出状态之间往往存在约束。在因果图中用特定的符号表明这些约束,如图 6-13 所示。

(a)E(互斥)　　(b)I(包含)　　(c)O(唯一)　　(d)R(要求)　　(e)M(屏蔽)

图 6-13　因果图约束符号

①E(互斥):表示 a、b 两个原因不会同时成立,两个中最多有一个可能成立。
②I(包含):表示 a、b、c 这三个原因至少有一个必须成立。
③O(唯一):表示 a 和 b 当中必须有一个,且仅有一个成立。
④R(要求):表示当 a 出现时,b 必须也出现,即 a 出现时,b 不可能不出现。
⑤M(屏蔽):表示当 a 出现时,b 一定不出现,即 a 不出现,b 不定。

实例:用因果图法测试以下程序。

程序规格说明要求:输入的第一个字符必须是♯或是 *,第二个字符必须是一个数字,在此情况下进行文件修改;如果第一个字符不是♯或 *,则给出信息 N;如果第二个字符不是数字,则给出信息 M。

①根据上述要求,明确地将原因和结果分开:

原因:C1——第一个字符是♯。

  C2——第一个字符是＊。

  C3——第二个字符是一个数字。

结果:E1——给出信息 N。

  E2——修改文件。

  E3——给出信息 M。

②将原因和结果用逻辑符号连接起来,得到因果图,如图 6-14 所示。

图 6-14 具有约束的因果图

③将因果图转换成决策表,见表 6-9。

表 6-9 决策表

选项	规则							
	1	2	3	4	5	6	7	8
条件:								
C1	1	1	1	1	0	0	0	0
C2	1	1	0	0	1	1	0	0
C3	1	0	1	0	1	0	1	0
10			1	1	1	1	0	0
动作:								
E1							√	√
E2			√		√			√
E3				√		√		√
不可能	√	√						
测试用例			♯3	♯A	＊6	＊B	A1	GT

④设计测试用例,可设计出 6 个测试用例:

- 测试用例 1:输入数据♯3,预期输出"修改文件"。
- 测试用例 2:输入数据♯A,预期输出"给出信息 M"。
- 测试用例 3:输入数据＊6,预期输出"修改文件"。
- 测试用例 4:输入数据＊B,预期输出"给出信息 M"。
- 测试用例 5:输入数据 A1,预期输出"给出信息 N"。
- 测试用例 6:输入数据 GT,预期输出"给出信息 N 和信息 M"。

以上是因果图应用的一个简单例子,但不要以为因果图是多余的,事实上,在较为复杂的问题中,因果图方法十分有效,可帮助检查输入条件组合,设计出非冗余、高效的测试用例。

实施步骤

1. 分析需求

通过前面的需求描述了解到,读者在借阅图书时需要通过一系列的借阅规则才能够顺利完成借阅,因此,需要分析借阅规则,采用等价类划分的方式来设计相应的测试用例。

图书的借阅规则包括:

(1)读者借书信息的合法性。

(2)读者借阅的数量是否超过允许借阅的限额。从数据字典中可以查到由于借阅限额是由用户自定义的,因此,限额的数据要以运行测试时的限额数据为准。

表 6-10 是分析整理出来的等价类划分表。

表 6-10　　　　　　　　　　等价类划分表

输入条件	有效等价类	无效等价类
是否为合法读者	读者借书证号和密码存在	读者借阅证号不存在
	密码长度＝6 位字符	借阅密码不对
	借书证号长度＝11 个字符	借书证长度＜11
		借书证长度＞11
		密码长度＞6
		密码长度＜6
借阅图书数量合法	借阅数量＜＝老师额定数量－已借数量	借阅数量＜＝0
	借阅数量＞0	借阅数量＞额定数量－已借数量

2. 设计测试用例

(1)根据分析出来的等价类划分表的内容,设计对应的测试用例,见表 6-11。

(2)通过边界值分析法补充测试用例,见表 6-12。

3. 运行程序进行测试

运行程序,根据表 6-11 和表 6-12 所示的测试用例提供的测试数据进行测试,将测试得到的结果填入相应的表格中。

实施要求

1. 小组交换测试不同组的系统,根据相应组的需求规格说明书编写功能测试用例。

2. 执行测试用例,填写测试报告单。

3. 检查点:

(1)测试过程的严谨性。

(2)测试用例设计的合理性。

(3)测试技术运用的合理性。

表 6-11　　　　　　　　　　　　　　　　测试用例

一级模块	模块名称	借还管理		
二级模块	模块名称	借阅图书		
	用例描述	用例起始于读者想要借阅图书		
	测试序号	C1		
	测试过程及数据	用例编号 U1	存在读者信息,帐号密码有效并借阅数量合法: 借阅证号:11012900001;借阅密码:123456;借阅数量:2	
		用例编号 U2	不存在读者借阅证号: 借阅证号:11012980008;借阅密码:123456;借阅数量:2	
		用例编号 U3	存在读者借阅证号但密码不正确: 借阅证号:11012900001;借阅密码:123459;借阅数量:2	
		用例编号 U4	读者借阅证号长度大于11位: 借阅证号:11012900001555;借阅密码:123456;借阅数量:2	
		用例编号 U5	读者借阅证号长度小于11位: 借阅证号:110129001;借阅密码:123456;借阅数量:2	
		用例编号 U6	读者借阅证号存在,密码长度小于6位: 借阅证号:1101290000;借阅密码:12345;借阅数量:2	
		用例编号 U7	读者借阅证号存在,密码长度大于6位: 借阅证号:1101290000;借阅密码:12345678;借阅数量:2	
		用例编号 U8	读者借阅证号和密码存在,借阅数量小于1: 借阅证号:11012900001;借阅密码:123456;借阅数量:-1	
		用例编号 U9	读者借阅证号和密码存在,借阅数量>额定数量-已借数量: 借阅证号:11012900001;借阅密码:123456;借阅数量:9(额定数量10,已借数量5)	
	预期结果	U1	系统提示借阅成功	
		U2	系统提示帐号或密码错误	
		U3	系统提示帐号或密码错误	
		U4	系统提示借阅证号输入有误,长度应为11个字符	
		U5	系统提示借阅证号输入有误,长度应为11个字符	
		U6	系统提示密码长度应为6位	
		U7	系统提示密码长度应为6位	
		U8	系统提示借阅数量不能小于1	
		U9	系统提示借阅数量不能超过限定额度	
	测试结果			

表 6-12　　　　　　　　　　　　　　　　补充测试用例

测试过程及数据	用例编号 U10	读者借阅证号和密码存在,借阅数量小于1: 借阅证号:11012900001;借阅密码:123456;借阅数量:0
	用例编号 U11	读者借阅证号和密码存在,借阅数量=额定数量-已借数量: 借阅证号:11012900001;借阅密码:123456;借阅数量:5(额定数量10,已借数量5)
预期结果	U10	系统提示借阅数量不能小于1
	U11	系统提示借阅成功。

小　结

软件测试阶段是软件质量保证环节中的重要一环。它需要测试人员正确地理解软件测试的目的，顺利地开展软件测试工作，并采用测试技术尽可能多地、尽可能快速地找出软件可能存在的问题，以期达到在用户使用过程中尽可能少地出现问题，提高用户满意度。

本章着重从软件测试的过程、软件测试的原则和软件测试的方法等方面介绍了软件测试的基础知识，强调软件测试工作始于软件开发的早期，而并非只是测试阶段。

习　题

1. 对以下程序进行测试：
```
PROCEDURE  EX(A,B:REAL;VAR  X:REAL)。
   BEGIN
      IF(A=3)OR(B>1)THEN   X:=A×B
      IF(A>2)AND(B=0)THEN  X:=A-3
   END
```
先画出程序流程图，再按不同逻辑覆盖法设计（写出名称）测试数据。

2. 软件测试分几个步骤进行，每个步骤解决什么问题？

3. 在进行单元测试的时候，我们应该先采用哪种测试方法，是黑盒还是白盒，为什么？

4. 根据软件测试的过程和方法找出一段以往自己开发的代码，对其进行测试，并记录测试结果，讨论其是否有缺陷。

第7章 软件维护

在本章之前,我们已经按软件开发过程模型讲解了软件开发的全部过程,并且在此过程中我们始终强调软件的可维护性,因为绝大多数软件产品都不是一次性买卖,要使用十年或更长的时间,所以对软件的维护是必不可少的。本章要讲解的就是软件提交之后的软件维护阶段,该阶段在软件开发费用中所占比重约为80%,可见形成一套有效的软件维护的管理措施是十分必要的。本章首先介绍软件维护的概念以及软件维护的分类,其次列举了影响软件维护的因素,最后讲解软件维护的规范过程。

任务 响应用户需求的变化

● 任务描述

系统上线正式使用之后受到了图书管理员和广大老师读者的欢迎,但随着时间的推移,大家在使用过程发现一些问题。首先是在运行过程中会偶尔发生一些小错误,虽然对读者借阅图书的业务没有带来太大的影响,但是毕竟也给图书管理员带来了一些不便;另外,现有的系统只能够让读者自己记住归还时间,没有到期提醒的业务,经常会出现读者忘记归还时间,图书馆的部分图书流转不畅的情况,因此,图书管理员提出了一个较为迫切的要求,为系统增加图书催还的功能;再有图书管理员也委婉地提到了现有的系统的字符型界面不太美观,希望日后升级系统的时候考虑一下图形界面的形式。

● 相关知识

1. 软件维护的概念及分类

在对软件维护这个阶段进行讲解之前,首先应该对这个阶段进行一个简单的定义,明确该阶段在软件生存周期中所处的位置。

软件维护是软件生命周期的最后一个阶段,即在软件交付使用之后,在新版本产品升级之前这段时间里,软件厂商向客户提供的服务工作。该阶段的所有活动都发生在软件交付并投入运行之后,其意义在于提高用户和客户对于软件产品的满意度,这一点类似其他商品的售后服务,同时又能够使软件产品在一定时间内保持其使用价值,进而不被淘汰。

一般来说,软件维护活动可以根据起因分为改正性维护、适应性维护、完善性维护和预防性维护四类。

(1)改正性维护

改正性维护,也称为纠正性维护,是为诊断和改正软件系统中潜藏的错误而进行的活动。在软件交付使用后,因开发时测试的不彻底、不完全,必然会有部分隐藏的错误遗留到运行阶段。这些隐藏下来的错误在某些特定的使用环境下就会暴露出来。测试不可能排除大型软件系统中所有的错误,软件交付使用之后,用户将成为新的测试人员,在使用过程中,一旦发现错误,他们会向开发人员报告并要求维护。

例如,用户可能反映打印报告时一页上会出现太多的打印行,以至于打印到边框上。程序员判断这个问题可能是由于打印机驱动程序的设计故障引起的。作为应急措施,小组成员告诉用户,打印前怎样在报告菜单上通过设置参数来重置每页的行数。最后,维护小组重新设计、编码,并且重新测试打印机驱动,以便它能正确地工作而不用用户再自行处理,此类维护就属于纠错性维护。

(2) 适应性维护

适应性维护是为适应系统环境(软件、硬件等)的变化而修改软件的活动。一般应用软件的使用寿命较长,但是其运行的环境却不断变化,硬件、操作系统不断地推出新版本,外部设备和其他系统元素也频繁地升级和变化,因此适应性维护是十分必要且经常发生的。

下面的几个例子表明了适应性维护发生的情况。

① 假设有一个数据库管理系统,它是一个大的软、硬件系统的一部分,这个数据库管理系统要升级为一个新版本。在这个过程中,编程人员发现,磁盘处理例程需要一个额外的参数,增加这个额外参数的适应性改动并不是纠正错误,只是使它们适应系统的演化。

② 适应性维护也可能在硬件变动或环境变动中进行。如果最初设计在干燥稳定的环境中工作的系统,现在安装在坦克或潜水艇中,则该系统必须被适应性维护,以便能够对付移动、磁场以及潮湿环境。

(3) 完善性维护

完善性维护是在使用系统的过程中,根据用户提出的一些建设性的意见而对其进行的维护活动。在一个应用系统成功提交之后,用户也可能请求增加某些新功能,建议修改已有功能或提出一些改进意见。改善性维护通常占所有软件维护工作量的一半以上。例如:

① 杀毒软件病毒库的升级,就属于这种维护,需要在病毒库中增加新的病毒代码。

② 论坛留言原本只能使用已提供的用户头像,想改为允许用户使用自行上传的头像。

这两个小例子都属于完善性维护。

(4) 预防性维护

预防性维护是为了进一步改善软件系统的可维护性和可靠性,并为以后的进一步改进奠定基础而修改系统的维护活动。这类维护活动包括逆向工程和重构工程。例如:

① 增加检查类型,扩充故障处理。

② 对 catch 语句增加 catch-all 语句,以保证系统能够处理所有可能的情况。

以上例子属于预防性维护,提高了软件的可靠性。

图 7-1 是四种维护类型在软件维护中所占的比例。

图 7-1 四种维护所占比例

是不是在软件运行过程中发现问题就要进行修改,只要修改后软件能够正确运行就可以了呢?回答是否定的。这里涉及软件的维护原则:尽可能少发生改动,低风险情况下进行改动,必要的情况下进行改动。因为软件维护阶段的特殊性——对正在运行的软件进行修改是有风险的,对于一个处于运行状态的软件做出改动,要比处于开发状态的软件做出改动困难得多。尽可能少地进行改动,软件维护相对保守,只允许必要的改动,强烈反对有风险的行为,另外也要考虑软件产品的整体性和架构的稳定性,因此要尽量少改动。

2. 软件维护的过程

当项目结束之后,软件维护工作就拉开序幕。对于合同项目,软件维护的有效期和费用等都已经写在合同里;对于自主研发的项目,一般软件维护要持续到该产品退役。

每次从维护工作的提出到其解决一般都要历经如下三个步骤,这样能够规范软件维护的流程,延长软件的使用寿命并为以后的维护打下较好的基础。软件维护的三个步骤如下:

(1)软件维护的准备工作

机构领导首先要为所要维护的产品指定维护人员,建立通畅的软件维护渠道,包括网络、电话、电子邮件、手册等,对维护人员进行相关的培训,包括一定的软件相关的介绍等,之后维护人员撰写软件维护计划并由相关领导进行审批。

(2)接收并响应维护要求

客户通过各种渠道向维护人员提出维护要求,维护人员记录这些要求并迅速响应。对于简单的技术咨询,维护人员应立即予以解答;对于"纠错性维护"要求,维护人员必须尽快答复客户何时予以解决;对于"完善性维护"要求,维护人员应该向领导请示决定是否执行该项维护工作。

(3)执行软件维护

维护人员及时"确诊"软件产品中存在的缺陷,并对其进行修改,修改后的软件产品要进行相关的测试,以减少维护过程中可能引入的缺陷,然后更新受影响的软件。在这个过程中,应严格遵循配置管理规范,最后维护人员需完成此次维护工作的总结,即撰写维护工作报告。

在第二个步骤中,维护的活动可进一步细化,如图7-2所示。

图7-2 软件维护的第二步

执行软件维护过程的细化，如图 7-3 所示。

图 7-3　软件维护的第三步

软件维护的目的是修改软件中的缺陷，但是这是一项复杂的逻辑过程，哪怕是做一项微小的改动，都可能引入潜在的错误。即使设计文档化和进行细致的回归测试有助于排除错误，但是维护还是会产生副作用。软件维护的副作用是指由于维护或在维护过程中其他一些不期望的行为引入的错误。因此对软件的任何修改都应该在相应的技术文档中反映出来。如果文档和软件不一致，就会带来文档副作用。

所以在软件维护的过程中，要注意以下问题的出现：
① 软件版本的控制不规范，软件变化没有在版本上反映出来。
② 很难追踪软件的创建过程，找不到相应的需求、设计等文档。
③ 理解他人的软件比较困难，尤其是当文档和代码发生不一致的时候。
④ 人员流动大，维护人员得不到开发人员帮助。
⑤ 由于软件各模块的联系使得软件修改困难，"牵一发动全身"易出错。
⑥ 软件维护缺乏成就感，高水平的人不愿意做维护，公司也不舍得让其从事维护工作。

以上这些问题如果通过严格的过程管理，就能够基本消除副作用，达到理想的软件可维护性。

3. 再生工程

再生工程主要出于如下愿望：在商业上要提高产品的竞争力和在技术上要提高产品的质量。但这种愿望无法靠软件的维护来实现，因为软件的可维护性可能极差，实在不值得去做；或者即使软件的可维护性比较好，但也只是治标不治本。再生工程干脆对已有软件进行全部或部分的改造，赋予软件新的活力。

再生工程与维护的共同之处是没有抛弃原有的软件。如果把维护比作"修修补补"，那么再生工程就算是"痛改前非"。再生工程并不见得一定比维护的代价要高，但再生工程在将来获取的利益却要比通过维护得到的多。再生工程主要有三种类型：重构、逆向工程和前向工程。

(1) 重构

所谓重构是这样一个过程：在不改变代码外在行为的前提下，对代码做出修改，以改进程序的内部结构。重构是一种有纪律的、经过训练的、有条不紊的程序整理方法，可以将整理过程中不小心引入错误的概率降到最低。重构的一些好处如下：

①使软件的质量更高,或使软件顺应新的潮流(标准)。
②使软件的后续(升级)版本的生产率更高。
③降低后期的维护代价。
要注意的是,在代码重构和数据重构之后,一定要重构相应的文档。

(2) 逆向工程

逆向工程来源于硬件世界。硬件厂商总想弄到竞争对手产品的设计和制造"奥秘",但是又得不到现成的档案,只好拆卸对手的产品并进行分析,企图从中获取有价值的东西。有些从事集成电路设计工作的人,经常剖析他人的集成电路,甚至不做分析就原封不动地复制该电路的版图,然后投入生产,并美其名曰"反向设计"(Reverse Design)。

软件的逆向工程在道理上与硬件的相似,但在很多时候,软件的逆向工程并不是针对竞争对手的,而是针对自己公司多年前的产品,期望从老产品中提取系统设计、需求说明等有价值的信息。

(3) 前向工程

前向工程也称预防性维护,由 Miller 倡导,他把这个术语解释成"为了明天的需要,把今天的方法应用到昨天的系统上"。

乍看起来,主动去改造一个目前正常运行的软件系统简直就是"惹是生非"。但是软件技术发展如此迅速,与其等待一个有价值的产品逐渐老死,还不如主动去更新,以获取更大的收益,其道理就同打预防性针一样,所以,预防性维护是"吃小亏占大便宜"的事。

实施步骤

根据用户针对图书管理系统提出的一些要求,经过分析得出维护的种类。并根据用户的迫切程度确定维护响应的优先级。

1. 修改小错误

对于在系统使用过程中出现的错误属于应及时纠正的改正性维护,此时需要现场维护人员及时到用户使用现场查看问题所在,并分析错误发生的原因。在查明原因后,向图书管理员说明简单的应对策略,并向维护项目组提交问题报告,同时对问题着手进行解决。在得到相关负责人的认可后,在不影响用户业务的情况下更新代码,完成代码的修复工作。

2. 增加催还功能

图书催还功能的添加属于完善性维护。虽然在手工操作过程中并没有考虑到催还的业务,但是在软件替换手工操作之后,随着软件应用方便性的体现,用户会相应地提出更高的业务要求,这是在系统应用过程中经常出现的情况。因此,针对用户对此功能的迫切需要,维护项目组决定为用户增加图书催还功能。

催还功能的添加虽然只是一个小的功能模块,但是也要经过软件开发的完整过程,即需要进行需求分析、系统设计、编码及测试环节,以保证功能的良好实现。

3. 升级改造的设想

对于用户提出的图形界面的升级,属于对项目的一个比较重大的改造和升级的任务,同时考虑到目前的图书管理系统已经运行了较长的一段时间,特别是目前图形化界面系统日趋普及,并且确实体现出其强大的显示功能与友好性,因此,项目组决定对图书管理系统进行重新立项,结合用户的一些比较好的建议与反馈,着手采用先进的面向对象技术构建新的解决方案。

● **实施要求**

1. 根据项目的实际情况,适当增加一个小的功能项,并对其进行实现。观察原有系统的易修改性和可扩展性。

2. 检查点：

(1) 功能添加的合理性。

(2) 功能的添加对系统架构产生的影响。

小　结

随着软件在社会生活中占据的位置越来越重要,软件在投入使用以后的维护工作越来越重要,花费的时间比例在整个软件生命周期中越来越长,维护的成本占据软件总成本的比例也越来越高。一些较为复杂的维护工作往往以维护项目的形式单独立项,可见对维护的重视程度。

为了能够更好地完成维护任务,首先需要分清维护活动的种类,从改善性维护占据整个维护活动的半壁江山可以看出,用户对软件需求的变更仍然是软件开发人员主要面对的问题。由于维护工作是在软件投入使用以后对软件系统进行的修改,因此,保证修改过程中和修改之后不会对用户现场数据产生不良影响是非常重要的。了解维护的主要工作和规范流程,是保证在维护过程中尽可能少地出现差错的必要保证手段。

软件维护成本是影响软件总成本的重要因素。那么,了解影响软件维护的主要因素和软件成本的估算方法,对有效控制维护成本是非常重要的。

再生工程作为新的重用软件的思路,可以作为扩充的知识去了解。

习　题

1. 结合自己使用的软件产品,谈谈维护的重要性。
2. 杀毒软件的病毒库升级属于哪种维护,为什么？
3. 游戏软件的升级属于哪种维护,为什么？
4. 谈谈软件维护的成本作为软件成本的一部分对其正确估算的重要性。

第3部分

面向对象软件工程

第8章 面向对象技术概述

面向对象技术最早于20世纪60年代后期在编程语言Simula中被提出。虽然当时的实现还不是很完整,但已经是语言发展史上的一个重要的里程碑。第一个完整意义上的面向对象语言是Smalltalk,它产生于20世纪70年代,提出"一切皆对象"的思想。第一个被广泛使用的面向对象语言是产生于1983年的C++。在经历了将近十年的时间后,Borland公司和Microsoft公司先后推出各自的C++版本,使得面向对象语言真正走入我们的视野。与此同时,面向过程的编程语言和软件工程方法,经历了从波峰逐步转向波谷的发展历程,在这期间,人们渐渐发现由于系统规模的不断增大,原有的结构化表示方法很难清晰准确地描述业务模型和程序模型,并且它们之间的转换也存在着很多不确定性,程序越来越难以控制,越来越难以维护。此时,人们的目光逐渐集中到面向对象技术上,面向对象所具有的良好独立性、信息隐蔽性等特点能够灵活地处理这种情况,让人们看到了应对这种局面的一条新的途径。

同结构化的系统分析和设计方法一样,面向对象的系统分析和设计方法,乃至面向对象的软件工程,都是随着程序设计语言的发展演变而来的,都是为了更好地进行程序设计而发展成一套相应的系统分析和设计的方法与理论。现在,针对面向对象的方法学正处在蓬勃发展的阶段,各种学说层出不穷,极大地推动了软件理论的发展。那么,面向对象软件工程到底有哪些特点,为什么面向对象的方法学统领了软件工程方法论的大部分江山,下面我们就来比较一下几种常见的软件工程方法。

任务1 区别结构化思想和面向对象思想

● 任务描述

试着分别采用结构化思想和面向对象思想设计一个程序,这个程序要求对不同类型的图形(例如,圆和矩形),可以求其面积并绘制出指定图形。

● 相关知识

1. 结构化分析和设计方法

结构化分析设计方法也叫数据流建模方法或者面向过程方法,它是把现实世界描绘为数据在信息系统中的流动,在数据流动过程中数据发生转化。它通过自顶向下的程序设计思想将复杂的程序分解为程序模块,形成软件的层次关系。

结构化的程序遵循面向过程的问题求解方法,其中心思想是用计算机能够理解的逻辑来描述和表达待解决的问题及其具体的解决过程。结构化程序设计的核心就是算法加数据结构。数据结构利用计算机的离散逻辑来量化表达需要解决的问题,而算法则研究如何快捷、高效地组织解决问题的具体过程。面向过程即是面向机器。

然而，面向过程方法大多基于瀑布模型，需要对整体结构有通盘的掌握。这种方法将用户需求对应到软件功能上，采用面向过程的处理方式来应对用户提出的功能上的变更，当用户的需求发生变化时，整个软件功能就随之发生变化，从而导致整个软件结构的不稳定，同时，过程分析和数据分析始终是两个相对独立的过程，两者之间存在着明显的边界，这个问题始终在结构化方法中未能解决。

2. 面向对象分析设计方法

对象是面向对象程序设计的核心，它由描述状态的属性（变量）和用来实现对象行为的方法（函数）组成，完成了从数据模型到处理模型的结合与统一。面向对象方法的出发点和基本原则是尽可能模拟人类习惯的思维方式，使开发软件的方法与过程尽可能接近人类认识世界解决问题的方法与过程，也就是使描述问题的问题空间（也称为问题域）与实现解法的解空间（也称为求解域）在结构上尽可能一致。这样就解决了系统在分析过程中获得的分析模型与设计过程中所获得的设计模型进行转换时，由于理解上的差异而造成的系统不稳定性。面向对象方法中产生的设计模型是分析模型的进一步完善和细化，使得模型之间的转换成为一种平滑的过渡。

3. 面向对象的基本概念

面向对象的软件工程将以面向对象视角，采用面向对象的分析设计方法来解决搭建软件系统的问题，因此对于面向对象概念的理解和把握将直接影响面向对象系统的构成质量。下面将简单介绍一下面向对象中几个基本的也是非常重要的概念。

（1）对象（Object）

对象是在应用领域中有意义的、与所要解决的问题有关系的任何事物。它既可以是具体的物理实体的抽象，也可以是人为的概念，或者是任何有明确边界和意义的东西。从一支笔到一家商店，从简单的整数到整数列，极其复杂的自动化工厂、航天飞机都可看作对象，它不仅能表示有形的实体，也能表示无形的（抽象的）规则、计划或事件。面向对象方法学中的对象是由描述该对象属性的数据（数据结构）以及可以对这些数据施加的所有操作封装在一起构成的统一体。这个封装体有可以唯一地标识它的名字，而且向外界提供一组服务。从程序设计者来看，对象是一个程序模块；从用户来看，对象为他们提供所希望的行为或服务；从对象自身来看，这种服务或行为通常称为方法。

要想深刻理解对象的特点，就必须明确对象的下述特点：

① 以数据为中心

所有施加在对象上的操作都基于对象的属性，这样保证了对象内部的数据只能通过对象的私有方法来访问或处理，也保证了对这些数据的访问或处理，在任何时候都是使用统一的方法进行的。

② 对象是主动的

对象向外提供的方法是自身向外提供的服务。对于数据的提供不是被动的，而是根据自身的特点及接收发来的消息进行处理后向外反馈信息。

③ 实现了数据封装

使用对象时只需知道它向外界提供的接口形式而无须知道它的内部实现算法。不仅使得对象的使用变得非常简单、方便，而且具有很高的安全性和可靠性，实现了信息隐藏。

④对象对自己负责

对象可以通过父类得知自己的类型,对象中的数据能够告诉自己它的状态如何,而对象中的代码能够使它正确工作。

⑤模块独立性好

对象中的方法都是为同一职责服务的,模块的内聚程度高。

(2)类(Class)

我们一般习惯于把有相似特征的事物归为一类。在面向对象的技术中,把具有相同属性和相同操作的一组相似对象也归为一"类"。类是对象的模板,即类是对一组有相同属性和相同操作的对象的定义,一个类所包含的方法和属性描述一组对象的共同属性和行为。类是在对象之上的抽象,对象则是类的具体化,是类的实例。类可有其子类,也可有其他类,从而形成类的层次结构。

例如,三个圆心位置、半径大小和颜色均不相同的圆,是三个不同的对象,但是,它们都有相同的属性(圆心坐标、半径、颜色)和相同的操作(计算面积、绘制图形等),因此,它们是同一类事物,可以用"Circle 类"来定义。

类与类之间存在三种相互关系:

①泛化关系(Generalization)

B 类继承了 A 类,就是继承了 A 类的属性和方法,A 类称之为父类,B 类称之为子类。子类在获得父类功能的同时,还可以扩展自己的功能。

②依赖关系(Dependency)

对于两个相对独立的对象,当一个对象负责构造另一个对象的实例,或者依赖另一个对象的服务时,这两个对象之间主要体现为依赖关系。在代码实现中主要体现在某个类对象存在于另一个类的某个方法调用的参数中,或某个方法的局部变量中,或调用被调用类的静态方法中。

③关联关系(Association)

对于两个相对独立的对象,当一个对象的实例与另一个对象的一些特定实例存在固定的结构关系时,这两个对象之间为关联关系。例如,班级是由学生组成的,这是客观存在的规则,是不能够随意改变的固定结构关系。关联有两种特殊的形式,聚合(Aggregation)和组合(Composition)。

聚合指的是整体与部分的关系,当整体不存在了,部分仍可以独立存在,例如计算机和组成计算机的配件;组合表示类之间整体和部分的关系,但是组合关系中部分和整体具有统一的生存期,即整体对象不存在,部分对象也将不存在,例如鸟和翅膀之间的关系,当鸟不存在了,鸟的翅膀也就没有存在的意义了。

从代码层面上讲,关联、聚合和组合没有什么区别,主要是从语义环境中加以区分,当这种结构关系比较强的时候,就可以考虑使用聚合或组合关系了。

(3)实例(Instance)

实例是由某个特定的类所描述的一个具体的对象。类是对具有相同属性和行为的一组相似的对象的抽象,类在现实世界中并不能真正存在。

在地球上并没有抽象的"中国人",只有一个个具体的中国人,例如,张三、李四、王五……实际上类就是建立对象时使用的"模板",按照这个模板所建立的一个个具体的对象,才是类的实际表现,称为实例。可以说对象就是实例。在程序设计中将特定的类称为实例,在业务环境中(或分析过程中)将特定的类称为对象。

(4) 消息(Message)

消息是对象之间进行通信的一种规格说明,一般由三部分组成:接收消息的对象、消息名及实际变元。例如,MyCircle 是一个半径为 4cm、圆心位于(100,200)的 Circle 类的对象,也就是 Circle 类的一个实例。当要求它在屏幕上绘制出自己时,在 Java 语言中应该向它发下列消息:

MyCircle.draw();

消息的发送相当于 A 向 B 发送请求 doSomething(),则 B 必须具有 doSomething 的这项服务,也就是 B 对外提供公共方法,A 了解 B 的行为后,请求 B 为其提供服务,帮助 A 解决 B 管辖范围内的事务。消息就是 A 向 B 发起的请求。

(5) 方法(Method)

方法是指对象所能执行的操作,也就是类中所定义的服务。方法描述了对象执行操作的算法或者响应消息的方法。例如,为了 Circle 类的对象能够响应让它在屏幕上绘制出自己的消息,在 Circle 类中必须给出成员函数 draw() 的定义,也就是要给出这个成员函数的实现代码。

(6) 属性(Attribute)

属性指类中所定义的数据,它是对客观世界实体所具有的性质的抽象。类的每个实例都有自己特有的属性值。例如,Circle 类中定义的代表圆心坐标、半径、颜色等的数据成员,就是圆的属性。

(7) 封装(Encapsulation)

封装是面向对象的主要特征之一,它是一种信息隐蔽技术,它体现于类的说明。封装使数据和加工该数据的方法(函数)封装为一个整体,使得用户只能见到对象的外部特性(对象能接收哪些消息,具有哪些处理能力),而对象的内部特性(保存内部状态、私有数据和实现加工能力的算法)对用户是隐蔽的。封装的目的在于把对象的设计者和对象的使用者分开,使用者不必知晓行为实现的细节,只需用设计者提供的接口来访问该对象。

对象具有封装性的条件如下:

① 有一个清晰的边界。所有私有数据和实现操作的代码都被封装在这个边界内,从外面看不见,更不能直接访问。

② 有确定的接口(协议)。这些接口就是对象可以接收的消息,只能通过向对象发送消息来使用它。

③ 受保护的内部实现。实现对象功能的细节(私有数据和代码)不能在定义该对象的类的范围外访问。

(8) 继承(Inheritance)

继承是子类自动共享父类之间数据和方法的机制,它由类的派生功能体现。一个类直接继承其他类的全部描述,同时可修改和扩充。继承能够直接获得已有的性质和特征,而不必重复定义它们。

继承具有传递性。继承分为单继承(一个子类只有一个父类,使得类等级成为树形结构)和多重继承(一个类有多个父类,多重继承的类可以组合多个父类的性质构成所需要的性质)。类的对象是各自封闭的,如果没有继承机制,则类对象中数据、方法就会出现大量重复。继承不仅支持系统的可重用性,而且还促进系统的可扩充性。

一个类实际上继承了它所在的类等级中在它上层的全部基类的所有描述,也就是说,属于某类的对象除了具有该类所描述的性质外,还具有类等级中该类上层全部基类描述的一切性质。

(9)多态性(Polymorphism)

多态性指对象根据所接收的消息而做出动作。同一消息为不同的对象接收时可产生完全不同的行动,这种现象称为多态性。利用多态性用户可发送一个通用的信息,而将所有的实现细节都留给接收消息的对象自行决定,这样,同一消息即可调用不同的方法。例如,Print消息被发送给一个图或表时调用的打印方法与将同样的 Print 消息发送给一个正文文件而调用的打印方法完全不同。多态性的实现受到继承的支持,利用类继承的层次关系,把具有通用功能的协议存放在类层次中尽可能高的地方,而将实现这一功能的不同方法置于较低层次,这样,在这些低层次上生成的对象就能给通用消息以不同的响应。在面向对象编程中可通过在派生类中重定义基类函数来实现多态性。

(10)重载(Overloading)

重载是在同一类层次中,使用同一方法名,通过传递不同类型的参数来确定具体的方法的一种机制。

重载在面向对象中有两种:

①函数重载。是指在同一作用域内的若干个参数特征不同的函数可以使用相同的函数名字。

②运算符重载。是指同一个运算符可以施加于不同类型的操作数上面。

4. 结构化方法与面向对象方法的比较

结构化分析设计方法拥有较长的发展历史,如果以前拥有结构化程序设计的基础和经验,现在转换使用成面向对象的方法,则容易出现采用面向对象语言却是结构化的实现方式。那么,面向对象方法与结构化方法到底存在什么样的差异呢?

下面从五个方面对结构化方法和面向对象方法的区别加以总结:

①从概念方面看,结构化软件是功能的集合,通过模块以及模块和模块之间的分层调用关系实现;面向对象软件是事物对象的集合,通过对象以及对象和对象之间的通信联系实现。

②从构成方面看,结构化软件是过程和数据的集合,以过程为中心;面向对象软件是数据和相应操作的封装,以对象为中心。

③从运行控制方面看,结构化软件采用顺序处理方式,由过程驱动控制;面向对象软件采用交互式和并行处理方式,由消息驱动控制。

④从开发方面看,结构化方法的工作重点是设计;面向对象方法的工作重点是分析。但是,在结构化方法中,分析阶段和设计阶段采用了不相吻合的表达方式,需要把在分析阶段采用的具有网络特征的数据流图转换为设计阶段采用的具有分层特征的软件结构图,在面向对象方法中设计阶段的内容是分析阶段成果的细化,则不存在这一转换问题。

⑤从应用方面看,相对而言,结构化方法更加适合数据类型比较简单的数值计算和数据统计管理软件的开发;面向对象方法更加适合大型复杂的人机交互式软件的开发。

● 实施步骤

下面通过一个具体实例的分析来比较结构化方法与面向对象方法在分析问题的出发点和描述问题的方法等方面的区别。

实例：设计一个程序，对不同类型的图形（例如，圆和矩形）提供求其面积、绘制指定图形的功能。

总的来说，结构化的程序设计是一种自上而下的设计方法，设计者用一个主函数概括出整个应用程序需要做的事情主线，并由对一系列子函数的调用组成，对于主函数中的每一个子函数，又可以再被精炼成更小的函数。重复这个过程，就可以完成一个结构化的设计，其特征是以函数为中心，用函数作为划分程序的基本单位，通过问题求解过程将函数串联起来，数据在其间进行传递。数据在结构化设计中往往处于从属的位置。

根据这种原则，针对具体问题可以分析出，程序的核心是计算图形面积和绘制相应图形。程序执行的过程是计算面积，然后再绘制相应图形。因此，从整体上看，主函数描述程序的主逻辑并控制功能实现的顺序。从模块内聚的角度有，提取两个功能函数：计算面积和绘制图形。软件结构图设计如图 8-1 所示。

图 8-1　结构化软件结构图

最终程序（以 C 语言为例）实现的部分代码如下：

```c
//主函数，描述事件处理机制
int main()
{
    int t;
    //获得用户要处理的图形类型
    t=inputFuncType();
    //根据用户输入进行相应的图形处理
    switch(t)
    {
        case 1:processCircle();
        case 2:processRectangle();
        default:printf("error");
    }
    //屏幕暂停
    getch();
    return 0;
}
//获得用户要处理的图形类型
int inputFuncType()
```

```c
{
    int t;
    printf("请选择图形代号:\n");
    printf("1:圆形\n");
    printf("2:矩形\n");
    scanf("%d",&t);
    return t;
}
//对圆形进行处理
void processCircle()
{
    int t;
    double s;
    //获得用户对图形要进行的操作类型
    t=inputProcessType();
    switch(t)
    {
        case 1:drawCircle();
               break;
        case 2:s=areaCircle();
               printf("圆形的面积是:%f\n",s);
               break;
        default:printf("error\n");
    }
}
//获得用户对图形施加的操作
int inputProcessType()
{
    int t;
    printf("请输入操作的类型:");
    printf("1:绘制图形");
    printf("2:计算面积");
    scanf("%d",&t);
    return t;
}
//计算圆形面积过程
double areaCircle()
{
    float r;
    //输入圆形半径
    r=inputRadius();
    //计算圆形面积
    return calCircArea(r);
}
```

```
//圆形面积的计算
double calCircArea(float r)
{
    double PI=3.1415926;
    //圆形面积计算公式
    return PI*r*r;
}
……
```

结构化方法将系统看成过程的集合,过程与数据实体之间交互,过程接受输入并产生输出。

面向对象方法则不再把程序看成工作在数据上的一系列过程或函数的集合,而是把程序看作相互协作而又彼此独立的对象的集合。

以面向对象的视角观察例题中的内容,我们看到的是具体的图形对象,例如圆和矩形,它们具有各自的特征,圆具有圆心坐标和半径,而矩形具有边长和左上角坐标。它们都能够提供面积计算和图形绘制的行为,并且可以抽象提取图形的共同特点形成通用图形对象。图 8-2 展示了这些对象之间的关系。在这里,每个对象可以看作一个微型程序,有自己的数据、操作、功能和目的,自己对自己的数据进行处理和维护,模块(对象)独立性强。

图 8-2 面向对象设计过程中的类图

基于上述分析与设计,以 Java 语言实现的部分代码如下:

```java
public abstract class Graphic
{
    abstract double area();
    abstract void draw();
    private static String str;
    //键盘输入
    static InputStreamReader stdin=new InputStreamReader(System.in);
    static BufferedReader bufin=new BufferedReader(stdin);
    private int x;
    private int y;
    public void setX(int x)
    {
        this.x=x;
```

```
            System.out.println("x="+x);
    }
    public void setY(int y)
    {
        this.y=y;
        System.out.println("y="+y);
    }
    public static void main(String args[])
    {
        Graphic g;
        Circle c=new Circle();
        Rectangle rec=new Rectangle();
        String sArray[];
        try
        {   //给出用户界面提示
            System.out.println("请选择图形:");
            System.out.println("1:圆形");
            System.out.println("2:矩形");
            str=bufin.readLine();
            System.out.println("你选择的图形为:"+str);
            if(str.equals("1"))
            {   //对圆形的处理过程
                System.out.println("请输入半径:");
                str=bufin.readLine();
                c.setRadius(Integer.valueOf(str).intValue());
                g=c;
            }
            else
            {   //对矩形的处理过程
                System.out.println("请输入宽度:");
                str=bufin.readLine();
                rec.setWidth(Integer.valueOf(str).intValue());
                System.out.println("请输入高度:");
                str=bufin.readLine();
                rec.setHeight(Integer.valueOf(str).intValue());
                g=rec;
            }
            System.out.println("面积为"+g.area());
            System.out.println("请输入坐标:x,y");
            str=bufin.readLine();
            sArray=str.split(",");
            g.setX(Integer.valueOf(sArray[0]).intValue());
            g.setY(Integer.valueOf(sArray[1]).intValue());
```

```
                g.draw();
            }
            catch(IOException e)
            {
                System.out.println("发生 i/o 错误!!!");
            }
        }
    }
    public class Circle extends Graphic {
        private float radius;
        private double PI=3.1415926;
        public void setRadius(int r)
        {
            radius=r;
        }
        public double area()
        {
            return PI * radius * radius;
        }
        public void draw()
        {
            System.out.println("绘制圆形");
        }
    }
```

面向对象方法尽可能模拟客观世界,它把数据以及在这些数据上的操作所构成的统一体称为"对象"。对象是进行处理的主体,它必须发消息请求接收消息的对象执行它的某些操作,处理它的私有数据,而不能从外界直接对它的私有数据进行操作。这样,软件开发者可以根据处理问题的背景和范围,定义或选取对象,然后用一系列离散的对象集合组成软件系统。在许多系统中对象都可以直接模拟现实世界问题背景下的对象,与现实世界的对象认知十分一致,因此,这样的程序易于理解和维护。

● 项目实践

依据任务描述中提到的绘制不同图形的应用程序,尝试分别使用结构化语言(C 语言)和面向对象语言(Java 语言)增加对三角形图形绘制的功能。

任务 2　认识面向对象方法与 UML 之间的关系

● 任务描述

一个学生拥有自己的名字,并且可以设置和提供自己的名字。代码如下:
```
public class Student{
    private String name;
```

```
        public void setName(String name){
            this.name=name;
        }
        public String getName(){
            return this.name;
        }
    }
```

试着采用 UML 图形符号对上述描述内容进行模型的构建。

相关知识

1. 面向对象方法的优势

综上可知,面向对象方法学可以采用方程的形式来总结:

OO=Objects+Classes+Inheritance+Communication with Messages

也就是说,面向对象就是既使用对象又使用类和继承等机制,而且对象之间仅能通过传递消息实现彼此通信。

在面向对象方法中,对象和传递消息分别表现事物及事物间相互联系的概念。类和继承是适应人们一般思维方式的描述模式。方法是允许作用于该类对象上的各种操作。这种对象、类、消息和方法的程序设计模式的基本点在于对象的封装性和类的继承性。通过封装能将对象的定义和对象的实现分开,通过继承能体现类与类之间的关系,以及由此带来的动态联编和实体的多态性,从而构成了面向对象的基本特征。

采用面向对象方法具有以下几个主要优点:

(1)稳定性好

面向对象方法以对象为中心构造软件系统。用对象模拟问题领域中的实体,以对象间的联系刻画实体间的联系,当系统的功能需求变化时,往往只需要做一些局部性的修改,这样的软件系统比较稳定。而结构化方法以算法为核心,开发过程基于功能分析和功能分解,软件系统的结构紧密依赖于系统所要完成的功能,当功能需求发生变化时将引起软件结构的整体修改。

(2)可重用性好

面向对象的设计方法中重用一个对象类有两种方法,一是创建该类的实例,从而直接使用它;另一种方法是从它派生出一个满足当前需要的新类。继承机制使得子类不仅可以重用其父类的数据结构和程序代码,而且可以在父类代码的基础上方便地修改和扩充,这种修改并不影响对原有类的使用。

结构化方法通过标准函数库中的函数作为"预制件"来建造新的软件系统。但标准函数缺乏必要的"柔性",不能适应不同的应用场合,不是理想的可重用的软件成分。

(3)较易开发大型软件产品

用面向对象方法开发软件时,可以把一个大型产品看作一系列本质上相互独立的小产品来处理,这不仅降低了开发的技术难度,而且也使得对开发工作的管理变得容易。这就是为什么对于大型软件产品来说,面向对象方法优于结构化方法的原因之一。许多软件开发公司的经验都表明,当把面向对象技术用于大型软件开发时,软件成本明显地降低了,软件的整体质量也提高了。

(4) 可维护性好

由于对象的独立性强,模拟了人们对现实世界的认识,因此用面向对象的方法开发的软件比较容易修改、理解且易于测试和调试。

(5) 面向对象方法解决的两个经典问题

首先,面向对象的方法将数据模型和处理模型合二为一;其次,使用面向对象方法可以从系统分析平滑地过渡到系统设计。UML 的出现将分析和设计模型统一,使用的符号统一,设计模型是分析模型的完善和扩充。如果此时需求发生变动,修改相应的分析模型,而设计模型只要在分析模型的基础上稍做调整即可,不用再重新进行设计。传统方法学中从分析到设计采用两种模型的转换,从数据流图到结构图的转变因人而异,不是唯一的,每个人的设计思想不能够统一到一起,如果需求发生变化,则需要更改分析模型,而对应的设计模型将会随之发生很大的变化,并可能推翻原有的设计重新开始。

2. 统一建模语言(UML)与面向对象建模

无论是结构化方法还是面向对象方法,在进行系统分析和设计的过程中都需要对分析得到的结果进行描述,让其他相关人员能够理解你的想法,这就需要一种简洁直观的描述方式,这让我们马上想到了图形符号,它能让我们对问题的认识更快地进行统一,减少了文字描述带来的复杂性,可以把知识规范地表示出来。

在软件工程中,这种主要以图形的方式来达成共识的方式称为构建模型,简称建模。建模并不只是单纯地由图形构成,而是由一组图示符号和组织这些符号的规则组成,利用它们来定义和描述问题域中的术语和概念。模型是对事物的一种无歧义的书面描述,是现实的简化,它提供了系统的设计图。模型可以包含详细的规划,也可以包含概括性的规划,这种规划高度概括了正在考虑的系统。好的模型包括那些具有高度抽象性的元素。

回顾前面学习过的内容,结构化建模主要是通过数据流图、实体关系图和软件结构图来实现。面向对象技术中,通常需要建立三种形式的模型,它们分别是对象模型、动态模型和功能模型。对象模型用来描述系统的数据结构,动态模型用来描述系统的控制结构,功能模型用来描述系统的功能。一个典型的软件系统组合了上述三方面内容。

面向对象建模的形式自其产生以来,出现了许多自成体系的表示方法,这些表示法表达了相同的概念,但符号不同,令开发者混淆,使得开发者之间的交流反而更加困难。

为了能够解决这种混乱的局面,软件界开始集中力量合并这些不同的表示法。1994 年,Jim Rumbaugh 加入了 Rational 公司,与 Grady Booch 一起统一了 OMT 和 Booch 表示法。1995 年,Ivar Jacobson 也加入了 Rational 公司,并把用例(Objectory)加入统一化工作中。Rational 公司在 1996 年向对象管理组织(OMG)发出请求,提议完成一套标准面向对象建模表示法。

对于 UML 视图种类的说法,各种参考书上根据描述的角度的不同而有所不同。典型的是 UML 4+1 视图,如图 8-3 所示,包括用例视图、逻辑视图、实现视图、进程视图和部署视图。主要是从应用的角度进行描述在什么阶段对某一问题进行建模时,使用什么视图,这个视图都包括哪些具体的 UML 图,即通过哪几种图形能够描述这个问题。

(1) 用例视图(Scenarios)

描述了从外部参与者看来系统应该完成的功能以及系统的需求。它是为用户、系统分析人员、设计者、开发者和测试人员设计的。用例视图是其他视图的中心,其内容驱动了其他视图的开发。从技术角度看,用例应该是中立的,不包含对象,也就是说,其内容集中在系统解决方案能够完成哪些功能,而不是如何构建系统,强调了需求阶段的任务。

```
            End-user                    Programmers
            Functionality               Software management

                ┌─────────────┐         ┌─────────────┐
                │ Logical View│────────▶│ Development │
                │             │         │    View     │
                └─────────────┘         └─────────────┘
                        │   ╲   ╱Scenarios╲   ╱   │
                        │    ╲ ╱           ╲ ╱    │
                        │     ╳             ╳     │
                        │    ╱ ╲           ╱ ╲    │
                        ▼   ╱   ╲         ╱   ╲   ▼
                ┌─────────────┐         ┌─────────────┐
                │ Process View│         │Physical View│
                └─────────────┘         └─────────────┘

            Integrators                  System engineers
            Performance                  Toploly
            Scalability                  Comunications
```

图 8-3 UML4+1 视图

(2) 逻辑视图(Logical View)

描述了如何提供系统功能,该视图是系统的设计者和开发者,它着眼于系统的内部,与更为宏观的用例视图形成对比。它描述了静态结构(类、对象及其关系),也描述了对象为响应外部或内部事件而发送消息时的动作协作序列。

(3) 实现视图(Development View)

描述了各个实现模块以及它们之间的依赖关系。这些模块可以和其他交付产品进行交叉检验,以确保所有的需求最终都实现为代码。它主要用于开发者,由组件图组成。

(4) 进程视图(Process View)

也称为并发性视图。它描述了如何将系统划分为各个进程和处理器。这种划分考虑到了有效的资源使用、并行执行以及对异步事件的处理。它是为开发者和系统集成人员设计的。包括状态图、序列图、协作图、活动图、组件图和部署图。

(5) 部署视图(Physical View)

通过组件图和部署图描述系统物理部署情况,开发者、系统集成人员和测试人员要求会使用该视图。

UML 并不是面向对象分析和设计的全部,它只是一种手段,一种工具。我们需要通过自己对对象的理解和使用面向对象分析设计技术来进行系统的分析和设计,然后通过 UML 的形式进行表述。

UML 可以作为草图,作为一种非正式的、不完整的图,借助可视化语言的功能,用于探讨问题或解决方案空间的复杂部分。

UML 可以作为蓝图,来描述相对详细的设计图。逆向工程就是利用 UML 间接直观的特点将已有的代码转换成系统模型的过程。而前向工程(代码生成)则是基于 UML 对问题描述的规则,通过工具的应用自动生成代码框架的过程。

UML 可以描述原始图类型,如类图和序列图,也可以在这些图上叠加建模的透视图。例如,同样的 UML 类图,既能够描述现实世界的概念,又能够描述面向对象语言中的软件类,这种分类是从抽象层次上进行的。概念透视图的抽象层次最高,它是用图来描述现实世界或关注领域中的事物。例如,后面提到的领域模型,同样是类图,它与设计类图所表达的含义完全不同;而规格说明透视图是用图来描述软件的抽象物或具有规格说明和接口的构件,但是并不约束特定实现。实现透视图是用图来描述特定技术中的软件实现。

UML 仅仅是标准的图形化表示方法,它使用常用符号给可视化建模带来了极大的帮助,但它不可能与设计和对象思想同等重要。设计知识是极不寻常的且更为重要的技能,它不是通过学习 UML 表示法或相关 CASE 工具就可以掌握的,如果不具备良好的面向对象设计和编程能力,那么,即使使用 UML,也只能做出拙劣的设计,记住这一点是至关重要的。

在后续的章节中,我们将采用 UML 作为系统的建模描述语言。不仅因为它已经成为软件界公认的建模标准,而且也是 RUP 过程模型中的重要组成部分,RUP 是面向对象软件工程方法介绍过程中选用的过程模型。

● **实施步骤**

任务描述中的内容实际上是一个类的描述。采用 UML 图形符号中的类图可以完成。如图 8-4 所示。

```
┌─────────────────────────┐
│         Student         │
├─────────────────────────┤
│ name:String             │
├─────────────────────────┤
│ +setName(name:String)   │
│ +getName():String       │
└─────────────────────────┘
```

图 8-4 学生类的描述

● **项目实践**

试着采用 UML 图形工具描述下述内容。

```
public class HouseKeeper{
    private TimeCard timecard;
    public void clockIn(){
        timecard.punch();
    }
}
```

小 结

本章重点对几种常见的软件工程方法进行了比较,突出了各自的优缺点,明确在何种情况下选择哪种软件工程方法。由于面向对象方法在解决复杂问题时,显示出突出的优势,而且面向对象的语言应用也正处于蓬勃发展阶段,因此,面向对象技术得到了广泛的使用。为了能够熟练掌握面向对象的分析设计的思路和技术,就必须熟悉面向对象的基本概念,为后续的各章学习打好基础。

习 题

1. 请描述面向对象分析设计方法与结构化分析设计方法的特点与区别。
2. 请简单论述一下你对面向对象基本概念的理解。
3. 请举例说明依赖、关联、聚合、组合之间的区别。
4. 请运用一种学习过的面向对象语言编写一段代码,让它能够表示家庭与孩子之间的关系。
5. UML 的英文全称是什么,它是由谁提出来的?
6. 请简单描述一下什么是"UML 4+1 视图",并对视图中的每个组成部分进行解释。

第9章 再启项目

一个项目的产生往往是从市场人员获得有关用户的一些想法,或是软件行业当中某个人的奇思妙想,经过对市场前景、技术实施及经济效益等方面的可行性分析后,被确定下来的。而在启动项目时,对于系统开发人员来讲,项目的描述和需求往往不是很清楚,要想摸清楚用户的真正意图或是市场需求的准确定位,仍然需要做很多的工作。

任务1　构建项目前景

● 任务描述

正如前面第3章需求工程中所讲述的那样,系统分析人员需要进行深入的、大量的需求调查和搜集,在此基础之上,分析人员才能进行分析整理,构建起系统的需求模型,获得真正要做的系统功能。那么,如何应用面向对象的思想进行分析、设计和开发呢?

在后续的讲述中,本书将以"资料共享管理系统(Material Share Management System)"为示例项目,按照RUP过程模型,遵循软件工程的基本理论,应用面向对象软件工程方法进行系统的分析和设计。

本着精炼、实用的原则,本章着重对RUP的初始阶段和细化阶段的第一次迭代的内容进行讲解。后续迭代过程和构造、交付阶段的内容将不在书中讲述。这样做的目的是起到引导的作用,让大家了解RUP过程的基本特点,在此过程中涉及如何运用面向对象的知识、在实际项目中从何入手开展项目以及如何进行系统的分析和设计。

● 相关知识

1. 过程模型

按照RUP统一过程模型的指导,当确定目标启动项目后,项目进入初始阶段。初始阶段的目标就是对整个系统进行勘查,但是范围广而不深。此间一个重要的任务就是基本确定触发该项目的问题、机会和(或)指示,并将每个问题、机会和指示按照紧急程度、可见性、好处和优先权进行评估。在这一阶段,项目开发人员不需要解决所有预期发生的问题,只需要建立一个总体路线图来规划将来的工作,估计将来在项目实施的过程中,需要完成的一些任务和可能会出现的情况。任何额外的详细分析在这个阶段都是不必要的,但是需要列出项目中所有可见的约束条件(限制),例如最终期限、最大预算或通用技术。

在初始阶段,项目开发人员还需要考虑一些问题来获取尽可能多的与项目相关的约束信息。例如,需要构建用来解决什么问题的系统?谁想得到这个系统?他们是否愿意为该系统付出报酬或愿意将系统付诸应用?系统中的构件是进行购买,还是复用公司构件库中的构件,还是自己重新进行开发等。在此基础之上粗略估计一下成本,确定工作量,帮助人们决定是否将项目继续下去。项目在此基础上是否具有可行性?项目应该继续下去还是停止?用更为具体的术语来描述这些信息,就是建立项目的前景以及业务案例。与此同时,还需要和所有的项目相关人员对要构建的目标达成一致,以确保将各方面的意见和约束考虑在内。

为了能够完成本阶段的目标,下面列出了可能需要进行的活动,供大家参考。

① 在项目前景中说明哪些是目标,哪些不是。
② 讨论构成系统的用例,写出项目用例的初稿(简单描述),确定用例的优先级。
③ 分析在系统体系结构中具有重要作用的用例和/或用例路径。
④ 对项目的四个阶段(开始、细化、构造、交付)的高层阶段进行规划。
⑤ 对前述步骤中识别出来的影响体系结构的重要需求,制订详细的迭代计划。
⑥ 确定风险,并估计在风险发生时应该采取的措施。
⑦ 建立一个开发环境,用来选择、安装并配置开发工具。

2. 项目前景

系统概念的形成并不是一开始就非常清楚,多数系统概念开始时模糊,需要补充更多的实质性的内容。对于一般系统来讲,在此阶段系统开发人员还不是很清楚业务的实施规则,如接下去要做的系统到底处在哪个业务流程的环节中,这一系统如何能够有效地帮助客户解决面临的问题,以及是否仍然存在潜在的业务需求等,这些都是需要解决的问题。

在项目背景的描述中,虽然描述了项目的大致背景及要求,但是仍然有许多的内容是含糊的,是模棱两可的。那么,马上明确项目前景的描述有助于帮助项目团队理解自己要构建的内容。一个清晰的前景是开发一个满足项目相关人员真正需求的产品的关键。项目前景的描述不只是一个将要构建系统所要达到目标的综述,还包括了产品高层功能的描述。

对前景的陈述可以参考下述问题来帮助系统开发人员抓住问题的关键(需要的话这些问题还可以分成更小、更详细的问题):

① 项目团队尝试解决的问题是什么?

用户在业务过程中遇到了什么样的困难,希望通过系统解决什么样的问题。这个内容一般可以借助于用户的问题陈述。

② 项目团队需要构建什么,不需要构建什么?

项目要解决问题的范围需要明确,同时还要抓住解决问题的关键内容。

③ 项目相关人员是谁? 用户是谁? 他们各自的需求是什么?

项目的相关人员也被称为"项目的涉众"。在构建项目前景的过程中,要想弄清楚想要构建的目标,就必须清楚你为谁构建这个软件,谁将使用它,他们为什么会使用它。这些问题的答案可以帮助你在收集软件的需求时,确认需要对哪些人进行哪些方面的提问。涉众并不局限于项目的客户,还包括能够在成功项目中获得利益的人,例如系统使用者。应用我们在第3章需求工程中学习过的用户类型知识,就可以很好地把握涉众的范围。

④ 关键术语是什么?

在业务实施的过程中,存在很多的专业性词汇。这使得业务人员在业务范围内能够省却一些烦琐的解释,增强沟通的有效性。系统在开发过程中,系统开发人员需要熟悉用户的业务环境,并能够通过模拟这种环境,增强团队之间的沟通,也便于用户日后更快熟悉系统应用环境,增强系统的易用性和可理解性。在下面一节中,将详细介绍关键术语的搜集及描述方法。

⑤ 产品的特性是什么?

产品特性是指除了产品(系统)本身所具有的基本功能外,产品还能够提供哪些有特色的功能或性能指标。这些特性将是系统在构建过程中需要重点考虑的要素,是具有高业务价值的需求。

⑥功能性需求是什么？

系统提供的功能在RUP过程中采用用例技术进行描述。

⑦非功能性需求是什么？

从软件质量属性的角度来描述系统需要达到的要求。在RUP过程中,使用"补充性规格说明"对非功能性需求进行描述。

⑧设计约束是什么？

设计约束描述了系统在实现过程中必须使用的手段和必须达到的目标。

前景为更详细的技术需求提供了一个高层的、合同式的基础。正像这个术语隐含的那样,它是软件项目的一个清晰的、高层的视图,能被过程中任何决策者或者实施者借用。它捕获了高层的需求和设计约束,让读者理解将要开发的系统的目的及它所期望完成的目标。由于前景构成了"项目是什么"和"为什么要进行这个项目",所以可以把前景作为验证决策的手段和途径之一,它与商业理由密切相关。

在前景的描述过程中,要注意灵活运用前面"需求工程"一章中提到的需求获取和描述的手段、方法。恰当地运用问答分析法,强调"是什么"和"不是什么",用以有效地避免问题描述存在的含混表述和二义性问题。其他的注意事项,请参见第3章中"需求验证与评审"一节中相关内容。

实施步骤

1. 了解项目背景

在某信息学院的计算机系内,有一个系属的小型图书馆(资料室),主要用来存放系里教师自行购买并由学校报销过的图书资料,这部分图书在经过校图书馆登记之后,将归系里自行保管。同时,系里统一订阅的期刊也存放在系图书馆。对于图书的借阅和归还事宜全部由系里的秘书来负责。

目前,这部分图书资料存放在一个资料室中,在规定的时间内,教师可以到资料室查阅自己感兴趣的图书资料。确定欲借阅的图书之后,拿着规定数量之内的图书到秘书处办理借阅；同时秘书也负责收集整理教师归还的图书,并将它们统一放归资料室。年终资料归档时,秘书将负责把当年的期刊进行整理,提交给院图书馆进行统一保管。

但是,现在的查阅过程中,教师并不知道资料室中有什么资料,而是在规定的时间内挤在资料室中四处搜寻。另外,由于资料室中的图书借阅期限较长(一般为三个月),很多教师往往忘记归还手中的资料,从而减少了其他教师借阅的机会。同时,部分教师手中还有自己购买的私人图书(藏书),这部分书会根据研究领域的变化出现资源闲置的情况。而此时其他教师有可能正在寻找这方面的资料。虽然教师们也经常相互借阅图书,但随着时间的推移经常出现自己想用书时,不知道借给谁了；或者想还书时,忘记是从谁那里借的情况。由于计算机系由多个教研室构成,不同的教研室有自己的办公地点,所以教师之间相互借阅图书时被限制在一个很小的范围内,其他教研室的资源信息则很大程度上需要教师之间的相互传递。怎样使这些图书资源尽可能地被充分利用,并使资源的流动处于一个有序透明的状态之下呢？

2. 构建项目前景

以资料共享管理系统(Material Share Management System)为例,通过回答如下问题构建项目前景:

(1)项目团队尝试解决的问题是什么?

①查阅过程中,老师们并不清楚资料室中有什么资料。

②由于资料室中的图书借阅期限较长(一般为三个月),很多老师往往忘记归还手中的图书。

③老师自己购买的私人图书(藏书),可能会根据研究领域的变化而会出现资源闲置的情况。而此时,其他的老师有可能正在寻找这方面的资料。

④老师们在私下经常相互借阅图书,但经常出现时间长了自己想用书时,又不知道借给谁了,或者是想还书时,忘记从谁那里借的。

⑤老师之间相互进行图书的借阅只限制在小范围内,其他教研室的资源则很大程度上需要老师之间的相互打听。

(2)项目团队需要构建什么而不需要构建什么?

当前的项目主要关注的是图书的共享,尤其是老师手中图书的充分利用,而对于图书资料室中的图书资料的库存位置管理则不在项目构建范围之内。

(3)项目相关人员是谁?用户是谁?他们各自的需求是什么?

系图书管理员:具有一般的计算机操作技能。

要求:

①能够提高图书借阅的处理效率。

②快速录入图书信息。

③图书编号能够自动生成。

④便于分类管理。

⑤图书催还自动化。

计算机系教师:计算机专业毕业,具有较高的计算机专业水准,有很强的软件自定义的能力。

要求:

①方便查阅图书。

②图书借阅自动化程度的提高,减少手续,增强效率。

③能够提供图书资源交换的平台。

计算机系领导:关注此系统的开发。

(4)关键术语是什么?

在下一项任务中进行描述。

(5)产品的特性是什么?

能够极大地方便系内教师对闲置图书的利用率;增强图书流通的透明度。

(6)功能性需求是什么?

资料管理员管理图书新书。

读者借阅图书。

读者归还图书。

资料管理员获得图书统计清单。

资料管理员获得图书推荐清单。

藏书者管理图书资料。

藏书者公开闲置图书。

拣书者获得晒书清单。

拣书者收藏书目。

拣书者获得图书。

拣书者评论图书。

拣书者推荐图书。

系统发送催还通知单。

系统生成图书统计表。

(7)非功能性需求是什么?

①空间需求

支持终端数≤=1 000。

②时间需求

查询的最长等待时间不超过 3 秒。

更新信息的时间不超过 2 秒。

③安全性

登录进行身份验证,系内教师具有使用权,不对外开放。

(8)设计约束是什么?

应用 Java 语言进行实现;项目的期限是 4 个月。

● 项目实践

以小组为单位,根据自拟项目背景完成项目前景报告,包括系统所要达到目标的综述,以及产品高层功能的描述。

任务 2　编写术语表与开发案例

● 任务描述

项目启动的时候,往往资料比较繁杂,头绪比较多,不知道如何开头,如何下手。通过上述构建项目前景,能够帮助大家迅速地抓住问题的关键,明确初始阶段的任务。接下来便可以从项目前景入手明确项目的范围及约束,制定项目的开发案例,确定项目的人员组成、任务分配、RUP 过程制品及初步开发计划,从而使项目的开发脉络清晰。

在此阶段的一项重要的任务——编写术语表与开发案例,它们的重要性以及具体操作方法是怎样的呢?

● 相关知识

1. 术语表

术语表(Glossary)为所有项目相关人员建立了一个交流的平台,使得大家对于某些问题的描述可以在这些术语的基础之上达成共识。它包含各种定义,有可能产生不清楚或不准确的所有的术语,尤其是与业务相关的专业词汇,也包含一些缩略语的定义和解释,即使它们之间只有细微的差别。术语表的使用,一方面遵循业务环境的使用习惯,使用户在使用软件时更易于熟悉应用环境;另一方面,团队成员使用一致的语言来对项目进行描述,省却了解释的时间,使用起来简单、明了。

在软件开发中要尽早建立一个术语表,以便对一些专用的名词进行定义和解释。术语表的制定和补充应该是一个持续性的活动,在软件开发的各个阶段,尤其是 RUP 中增量的过程,随着构建系统范围的不断扩大,获得信息不断丰富,有必要及时对术语表进行修订。

术语表可以按表格的形式写成文档。这个表格至少要有两列:术语和它的定义。如果术语的数目比较大,就需要按照一定的方式(字母的顺序或汉语拼音的顺序)进行排序。业务术语表包括的内容会随着对系统认识的不断加深而扩大,在必要的情况下需要对术语表进行分类,以便于管理和查询。

与业务术语表相近的信息资料还包括缩略语表和词汇表。缩略语表顾名思义,描述的是系统开发过程中对系统中的一些词汇的简称,一般采用英文缩写来表示。词汇表描述的是系统中术语的中英文对应关系,便于日后在进行软件设计乃至软件实现中对术语进行统一。一般情况下,它们是相对独立地进行搜集和整理的文档,然而在信息比较少,内容不是很繁杂的情况下,这些内容是可以合并成一个文档的。

2. 开发案例

在 RUP 的初始阶段,我们不仅关注需求的获取和描述,而且还需要从项目管理的角度对整个项目制定宏观上的规划。编写开发案例就是对项目的实施方案做一个统筹的安排。

在 RUP 中,一个开发案例是指项目管理者如何为当前的项目定制开发过程的描述,它将描述如何根据需要采用 RUP,是 RUP 中的一个重要制品。即使是在一个小型的、定义相当清楚的项目中,使用 RUP 也可以引导项目团队执行项目开发过程,并确保他们工作的方向。

那么,如何根据项目的背景来确定使用 RUP 中的相关过程呢?借鉴 Gary Police 等所著的《小型团队软件开发——以 RUP 为中心的方法》一书提到的方法,可以从以下两个角度描述可作为启发性原则帮助项目团队确定使用相关的过程。首先,"只进行那些可以直接向你的客户或者其他项目相关人员交付有价值产品的活动,生产相关的制品";换个角度说,"如果开发团队不进行一个特定的过程步骤,会发生不好的事情吗?"根据这两个角度,项目团队可以从繁杂的 RUP 过程中抽取适当的过程和制品用于自己的项目中,从而对 RUP 进行有效的裁剪。

开发案例的另一个重要部分就是解释项目中每个不同角色的职责。特别是对于一个小型团队来讲,每个人很可能担任了不止一个角色,所以仔细定义所有这些职责是很重要的。团队成员需要明白自己的职责,他们需要了解这个项目期望产生哪些制品、可以使用哪些制品以及这些制品本身的形式。

(1)开发案例中使用的惯例

即使对一个使用通用开发案例的大型机构来讲,每个项目团队也都会针对自己的项目对开发案例进行裁减。

项目团队应该着重于制品而不是活动。关注制品可以使团队成员将精力集中在要完成的任务上,明确本阶段的目标。因此在开发案例中最重要的载体就是用于描述每一个制品的表格。表 9-1 是在开发案例中制品表格的常见格式。

表 9-1　　　　　　　　　　　开发案例中制品表格的格式

制　品	如何使用				审阅的详细情况	使用的工具	负责人
	初始阶段	细化阶段	构造阶段	交付阶段			

下面对表 9-1 出现的属性进行简单说明。

①制品。描述制品的名称,对 RUP 中某种制品的引用,或是在开发案例中定义的某种局部制品。

②如何使用。描述在生命周期中如何使用该制品。判定在每一个阶段中该制品是否被生成或者被显著地修改。这一阶段可能的值包括：C——在本阶段生成,M——在本阶段被修改,空缺——不需要进行审阅。

③审阅的详细情况。定义对该制品的审阅等级以及审阅的过程。"正规"表示由客户或者相关涉众进行审阅和签署;"非正规"表示由一个或多个团队成员进行审阅,不需要进行签署;"空缺"表示不需要审阅。

④使用的工具。定义用于产生该制品的开发工具。有关用于开发和维护该制品的工具的详细参考。

⑤责任人。负责该制品的角色。描述由哪一个角色(例如项目经理或开发人员)来负责保证该制品的完成。

在初始阶段团队成员的主要任务是确定项目的总体范围,明确项目的前景,因此,在初始阶段关注的是前景的创建,但随着细化阶段迭代的不断进行,前景的内容也会不断改进并趋于完善。同时,为了能够更好地获得系统的功能性需求,团队成员采用用例技术对需求进行描述,因此,用例模型的构建将是初始阶段的又一重要的任务。随后大家将会了解到,用例模型的构建仍需要在细化阶段进行不断的修改和补充。鉴于用例模型的重要性,因此需要对阶段性的内容进行正规的评审,以保证质量。在构建模型的过程中,强调工具环境的要求,一方面保证项目初期能够尽早建立一个团队的开发环境,另外一方面强调文档书写的一致性。

(2)角色的映射

每一个项目都需要将其中的工作职责以不同的方式分配给其团队成员。没有几个项目能够在 RUP 所描述的角色和实际的人员之间建立起一一映射。因此,弄清楚每一个人需要承担哪些责任是非常重要的。在小型项目中,由于能够容忍的重复工作是非常有限的,因此这一点尤为关键。

表 9-2 显示了示例项目中最初的角色映射关系,在这张表中,项目负责人确保至少为每一个角色分配了一个团队成员。当明确了各自所承担的角色之后,就可以对照表 9-2 中负责人一栏的内容明确自己的任务和责任。

表 9-2　　　　　　　　　　开发案例中的角色映射

角　色	石凌	张博	邹杰	贾跃
系统分析师		X		
用户界面设计师			X	
数据设计师	X			
软件架构师	X			

（续表）

角　色	石凌	张博	邹杰	贾跃
集成工程师				X
实现人员	X	X	X	X
测试设计师	X			X
测试人员	X	X	X	X
部署经理		X		
技术文档作者			X	
配置经理				X
项目经理	X			
过程工程师		X		
工具专家	X	X	X	X

（3）开发案例中的制品

制品的选择着重在于它是否能够直接向你的客户或者其他项目相关人员交付有价值产品，或者说如果项目小组不进行一个特定的过程步骤，是否会对后续的工作带来不便或不利的影响。因此一开始制定的开发案例的制品，不一定就是项目小组最终完成的制品。到后来很有可能会发现，原先计划中的事情在实际的操作过程中并不适用，或者是错误的。这种情况下，大可不必为了完成计划去做一些无用的事情。项目小组应该重新构建那些确实能提供帮助的制品。

下面的内容是常用的开发案例制品列表，供大家参考。

① 项目前景。
② 风险列表。
③ 用例模型。
④ 界面原型。
⑤ 设计模型。
⑥ 实施模型。
⑦ 组件。
⑧ 测试计划。
⑨ 测试用例。
⑩ 测试结果。
⑪ 产品（交付给用户的完整系统）。
⑫ 发布说明。
⑬ 终端用户支持材料。
⑭ 迭代计划。
⑮ 迭代评估。
⑯ 项目计划。
⑰ 开发案例。
⑱ 程指南。
⑲ 工具。

(4)为初始阶段制订计划

为了使项目顺利地开展下去,项目小组必须制订相应的计划,使用RUP的过程中尤其如此。RUP是一个基于迭代开发的过程,在每一次迭代开始之前,应该建立当前阶段的迭代计划。

在项目的初始阶段所生成的所有计划最多也只是推测而不是精确的表述,不要把过多的时间花费在细节上,大多数的细节都会在以后被更改。一旦形成了计划,就应该保证将它传达给整个团队,而且每一个成员都同意采用该计划并开始实现项目负责人制定的意图。图9-1为MSMS项目初始阶段计划。

	任务名称	工期	开始时间	完成时间	前置任务	资源名称
1	初始阶段	9 工作日	2020年3月28日	2020年4月9日		
2	确定开发案例	1 工作日	2020年3月28日	2020年3月28日		张博,石凌
3	前景目标和产品特性需求	2 工作日	2020年3月29日	2020年3月30日	2	张博
4	附加需求	1 工作日	2020年4月2日	2020年4月2日	3	张博,石凌
5	工具环境	1 工作日	2020年3月29日	2020年3月29日	2	邹杰
6	初始用例模型	2 工作日	2020年4月3日	2020年4月4日	4	石凌,张博
7	初始项目计划	1 工作日	2020年4月5日	2020年4月5日	6	石凌
8	初始风险列表	1 工作日	2020年4月2日	2020年4月2日	3	贾跃
9	细化阶段迭代计划	1 工作日	2020年4月6日	2020年4月6日	7	石凌
10	测试计划(初稿)	1 工作日	2020年4月5日	2020年4月5日	6	贾跃
11	迭代评估	1 工作日	2020年4月9日	2020年4月9日	9,10	用户,项目组

图9-1 MSMS项目初始阶段计划

真正的问题在于,项目小组应该花费多少时间和精力来建立和维护开发案例。如果这是一个小型的以前曾经一起工作过、对开发过程有共同理解的团体,那么开发案例只是一个口头上的制品,也就是说可以通过讨论来和全体成员进行沟通。如果项目负责人发现构建的团队离一个小型的、熟悉的团队很远——无论是团队的规模还是团队成员相互之间或是对共同的开发过程缺乏了解,就需要写下开发案例,并保持它与当前情况相符合。

● 实施步骤

1. 针对MSMS,着重从图书管理领域对专业词汇进行定义

例如,预约指的是在库存无存货的情况下,提前进行借书告知。当然,也要考虑在系统的解决方案中,对一些过程描述的抽象和定义,例如对晒书过程的定义,用它来取代对于老师提供图书的共享列表过程的描述。这种描述在实际的业务操作过程中是没有的,在术语表中进行描述后,就统一了大家对此过程的称谓。资料管理共享系统(MSMS)业务术语表请见表9-3。

表9-3 MSMS业务术语表

术语	定义和解释
图书	图书是通过一定的方法与手段将知识内容以一定的形式和符号(文字、图画、电子文件等),按照一定的体例,系统地记录于一定形态的材料之上,用于表达思想、积累经验、保存知识与传播知识的工具。在本项目前期特指纸质载体。在项目的后期可能会增加对电子图书的管理
资料管理员	系内资料室的管理员,即图书管理员
资料室	系内保存图书的地方
借阅	从资料室中选定图书之后,到资料管理员处办理相关手续,允许在规定的时间内用拥有图书的过程
续借	已经到了还书的期限,但是借阅者仍然想继续拥有同一本书,则可在办理相关手续后继续拥有借阅者的资格

(续表)

术语	定义和解释
还书	到了借阅的期限后,需要将所借图书交还资料管理员
预约	提前进行借书告知,当资料室内存在预约图书后,将会按照告知的先后顺序提供借阅的机会
藏书者	拥有图书者,包括个人藏书者和资料管理员。资料管理员可以认为也是一种形式的藏书者,只不过对于她的藏书,系统将全部自动进行晾晒,并且晾晒的期限是固定的(借阅时间)
晒书	藏书者将自己的暂时闲置的图书共享出来,并将名单公布出来的过程
拣书	从共享书目中挑选图书,并完成了借阅过程
晒书场	虚拟的老师之间交换图书的场所

2. 表 9-4 简单描述了案例项目的开发案例

表 9-4　　　　　　　　　　计划的简单开发案例

工作流程	制品	如何使用				审阅的详细情况	使用的工具	负责人
		初始阶段	细化阶段	构造阶段	移交阶段			
业务建模	领域模型		C				VSS、MS word & MS Visio	系统分析师
需求	用例模型	C	M			正规的	VSS、MS word & MS Visio	系统分析师
	补充性规格说明	C	M			正规的	VSS、MS word & MS Visio	系统分析师
	词汇表	C	M				VSS & MS Word	系统分析师
	用户界面原型		C				DreamWeaver	用户界面设计师
	前景	C	M			正规的	VSS & MS Word	系统分析师
分析和设计	设计模型		C	M			VSS、MS word & MS Visio	软件架构师
	软件架构文档		C	M		正规的	VSS & MS Word	技术文档作者
	数据模型		C	M		正规的	VSS & PowerDesign	数据设计师
实现	…							
项目管理	…							
…	…							

项目实践

项目小组在组长的组织下根据自己项目的实际应用背景,以小组为单位撰写报告《xxx系统术语表及开发案例》,并提交小组会议记录。

小　结

项目启动的时候,往往资料比较繁杂,头绪比较多,不知道如何开头,如何下手。本章讲述的启动项目的过程及方法能够帮助大家迅速地抓住问题的关键,明确初始阶段的任务。从项目前景入手明确项目的范围及约束，制定项目的开发案例，确定项目的人员组成、任务分配、RUP过程制品及初步开发计划，理清了项目的开发脉络。获取功能性需求是在此阶段中的一项重要任务，我们将采用用例技术加以实现，由于涉及的知识比较多，这部分内容将在下一章中进行讲述。

习 题

1. 请简单描述一下项目前景以及它的作用。
2. 什么是开发案例，它的作用是什么？
3. 在实施的过程中，开发案例允许被修改吗，为什么？
4. 请根据自己的项目背景，编制出一份业务术语表。
5. 请根据自己的项目背景，编写一份项目开发案例。

第10章　系统分析

项目的成功在很大程度上依赖于对软件需求的准确把握和正确理解。如果采用一种对IT人员和项目投资者都比较直观的方式来定义需求,则会更容易达成对需求理解上的一致性。多年来,系统分析人员总是利用情景或经历来描述用户和软件系统之间的交互方式,从而获取需求。Ivar Jacobson把这种看法系统地阐述成用例的方法,利用它进行需求获取和建模。虽然用例来源于面向对象的开发环境,但是它也能应用在具有其他开发方法的项目中,因为用户并不关心开发人员是怎样开发软件的,他只关心系统将要完成什么样的功能,而这是非技术性的。

用例即功能性需求,它主要是说明系统如何工作的功能性或行为性需求。用例强调了功能性或行为性,但也可用于其他类型,特别是与用例紧密相关的那些类型。在RUP中,用例被推荐为发现和定义需求的核心机制。

任务1　创建事件清单和事件表

● 任务描述

书中第3章已经给大家讲述了很多有关需求获取的方法。这些方法都是获得需求信息的渠道。当信息汇总完成后,又该如何理解系统,抽象出系统应该提供的功能呢?前面讲述的数据流图的方法,帮助系统分析人员通过对数据流动过程中的加工处理,从而分析和提取功能。那么,RUP过程中所使用的用例技术,就是一种利用事件清单和事件表为入手点提取系统功能的方法。

针对MSMS系统,如何创建事件清单和事件表呢?

● 相关知识

实际上,所有的系统开发方法都是以时间概念来建模的。事件发生在某一特定的时间和地点,可描述并且软件系统可以参与,并需要记录。系统的所有处理过程都是由事件驱动或触发的,因此当定义系统需求时,把所有事件罗列出来并加以分析,是系统分析人员对系统着手分析的入手点。部分参考书中将事件清单和事件表称为初始问题陈述。称谓虽然不同,但是实质上都是对项目中出现的典型事件进行记录、总结的结果。无论是数据流图技术还是用例技术,列出事件清单都是一种快捷的抓住系统主要需求的方法。事件清单的构成就是将与系统活动相关的行为描述抽取出来后形成一个列表的过程。

当定义一个系统需求时,先调查清楚能对该系统产生影响的事件是十分有用的。更准确地说,要明确什么事件发生时需要系统参与并做出响应。事件的发现,可以借助项目前景中系统特性的描述,将重点集中在对用户具有重要价值的核心目标上。在此基础之上询问对系统产生影响的事件。

通过询问对系统产生影响的事件,系统分析人员可以将注意力集中在外部环境上,遵循需求分析的目的是"做什么",避免陷入"怎么做"的细节之中,可以把整个系统看成一个黑盒。最初的调查主要帮助系统分析人员从高层次上全面考察系统,而不是集中在系统内部工作上。最终用户,即真正使用系统的人,也习惯于按照那些影响他们工作的事件来描述系统需求。因此,当用户使用系统时,把重点集中在事件上也是合情合理的。最后,把重点集中在事件上也提供了一种划分(或分解)系统需求的方法,这样系统分析人员就可以针对不同场合下出现的相关事件来分别研究各个部分。复杂的系统需要分解成易处理并能更好理解的小单元,而按照事件来划分系统是这种分解的一种方法。

1. 事件的类型

系统分析人员在记录和抽取事件的过程中,分清事件的类别有助于更好地理解系统需要做出的响应和系统的职责。

事件分为外部事件、内部事件两类。系统分析人员开始工作时识别并列出尽可能多的事件,在与系统用户的交谈中不断细化这些事件列表。

(1) 外部事件

外部事件是系统之外发生的事件,通常都是由外部实体(或动作参与者)触发的。外部实体是一个人或组织单位,它为系统提供数据或从系统获取数据。为了识别关键的外部事件,系统分析人员首先要确定所有可能需要从系统获取信息的参与者。例如,在示例项目中读者就是一个典型的参与者,他通过系统获得相关的图书信息,当他从资料室中借阅一本图书时,系统需要根据他提供的读者信息将借阅的图书与借阅者关联起来,记录借阅信息。由参与者发起的外部事件促使系统必须处理这些重要的事务。

当描述外部事件时,需要给事件命名,这样参与者才能明确触发的任务,同时将参与者需要处理的工作也包括进来。例如,"读者借阅图书"描述了一个外部参与者(读者)以及这个外部参与者想做的事情(借阅图书),这一事件直接影响系统需要完成的任务。

下面的描述有助于帮助系统分析人员把握事件抽取的情形,当这些情景发生时,就产生了外部事件,系统分析人员需要对这些情景进行记录。

① 参与者需要触发一个事务处理(过程)。
② 参与者想获取某些信息。
③ 数据发生改变后,需要更新这些数据,以备其他相关人员使用。
④ 管理部门想获取某些信息。

(2) 内部事件

内部事件是由于达到某一时刻时所发生的事件。许多信息需要系统预设在特定时间间隔内产生一些输出结果。例如,工资系统每两周(或每月)生成工资清单,每个月的1号需要话费管理系统自动产生话费清单。有时输出结果是管理部门需要定期获得的报表,例如业绩报告、销售统计报表,这些是系统自动产生输出结果的,而不需要用户进行操作和干预,也就是没有外部动作参与者下达命令,系统就会在需要的时候(用户指定的时间点上)自动产生所需的信息或其他输出。

下面的描述有助于系统分析人员提取要记录的内部事件。

①所需的内部输出结果：管理部门报表（汇总或异常报表）、操作报表（详细的事务处理）、综述、状况报表等。

②所需的外部输出结果：结算单、状况报表、账单、备忘录等。

2. 示例中的事件

系统分析人员在获取事件的过程中，如果对项目背景了解的话，可以利用原有的借阅图书的经验引出一些典型事件，也可沿着典型的业务处理流程来逐个提取业务事件。现在以新书入库，上报上级图书馆，而后返回本级资料室以供教师借阅为例，描述一下事件提取过程，如图 10-1 所示。

图 10-1　系资料室业务流程

首先，系内购得新书，按照图书管理的要求，需对新书信息进行登记，此时的工作需要资料管理员来完成，因此，对于资料管理员来讲，就会产生与系统业务相关的活动——登记新书。通过这件事情的发生，大家可以观察到系统将会对这件事件的结果进行处理，也就是说，以后系统的构建应该能够提供相应的功能以帮助资料管理员响应这个事件的发生。

之后，为了能够将图书资源纳入学院的统筹管理范畴，资料管理员必须上报新书数据给院图书馆备用，那么，新书数据的上报活动，就成为保障整体资源完善性的一个环节。这个事件的发生，对整个系统的行为也会产生影响。因此，将资料管理员上报新书信息进行事件的提取。

当获得院图书馆的确认之后，教师就可以进行正常的借阅活动了。系统分析人员需要提取的事件会集中在教师借阅图书的各个环节中，这里不一一进行讲解。

另外，还可以从事件的分类上去获得相关事件。例如，前面所提取的事件都有相应的参与者参与，凡外界可以观察到的都是外部事件。那么，是否存在需要根据时间触发的任务，也就是所谓的内部事件呢？这需要从业务规则入手，参照前面提到的内部事件内容列表，可以发现在每学期都存在一个固定的时间要求资料管理员对图书信息进行汇总并提交，它属于管理部门报表的范畴。系统自动上报图书的统计信息就成为系统内部的一个事件。

3. 关注每个事件

事件的提取并不只停留在表述的这一个层面上。系统分析人员还需要对事件做进一步的分析。当项目小组在一次会议中提出事件后,需要尽快地在另一次会议中添加事件的相关信息,并将事件放置到事件表中。

事件表是确定项目前景中第一批的关键图表之一。事件表能识别出事件的附加信息,可能为构建系统的其他领域的内容提供重要的输入。一个事件表包括行和列,事件表中的每一行记录了一个事件的详细信息,每一列代表了事件的一个关键信息。被填入事件表中的信息包括主语、谓语、宾语、到达方式和响应。其中主语描述的是事件的发起者是谁;谓语描述的是引发事件的动作;宾语描述的是事件发生针对的对象;事件的到达方式则描述了事件发生的频率是规律的(周期式)还是随机的(阵发式);响应描述的是事件发生时,系统为应对发生的事件所进行的相应处理。

事件表的获得使得系统分析人员对系统需要提供的功能有了一个初步的了解。但并不能说每个事件就对应一个功能,或者说是每个事件对应一个用例,系统分析人员还需要进一步对事件进行分析和归类。对于如何从事件表向用例模型进行转换,将在任务2中介绍。

4. 业务规则的识别和分类

在事件收集过程中,业务规则经常会被提出,它将贯穿于整个项目的始终,鉴于它的重要性,业务规则将被单独列出。那如何对业务规则进行识别呢?下列规则的分类有助于系统分析人员识别业务规则。

业务规则分类大致如下:

①结构性事实。在业务背景下,必须具有的业务信息的组成形式。要求在一些事实或条件为真的情况下,才能进行下一步的工作。例如,每个订单都必须有一个订单处理日期,否则该订单不能被称为有效订单。

②限制性操作。根据其条件来禁止一个或多个操作。例如,MSMS系统进行注册时,通过员工号来确定用户身份时,非计算机系的教师不允许使用本系统。

③触发操作。在其条件为真时触发一个或多个操作。例如,对于借阅时间的监控,如果某个读者的借阅时间距离规定期限还有三天,系统将自动生成催还通知单;逾期未还,系统连续三天继续发送催还通知单,如若期间归还图书或逾期未还,则结束发送。

④推论。如果某些事实为真,则推出一个结论或了解一些新的知识。例如,如果新员工进行登记注册后,则拥有了默认的访问MSMS网站的用户名和密码。

⑤推算。进行计算的公式。例如,为了鼓励大家进行图书共享,制定优惠政策奖励提供共享图书者。默认情况下借阅图书数量最多不超过2本。如果该读者晒书1~2本,则可多借1本,如果晒书3~4本,则可多借2本,依此类推。

这些分类不是一成不变的,但也提供了一种收集业务规则的方法。如果需要,系统分析人员还可以添加额外的分类,以便提供更细的粒度。

在整理和认识业务规则的同时,还应注意到一种情况,那就是业务规则的实施往往依附于业务本身的流程,而这种业务流程在计算机系统的参与之后可能会发生变化,也就是说,原有系统的物理模型有可能与当前系统的物理模型不一致,这就是所谓的业务流程再造。

5. 业务流程再造(BPR)

业务流程再造已经成为许多新的信息系统的来源。在许多系统开发项目中,通过提高新的自动化水平来支持现有的商业过程;而在其他的一些项目中,新系统支持一种新的商业服务或业务。

系统分析人员会发现有时他们必须又要成为商业分析员,并且需要根据新的、创新的信息系统来帮助客户重建所有的内部商业过程。必须牢记一点,在项目进行期间有可能发现改进商业过程的机会,也有可能对商业过程的某些领域进行彻底的重新评估。作为一个系统分析员,经常有责任在项目进行期间识别和建议一些改进方法。系统分析人员可以对公司的不断成功发挥巨大影响,甚至可以让公司在激烈的竞争中生存下来。

在这方面,一个典型的案例就是网上拍卖系统,它使得传统的拍卖过程由于信息化的参与完全改变了其原有的业务方式,但是期间所固有的业务规则并没有改变。同时使得拍卖领域迅速扩大和发展起来,让一些不便于在拍卖交易所进行的日常用品的交易得以实现。

● 实施步骤

1. 确定 MSMS 系统的外部事件与内部事件的对比,影响系统的事件如图 10-2 所示。

图 10-2　影响系统的事件

2. 综合整理这些内部事件和外部事件,系统分析人员将获得资料共享管理系统中的很多事件,并采用"主语＋谓语(动词)＋宾语"的形式对事件进行描述。其中,主语是前述过程提到的参与者,如资料管理员;谓语给出需要进行的操作,如借阅图书、归还图书等;宾语是由谓语定义的操作的对象,如读者借阅图书中的图书。

将这些事件按照上述规则做以简单的整理后,形成 MSMS 内部事件清单(表 10-1)和 MSMS 外部事件清单(表 10-2)。

表 10-1　　　　MSMS 内部事件清单

内部事件清单
系统发送催还通知单
系统生成现有图书统计表

表 10-2　　　　　　　MSMS 外部事件清单

外部事件清单
资料管理员将新书进行登记,并可进行修改
资料管理员向院图书馆上报图书信息
拣书者借阅图书
拣书者归还图书
资料管理员获得图书统计清单
资料管理员获得图书购买推荐清单
图书拥有者将图书资料整理保存,并可以进行修改
图书拥有者选择闲置图书进行公开(放到晒书场)
拣书者获得晒书清单
拣书者收藏中意的书目
拣书者获得选中的图书
拣书者对晾晒(或资料室)的图书进行评论
读者或拣书者向系统推荐图书,作为图书购买的依据

项目实践

1. 以小组为单位,针对各自的项目整理事件清单,添加系统响应信息,将事件清单整理成事件表。

2. 根据参与者对事件表进行归类和整理。

任务 2　创建用例模型

任务描述

在 RUP 中,项目的初始阶段是展开一系列需求讨论会,并尽快配合具有产品品质的编程和测试,此时不需要进行彻底地分析和需求编写。根据需求易于变化的特点,需要尽早地在开发中获得用户的反馈,并用于精化规格说明。在初始阶段,需要确定大部分需求的名称,即确定用例的名称,同时详细分析 10% 具有高优先级的用例。对于其他部分的需求描述将在细化阶段进行,这种需求随着项目的不断进展而不断完善的过程被称为进化式的需求。

如何从用户需求中分析、归纳问题,如何根据用例构建过程抽取用例,并能够采用精练的语言进行用例描述,以及如何找出并区分与系统整体相关的全部因素,确定问题的主次先后关系? 这些就是创建用例模型的过程。

那么,MSMS 系统用例模型的创建过程是怎样的?

相关知识

1. 用例模型

在 RUP 中,用例是这样定义的:一组用例的实例中,每个实例都是系统执行的一系列活动,这些活动产生了某个参与者可观察的返回值。用例的含义从下面几个方面进行解释:

①用例是一个自包含的单元。用例与行为相关意味着用例所包含的交互在整体上组成一个自包含的单元，它以自身为结果，无须有业务规定时间延迟。

②用例必须由参与者发起并监控。用例必须由参与者发起，由参与者监控，直至用例完成。

③用例必须完成一个特定目标。可观察的返回值意味着用例必须完成一个特定的业务目标。如果用例找不到与业务相关的目标，则应该重新考虑该用例。

用例是面向目标的，这一点很关键，它们表示系统需要做什么，而不是怎么做。用例还是中立于技术的，因此它们可以应用于任何应用程序体系结构或过程。

④用例应该使系统保持在稳定状态。用例应该使系统保持在稳定状态下，它不能只完成一部分，得不到系统处理的最终结果。一个完整的用例必须描述系统在执行了一系列操作之后所达到的某种状态，而这种状态不触发其他动作的执行。

用例描述了当参与者给系统特定的刺激时系统的活动，也描述了触发用例的刺激本质，包括输入、输出到其他参与者以及转换输入、输出的活动。用例文本通常也描述每一个活动在特殊的活动路线时可能的错误和系统应采取的补救措施。

这样说可能会非常复杂，其实一个用例是描述了系统和一个参与者的交互顺序。用例被定义成系统执行的一系列动作，动作执行的结果能被指定的参与者察觉到。用例可以捕获某些用户可见的需求，从而实现一个具体的用户目标。用例由参与者激活，并由系统提供确切的值给参与者。

在具体的需求过程中，有大的用例（业务用例），也有小的用例，主要是由用例的范围决定的。用例像是一个黑盒，它没有包括任何与实现有关或是内部的一些信息。它很容易就被用户（也包括开发者）理解（是简单的谓词短语）。如果用例不足以表达足够的信息来支持系统的开发，就有必要把用例黑盒打开，审视其内部的结构，找出黑盒内部的参与者和用例。就这样通过不断地打开黑盒，分析黑盒，再打开新的黑盒，直到整个系统可以被清晰地了解为止。采用这种不同层次来描述信息，主要是因为以下几点原因：

①需求并不是在项目一开始就很明确，往往是随着项目的推进逐渐细化的。

②人的认知往往具有层次的特性。从粗到细、从一般到特殊，采用不同的层次来描述，适于认知的过程。

黑盒用例是最常被推荐使用的类型，它不对系统内部的工作、构建或设计进行描述。而且通过职责来描述系统，这是面向对象思想中普遍使用的隐喻主题——软件元素具有职责，并且与其他具有职责的元素进行协作。

在需求分析中应避免进行"如何"的决策，而是规定系统的外部行为，就像黑盒一样，并在此后的设计过程中创建满足该规格说明的解决方案。表 10-3 是对用例的黑盒风格和非黑盒风格的比较。

表 10-3　　　　　　　　　用例的黑盒风格与非黑盒风格的比较

黑盒风格	非黑盒风格
系统记录图书信息	系统将录入图书信息写入数据库……或者（更糟糕的描述）系统对录入图书信息生成 SQL INSERT 语句……

在 RUP 中是这样定义用例模型的：这是所有书面用例的集合；同时是系统功能性和环境的模型。用例模型包括 UML 用例图，以显示用例和参与者的名称及其关系。UML 用例图可

以为系统及其环境提供良好的语境图,也为按名称列出的用例提供了快捷方式。

用例不是面向对象的,编写用例时不进行面向对象分析。但这并不妨碍其有效性,用例可以被广泛应用,也就是说,用例是经典面向对象分析与设计的关键需求输入。

(1) 参与者

参与者(或称为执行者)是任何具有行为的人或事物。参与者和用例通信并且期待它的反馈——一个有价值或可觉察的结果。主要参与者和协助参与者会出现在用例文本的活动步骤中。参与者不仅可以是人扮演的角色,也可以是组织、软件和计算机,它们必须能刺激系统部分并接收返回。

在某些组织中可能有许多参与者实例(例如有多个销售员),但就该系统而言,他们均起着同一种作用,扮演着相同的角色,所以可用一个参与者表示。一个用户也可以扮演多种角色。例如,一个高级营销人员既可以是贸易经理,也可以是普通的营销人员;一个营销人员也可以是售货员。在处理参与者时,应考虑其作用,而不是人或工作名称,这一点是很重要的。参与者触发用例,并与用例进行信息交换。

有三种类型的参与者:

① 主要参与者。具有用户目标,并通过使用当前系统的服务完成(例如收银员),他们是发现驱动用例的用户目标。

② 协助参与者。为当前系统提供服务(例如自动付费授权服务)。协助参与者通常是计算机系统,但也可以是组织或人。通过协助参与者可以明确外部接口和协议。

③ 幕后参与者。在用例行为中具有影响或利益,但不是主要或协助参与者(例如政府税收机关)。幕后参与者一经确定,所有重要事务均得到确定并满足。如果不明确地对幕后参与者进行命名,则有时很容易忽略其影响或利益。

(2) 用例的描述形式

用例是一种编写形式,它可采用多种形式。它可用来描述一个业务工作过程,也可用来集中讨论未来系统的需求问题。用例作为系统的功能性需求将系统分析结果文档化,可能被应用在小型的、集中的工作组中,也可能被应用在大型的或分散的工作组中。每种情况下提倡的编写风格都会有所差异。项目开始阶段中识别出的各个事件必须由用例来满足。一个用例可以满足多个事件,因此一个用例可能有多个路径。路径是为满足参与者的目标而必须进行的步骤的集合,用于收集有关用例的高层信息,这里所包含的大部分内容都是资料性的,用来描绘用例的总体目标。

用例文档是一个按照项目开发者提前定义的格式创建的文档,格式有很多模板。模板将文档分为几部分,并且引入其他写作惯例。用例文档就是用户需求。

用例有以下三种常用形式,它能够以不同的形式化程度或格式进行编写。

① 摘要。简洁的一段式概要描述,通常用于主成功场景。在早期需求分析过程中,为了快速了解主题和范围,经常使用摘要式用例描述,只需花费几分钟编写即可完成。

② 非正式。非正式的段落格式,用几个段落覆盖不同场景,一般也是在需求分析早期来使用。

③ 详述。详细编写所有步骤及各种变化,同时具有补充部分,如前置条件和成功保证。确定并以摘要形式编写了大量用例后,在第一次需求讨论会中,详细地编写其中少量的具有重要架构意义和高价值的用例。表10-4给出了详述形式的用例模板中所包含的主要内容。

表 10-4　　　　　　　　　　　　　　用例模板内容

用例的不同部分	注　释
用例名称	以动词开始
范围	要设计的系统
级别	"用户目标"或是"子功能"
主要参与者	调用系统,使之交付服务
涉众及其关注点	关注该用例的人及其需要
前置条件	值得告知读者的,开始前必须为真的条件
后置条件	值得告知读者的,成功完成必须满足的条件
基本流程	典型的、无条件的、理想方式的成功场景
分支流程	成功或失败的替代场景
特殊需求	相关的非功能性需求
技术和数据变元表	不同的 I/O 方法和数据格式
发生频率	影响对实现的调查、测试和时间安排
杂项	例如未解决问题

下面对表 10-4 中各部分用例的含义进行简单的解释。

①范围。范围界定了所要设计的系统。通常,用例描述的是对一个软件系统(或硬件加软件)的使用,这种情况下称为系统用例。在更广义的范围上,用例也能描述顾客和有关人员如何使用业务。这种企业级的过程描述称为业务用例。

②级别。用户目标级别是通常所使用的级别,描述了实现主要参与者目标的场景,该级别大致相当于业务流程工程中的基本业务流程。子功能级别用例描述支持用户目标所需的子步骤。当若干常规用例共享重复的子步骤时,则将其分离出来,创建为子功能级别用例,来避免重复使用公共的文本。

③主要参与者。调用系统服务来完成目标的主要参与者。

④涉众及其关注点列表。它建议并界定了系统必须完成的工作。用例应该包含满足所有涉众关注点的事务。在编写用例其余部分之前就确定涉众及其关注点,能够使项目小组更加清楚地了解详细的系统职责。图 10-3 给出了涉众及其关注点列表的例子。

> 涉众及其关注点
> 　　收银员:希望能够准确快速地输入,并且没有支付错误。因为少收的货款将从其薪水中扣除。
> 　　售货员:希望自动更新销售提成。

图 10-3　涉众及其关注点列表示例

⑤前置条件和后置条件。首先,前置条件和后置条件是为了要对某些不明显却值得重视的事务进行陈述,以帮助读者增强理解。其次,在绝大部分情况下,不需要对这部分内容进行描述。

前置条件:给出在用例场景开始之前,必须永远为真的条件。在用例中不会检查前置条件,前置条件总是被假设为真。通常,前置条件隐含已经成功完成的其他用例场景,例如"登录"。要注意的是,有些条件也必须为真,但是不用编写出来,例如"系统有电力供应"。前置条件传达的是能够引起读者警惕的那些值得注意的假设。

后置条件:给出用例成功结束后必须为真的事务,包括主成功场景及其替代路径。该保证应该满足所有涉众的需求。后置条件也被称为成功保证。

图 10-4 给出了前置条件和后置条件的例子。

> 前置条件:收银员必须经过确认和认证。
> 后置条件:存储销售信息。准确计算税金。更新账务和库存信息。记录提成。生成票据。

图 10-4 前置条件和后置条件示例

⑥基本流程(主成功场景和步骤)。用例中最常用的路径。该路径中所有内容都产生正面结果。

⑦分支流程(扩展)。分支流程描述了其他所有场景和分支,包括成功和失败路径。成功的分支路径产生正面结果,但发生的频率低于主路径。

⑧特殊需求。如果有与用例相关的非功能性需求、质量属性或约束,应该将其写入用例,其中包含需要考虑的及必须包含在内的质量属性(如性能、可靠性和可用性)和设计约束(通常用于 I/O 设备)。图 10-5 是特殊需求的例子。

> 特殊需求
> 使用大尺寸平面显示器触摸屏 UI。文本信息可见性为 1 米。
> 90%的信用卡授权响应时间应小于 30 秒。
> 支持文本显示语言的国际化。
> 在步骤 3 和步骤 7 之间能够加入可插拔的业务规则。

图 10-5 特殊需求示例

⑨技术和数据变元表。需求分析中通常会发现一些技术变元,这些变元是关于如何实现系统的,而非实现系统的哪些功能,它们需要记录在用例中。常见的情况是涉众指定了关于输入或输出技术的约束。例如,涉众可能要求"POS 系统中必须使用读卡器和键盘来支持信用卡账户"。要注意的是,以上都是在项目早期进行的设计决策或约束。一般来说,应该避免早期不成熟的设计决策,但有时候这些决策是明显的或不可避免的,特别是关于输入/输出技术的决策。

虽然在详述过程中,系统分析人员需要描述用例的许多要素,但是,还应该清楚什么是用例最根本的东西,什么是使用用例最根本的目的,这就是对场景的描述。实际中使用的要素要看项目的大小而定。把大量的时间花在用例的描述上是没有意义的,用户需要的是一个软件系统,并不是一大堆的用例说明。在有些情况下,单独列取的用例要素内容实际上已经包含在用例文本描述中了。例如,用例的后置条件实际上已经隐含在用例基本路径中对系统响应的描述里了。因此,在大多数情况下,采用非正式形式描述用例足以表达意图,除非有重要的必须记录的约束内容,可以以详述的形式出现。

(3)用例的可视化描述:用例图

用例图是一种 UML 技术,可用于可视化用例、参与者以及它们之间的联系。可视化图形可以帮助系统分析人员和用户简化对用例的理解,也可以采用流程图、序列图、Petri 网或程序设计语言来表示用例。但从根本上说,用例是文本形式的,所以,需要强调的是,用例不是图形,而是文本。用例建模主要是编写文本的活动,而非制图。初学者常见的错误就是注重于次要的 UML 用例图,而非重要的用例文本。

用例图是一种良好的系统语境图,也就是说,用例图能够展现系统边界、位于边界之外的事务以及系统如何被使用。用例图可以作为沟通工具,用来概括系统及其参与者的行为。

(4)用例之间的联系

用例可以通过关联和泛化联系或者两个构造型联系<<include>>和<<extend>>连接在一起。<<include>>联系指一个业务用例的执行总是涵盖所包含业务用例(子用例)

的所有功能。也就是说,该业务的执行依赖于子用例的执行,如果没有子用例,业务用例的执行是不完整的。例如,用例"预订票务"与子用例"收集支付信息"。如果用户要预订游船则必须收集支付信息以保证游船预订的有效性,否则预订游船的过程不完整,不能够最终完成预订的功能。<<extend>>联系指一个业务用例的执行有时需要对用例的功能进行扩展。也就是说,这个业务用例的执行不依赖于该子用例,即使没有子用例的存在该业务用例仍然能够达成自己的任务目标。例如,子用例"为飞行常客预订航班"扩展了用例"预订航班"。用户在正常情况下使用"预定航班"用例就可以完成自己的目标。在特殊情况下,如果用户经常乘坐飞机,则可以使用"为飞行常客预订航班"用例,使用专门针对飞行常客的一些优惠政策,完成特殊情况的处理。<<include>>和<<extend>>联系总是单向的,以指出包含和扩展的方向。图10-6给出了UML图中对用例的描述形式。

图 10-6 用例模型类元之间的联系

用例是相互连接的,因为它们需要通过合作来完成系统任务,但是如果标出所有的联系则会扰乱模型的意图。因此,用例在绘制时可以设定一定的层次。例如高阶用例用来描述系统的基本用例,使用用户级用例来描述分解后用例之间的关系,但这种联系仍然是有限的。只标出一些选定的联系会带来一个问题,为什么这些联系比其他的联系更重要呢?因为系统分析人员必须明白用例的最根本描述形式是用例文本,图形只是次要的辅助手段。要谨慎使用联系。

2. 用例产生的过程

用例代表了用户的需求,在构建的系统中,应该直接从不同用户类的代表或从代理那里收集需求。用例为表达用户需求提供了一种方法,这一方法必须与系统的业务需求相一致。系统分析人员和用户必须检查每一个用例,在把它们纳入需求之前确定其是否在项目所定义的范围内。在理论上,用例的结果集包括所有合理的系统功能。

当使用用例进行需求获取时,应避免受不成熟细节的影响。在对切合的客户任务取得共识之前,用户能很容易地在一个报表或对话框中列出每一项的精确设计。如果这些细节都作为需求记录下来,它们会给随后的设计过程带来不必要的限制。

产生用例最常用的方法是使用事件表。系统分析员以系统特性为基础,捕获由此产生的事件,记录事件清单。在对事件清单中的事件补充相应的细节后,分析表中每一个事件,以决定系统支持这个事件的方式并初始化这个事件的参与者,以及由于这个事件可能触发的其他用例,从而将其进行整理概括。图10-7简单描述了用例的产生过程。

本章一开始已经为大家介绍了事件表的构建过程和方法,下面的内容将着重介绍如何将事件表转换成用例。事件表,按照主语(参与者)进行分类,整理后获得的部分事件表见表10-5。

特性 → 事件清单 → 事件表 → 用例

图 10-7　用例产生的过程

系统分析员通过查找事件表中主语所在列，分析谁或什么在使用这个系统以及它的用途是什么，可以建立一个参与者列表。注意系统中同一个人可能充当多个特定的角色。

表 10-5　　　　　　　　　　示例项目部分事件表

主　语	谓　语	宾　语	到达方式	响　　应
资料管理员	登记	新书	阵发式	编辑新书，并保存在系统中
资料管理员	获得	图书统计清单	阵发式	产生图书统计清单，以以报表的形式进行输出
资料管理员	获得	图书统计清单	阵发式	产生图书推荐清单，并以报表的形式进行输出
系统使用者	验证	身份	阵发式	根据系统保存的用户信息进行比对，做出是不是系统用户的答复
藏书者	修改	图书资料	阵发式	编辑资料，并保存在系统中
藏书者	添加	藏书信息	阵发式	编辑新加入的图书信息，并保存在系统中
藏书者	删除	藏书信息	阵发式	从系统中删除此项图书信息
藏书者	公开	闲置图书	阵发式	完成要求
拣书者	借阅	图书	阵发式	告知藏书者要借阅的信息并进行记录
拣书者	归还	图书	阵发式	告知藏书者要借阅的信息并进行记录
拣书者	获得	晒书清单	阵发式	完成要求
拣书者	收藏	书目	阵发式	记录收藏信息
拣书者	获得	图书	阵发式	修改图书借阅状态
拣书者	评论	图书	阵发式	记录评语
拣书者	推荐	图书	阵发式	编辑推荐信息并保存在系统中
系统	发送	催还通知单	周期式	产生到期催还通知单
系统	生成	图书统计表	周期式	产生图书统计表

一般情况下，一个事件对应一个用例，但要注意表中有些事件具有群集的趋向，例如，处理图书信息维护的事件，包括添加图书、删除图书、查询图书等。但有时一个事件可能产生多个用例，或多个事件表示同一个用例。

系统分析人员应该保持这些自然的分组，并各加一个简略的描述性短语，再提出下列问题进行检测（验证群集分类的正确性）：

①这些事件的共同点是什么？

②这些事件有相同的最终目标吗？倘若有，目标是什么？

根据参与者大家可以很容易地将表 10-5 列出的事件分为四大类：藏书者、资料管理员、拣书者、系统。藏书者的操作大多数集中在对图书信息的维护上，拣书者则集中在图书借阅和共享信息的个性化处理上，同时，图书管理员既要对图书信息进行维护还需要获得一些统计信息。

接下来,将这些描述性的短语放在一个椭圆中,并加上相关的参与者,就形成了用例的初步概要性描述。

初步用例图的绘制,只是为了方便对用例的识别和整理。下一步就需要根据事件表中响应所在列的内容,采用文本形式对识别出来的用例进行摘要式的描述,从而获得对用例的进一步认识。示例项目中的摘要式描述如图10-8所示。

图10-8 初步用例图

初始阶段不需要以详述形式编写所有用例,获得初步的系统用例之后,需要对这些用例进行优先级的排序,以此作为确定增量的基础。用例优先级的确定标准包括业务价值、风险、架构意义三个方面。

首先是高业务价值的用例。用户应当列出用例的业务优先级,一般分为三级,首先要实现的、短期内可以没有、长期内可以没有的。首先要实现的这部分用例的需求稳定性相对较高,因为是用户业务中的核心功能,用户对于要完成的目标比较明确。例如,图书的借阅和归还就是当前系统的核心业务。

其次,具有高架构意义的用例。高架构意义是指被别的用例多次引用的用例。RUP是以架构为核心的。对于每一个用例,开发人员都应考虑体系结构(或技术上)风险。体系结构风险一般分为三级:高风险、可能的风险、完全不可能的风险。具有架构意义的用例往往处在系统的核心环节当中,对这部分用例进行细致分析将有助于系统获得解决方案。例如,为了能够做到图书资源的共享,晒书过程管理用例就是解决这个问题的关键。晒书的过程及形式确定下来之后,整个系统就以此为基础,架构的形式就基本明朗了。

最后是高风险的用例。风险性越高,说明可能发生的概率就越高,应立即对这部分内容进行分析,及早解决问题,减弱可能对系统造成的影响。在示例项目中,统计信息的实现策略打算使用图表的形式进行实现,那么如果选用JFreeChart作为实现技术的话,则必须考虑其可能存在的风险,尽快做出一个原型是化解风险的一种手段。

到目前为止,大家已经将注意力集中到优先级最大的需求上,使项目由粗略向精细演进,为此,根据上述三方面的考虑,研究在该阶段的用例模型可以详述见表10-6。

表10-6 用例模型的初步规划

详述形式	非正式形式	摘要形式
借阅藏书	制订晒书计划	用户管理
归还藏书	进入晒书场	规则制定
增加藏书	晒书场-拣书	系统设置

(续表)

详述形式	非正式形式	摘要形式
查看晒书场	确认还书	数据统计
		报表打印
		密码设置
		图书推荐

(2)非正式形式的样例项目用例

在需求讨论会时,对具有高优先级的用例进行讨论,以便尽快整理出非正式形式的用例描述,用以记录用户需求的核心内容。它侧重于描述某个业务目标用户与系统之间是如何进行交互的,需要用户提供的信息有哪些,用户希望系统做出什么样的处理,也就是系统的响应是什么,以及在这期间,可能出现的其他情形有哪些,可能出现的必须处理的异常有哪些。

这里给出示例项目的非正式形式用例的描述的例子,如图 10-9 所示。

用例 UC1:登录
　　为了保证资源利用的有效性和准确性,系统的使用需要进行用户身份验证,通过登录界面来验证系统使用者的身份合法性和相应的使用权限。
基本流程:
1.用户在系统登录界面上输入用户名和密码。
2.系统验证输入信息的有效性。
3.系统根据注册信息验证用户的合法性。
4.验证合法后,系统根据用户权限显示欢迎界面。
分支流程:
2.a 用户名或是密码为空,则提示用户此信息。
2.b 用户名超过 10 个字符或者密码超过 8 个字符,则提示用户此信息。
4.a 如果用户非法,则提示用户此信息,要求用户重新输入信息或进行注册。
4.b 如果用户权限为拣书者,则显示晒书场界面。
4.c 如果用户权限为藏书者,则显示藏书管理界面。

用例 UC2:藏书管理
对个人拥有图书信息的管理。子用例包括添加藏书(UC2.1)、修改藏书(UC2.2)、查找图书(UC2.3)、删除藏书(UC2.4)。
用例 UC2.1:添加藏书
基本流程:
1.藏书者登记新购买图书的信息,包括书名、作者、译者、出版社、购买时间、价格、对图书的推荐信息、喜爱程度、数量、归类。
2.系统进行输入信息的有效性检查。
3.系统根据图书名称进行重复图书检查。
4.系统保存图书信息,并提示保存成功。
5.系统重新显示初始录入界面,用户可以进行下一本图书的录入过程。
分支流程:
2.a 如果藏书者录入信息有误,系统提示藏书者此信息,返回添加藏书界面,界面保持原来填写数据。
3.a 如果图书名称发生重复,系统将提示此信息,并给出相应图书列表,用户可以查阅图书的详细信息,同时要求用户对此情况进行处理。
　　①如果确认图书录入重复,则系统提取该书的其余信息显示在录入界面中,并增加 1 本该书的数量。
　　②如果只是同名不同书,则用户确认此情况后,系统对当前录入的图书信息进行保存。
备注:
1.系统自动给出录入时间。
2.喜爱程度,默认情况下为 3 星,最高等级为 5 级,最低等级为 1 级,藏书者可以以后进行修改。
3.图书数量,默认为 1 本,极个别情况会出现多本重复书籍。
4.为方便管理,可允许用户自己设定归类名称。

图 10-9　非正式形式的样例项目用例

（2）详述形式的样例项目用例

一般情况下，对于用例的描述采用非正式形式即可，但是在需要对一些细节问题进行记录并加以强调的时候就需要使用详述形式了。图 10-10 给出了详述形式的例子，从中我们注意到其中核心内容就是前面非正式形式中给出的基本流程和分支流程。

范围：应用
级别：用户目标
主要参与者：藏书者、资料管理员
涉众及其关注点：
藏书者：录入信息时，希望能够简洁快捷
前置条件：已经确认使用者身份
成功保证：系统增加一条新录入藏书的信息
基本流程：
1. 登记新购买图书的信息，包括书名、作者、译者、出版社、购买时间（系统自动给出录入时间）、价格、对图书的推荐信息、喜爱程度、数量、归类。
2. 系统进行输入信息的有效性检查。
3. 系统根据图书名称进行重复图书检查。
4. 存储图书信息，并提示存储成功。
5. 系统重新显示初始录入界面，用户可以进行下一本图书的录入过程。
分支流程：
2.a 如果藏书者录入信息有误，系统提示藏书者此信息，返回添加藏书界面，界面保持原来填写数据。
3.a 如果图书名称发生重复，系统将提示此信息，并给出相应图书列表，用户可以查阅图书的详细信息，同时要求用户对此情况进行处理。
　①如果确认图书录入重复，则系统提取该书的其余信息显示在录入界面中，并增加 1 本该书的数量。
　②如果只是同名不同书，则用户确认此情况后，系统对当前录入的图书信息进行保存。
备注：
1. 系统自动给出录入时间。
2. 喜爱程度，默认情况下为 3 星，最高等级为 5 级，最低等级为 1 级，藏书者可以以后进行修改。
3. 图书数量，默认为 1 本，极个别情况会出现多本重复书籍。
4. 为方便管理，可允许用户自己设定归类名称。
特殊需求：
希望能够上传图书封皮的小图像；
希望系统能够对新录入的图书自动根据编码规则编号。
技术和数据变元表：
资料管理员在录入图书信息时，希望使用读卡器读取图书的 ISDN 号。
发生频率：阵发式。
杂项：
系统是否能够提供嵌入式的图像扫描功能，并自动转换成图书封面格式。

图 10-10　详述形式的样例项目用例

3. 补充性规格说明

用例不是需求的全部，补充性规格说明基本上是用例之外的所有内容，它主要用于非功能性需求，例如性能、可支持性说明。该制品也用来记录没有表示（或不能表示）为用例的功能特性，是获取理解系统的必要内部行为所需的其他信息。下面从几个方面给出补充性规格说明的实例。

①功能性：通常跨越多个用例的功能性。
- 日志和错误处理：在持久性存储中记录所有在运行期间系统捕获到的错误，同时记录系统的日常业务处理轨迹。
- 可扩展性：在几个用例的不同场景执行任意一组规则，以支持对系统功能的定制。
- 安全性：系统的任何使用都需要经过用户身份认证，根据授予的权限进行操作。

- 保留原有系统数据库信息:原有图书管理系统的图书、借阅等信息能够平滑地导入当前系统中,制定相应的导入机制和备份机制。

②实现约束。MSMS 项目组的成员都熟悉 Java 技术,而且该技术具有良好的远期移植和可支持性能力。

③接口。
- 重要的硬件接口:扫描图书 ISBN 号码所需的条形码激光扫描仪。
- 软件接口:系图书馆向院图书馆上报馆藏图书信息的接口。

● **实施步骤**

1. 采用用例图的形式抽取用例,并分析和描述用例之间的关系。

图 10-11 展示了为 MSMS 系统绘制的简单的部分用例语境图。在这里,本书使用不带箭头的线段将角色与用例连接到一起,表示两者之间交换信息,称之为通信联系。参与者之间可以通过泛化关系分类。

图 10-11 部分用例语境图

2. 用例的摘要式描述。

根据分析出来的用例,采用摘要式描述形式对每个用例进行描述。MSMS 系统中的摘要式描述如图 10-12 所示。

登录:设定使用权限。用户提供用户名和密码,系统根据注册信息进行验证,通过后根据用户权限显示主界面

藏书管理:对个人拥有图书信息的管理

添加:登记新购买图书的信息,包括书名、作者、译者、出版社、购买时间(系统自动给出录入时间)、价格、对图书的推荐信息、喜爱程度(默认情况下为 3 星,最高等级为 5 星,最低等级为 1 星)、数量(默认为 1 本,极个别情况会出现多本重复书籍)、归类(方便管理,可自己设定归类名称)。系统根据图书名称进行重复图书检查之后,将图书信息进行存储,并提示存储成功。系统重新显示初始录入界面,用户可以进行下一本图书的录入过程

查询:根据指定条件进行图书信息的查询,条件包括:书名、作者、购买时间范围、喜爱程度、公开程度(是否进行晾晒)

修改:图书资料的内容有可能会出现偏差,通过信息修改功能改正偏差

归还图书:将拣来的图书进行归还。从晒书场上拣来的图书到期后,拣书者应主动向藏书拥有者归还图书。系统在收到拣书者的归还请求后,自动向藏书拥有者发送提示信息。藏书拥有者在确定拿到图书后,通过系统进行确认彻底改变图书的状态(变为被晾晒图书,或收回私人藏书)

图书推荐:老师们可以推荐自己喜爱的图书,得到的推荐列表可作为其他老师或学院购买图书的依据

图 10-12 部分用例的摘要式描述

3. 对用例进行优先级的排序。

根据需求优先级排序的原则,对抽取出来的用例进行优先级的排序。作为功能性需求,用例应至少分为两个优先层次:首要完成的和可暂缓完成的功能。

4. 当前阶段需要完成的用例需采用非正式形式进行描述。如图10-13所示。

用例 UC2:藏书管理

　　对个人拥有图书信息的管理。子用例包括添加藏书(UC2.1)、修改藏书(UC2.2)、查找图书(UC2.3)、删除藏书(UC2.4)。

用例 UC2.1:添加藏书

基本流程:

1. 藏书者登记新购买图书的信息,包括书名、作者、译者、出版社、购买时间、价格、对图书的推荐信息、喜爱程度、数量、归类。
2. 系统进行输入信息的有效性检查。
3. 系统根据图书名称进行重复图书检查。
4. 系统保存图书信息,并提示保存成功。
5. 系统重新显示初始录入界面,用户可以进行下一本图书的录入过程。

分支流程:

2.a、如果藏书者录入信息有误,系统提示藏书者此信息,返回添加藏书界面,界面保持原来填写数据

3.a、如果图书名称发生重复,系统将提示此信息,并给出相应图书列表,用户可以查阅图书的详细信息,同时要求用户对此情况进行处理。

1. 如果确认图书录入重复,则系统提取该书的其余信息显示在录入界面中,并增加1本该书的数量。
2. 如果只是同名不同书,则用户确认此情况后,系统对当前录入的图书信息进行保存。

备注:

1. 系统自动给出录入时间。
2. 喜爱程度,默认情况下为3星,最高等级为5级,最低等级为1级,藏书者可以以后进行修改。
3. 图书数量,默认为1本,极个别情况会出现多本重复书籍。
4. 为方便管理,可允许用户自己设定归类名称。

图10-13　部分用例的非正式形式描述

● 项目实践

1. 以小组为单位讨论并完成用例图,确定首要完成用例集合。
2. 小组每个成员完成对应用例的非正式形式的用例描述。
3. 提交所有用例的摘要式描述。

任务3　创建领域模型

● 任务描述

在前一个任务中已经获得了用例模型,了解了用户的使用场景。在当前任务中,需要利用用例模型来分析系统中将涉及的主要概念性对象,并需要根据这些实际的问题空间对象设计软件的结构,这些问题域抽象的模型是整个对象建模工作(尤其是静态模型部分)的基础。

这里有一段摘自用例模型的"添加藏书"用例的描述,如图10-14所示。如何根据这段描述来构建相应的领域模型呢?

```
用例 UC2.1:添加藏书
基本流程:
1.藏书者登记新购买图书的信息,包括书名、作者、译者、出版社、购买时间(系统自动给出录入时间)、价格、对图书的推
  荐信息、喜爱程度、数量以及类别。
2.系统进行输入信息的有效性检查。
3.系统根据图书名称进行重复图书检查。
4.存储图书信息,并提示存储成功。
5.系统重新显示初始添加藏书界面,用户可以进行下一本图书的录入过程。
分支流程:
1.如果藏书者录入信息有误。
(1)系统提示藏书者此信息;
(2)返回刚才的添加藏书界面,界面保持原来填写数据。
2.如果图书名称发生重复,系统将提示此信息,并给出相应图书列表,用户可以查阅图书的详细信息,同时要求用户对
  此情况进行处理。
(1)如果确认图书录入重复,则系统放弃对当前图书信息的存储;
(2)如果只是同名不同书,则用户确认此情况后,系统对当前录入的图书信息进行保存。
```

图10-14 示例项目中详述形式的"添加藏书"用例

相关知识

从面向对象基本概念的描述中我们知道,对象及对象之间的关系提取是基于对真实世界的隐喻,它模拟了人们在真实世界中对领域或业务的认识和理解,阐述了其中的重要概念。以对象的形式进行描述,从而构建出静态模型。系统分析人员在构建静态模型时分为几个抽象层次。根据人们认识世界、理解系统的不断深入,由外而内、由粗到细的过程,可获得大致三个相应层次的对象图(或类图):

①概念透视图:用类图来描述真实世界或关注领域中的事物,也称为领域对象模型或分析类图。

②设计透视图:用类图来描述软件的抽象物或具有规格说明和接口的构件,但是并不体现特定的实现技术,也称为(软件)设计类图。

③实现透视图:用类图来描述特定技术中的软件实现,也称为(软件)实现类图。

这里描述了同样的 UML 类图,既能够描述现实世界的概念,又能够描述面向对象语言中的软件类,充分体现了面向对象分析设计方法中分析和设计的顺利过渡。

概念透视图的抽象层次最高,它用图来描述现实世界或关注领域中的事物。应用 UML 表示法,领域对象模型被描述成一组没有定义操作的类图。它提供了概念透视图,而不是软件设计类图。在对象建模中,总会提到关于软件对象的职责,但方法是纯粹软件的概念。领域模型描述的是真实世界的概念,而非软件对象的概念。总的来讲,对象职责在软件设计过程中非常重要,但它不属于领域模型。

领域模型包括的内容是领域对象模型(领域概念模型)、领域用例模型和领域业务过程再造。由于它涉及的内容非常广泛,结构比较复杂,在这里只着重介绍领域对象模型,简称领域模型。

领域建模是建立领域模型的过程。领域建模专注于分析问题领域本身,发掘重要的业务领域概念,并建立业务领域概念之间的关系。

1. 什么是领域模型

领域模型是一个商业建模范畴的概念,它和软件开发没有关系,即使一个企业不开发软

件,它也具备自己的业务模型。所有同行业企业的业务模型必定有着非常大的共性和内在的规律性,可由这个行业内的各个企业的业务模型向上抽象出整个行业的业务模型,即"领域模型"。世界著名的"ERP领头羊"SAP公司就是这样一家软件公司,它在一些行业内积累了足够的领域模型,就会成立一个专门的咨询部门,这个部门里面都是咨询师,他们是不管软件开发的,也可以不懂软件开发,只是专门教这个行业的客户怎么去做自己的业务,他们比客户还要精通客户的业务。图10-15展示了银行的一小部分领域模型。

图 10-15　银行领域模型凭证的相关部分

图 10-15 是 UML 类图,它抽象地表示了银行领域中和凭证相关部分的领域知识:
①任何一个银行"账户"(这里没有详细分类)可能与多个"凭证"相关。
②具体而言,凭证可以是银行卡、存折、存单等形式。
③任何凭证都有明确的生效起始日和终止日。
④各种凭证的凭证号不是统一的,比如存折和信用卡具有不同的编号格式。
……

模型虽小,却涵盖了银行的一些实际业务情况。由此例可以看出,领域模型是对实际问题领域的抽象表示,它专注于分析问题领域本身,发掘重要的业务领域概念,并建立业务领域概念之间的关系。

领域模型是 OO 分析中最重要的和经典的模型,因为它阐述了领域中的重要概念。领域模型可以作为设计某些软件对象的灵感来源,也将作为案例研究中探讨的几个制品的输入。领域模型的范围限定于当前迭代开发的用例场景,它能够不断地演进并展示相关的重要概念。相关的用例概念和专家的观点将作为创建领域模型的输入;反过来,该模型又会影响系统提供服务的特性、词汇表和设计模型,尤其是设计模型中领域层的软件对象。

大家学习到这里有点似曾相识的感觉,结构化分析中的数据模型也是从类似角度出发构建一个真实世界的概念抽象,那么领域模型和数据模型是一回事吗?

首先明确一点,领域模型不是数据模型。数据模型的实体对象虽然取材于真实世界,但它通过对数据模型的定义来表示存储于某处的持久性数据。在领域模型中,不会排除需求中没有明确要求记录其相关信息的类(这是对关系数据库进行数据建模的常见标准,但与领域模型无关),也不会排除没有属性的概念类,也就是说,没有属性的概念类是合法的,或者在领域内充当单纯行为角色而不是信息角色的概念类也是有效的。

2. 何时创建领域模型

领域模型描述真实世界的类(对象)以及它们之间的相互关系,展示了系统的静态模型和工作活动片段。在分析过程中,类模型的优先级要高于状态和交互模型,这是因为静态结构容易更好地定义,而且较少地依赖应用程序的细节。当解决方案发生演化时便会更加稳定。领域模型的信息来源于问题陈述、其他相关系统的制品(用例模型)、专家对应用领域的了解以及对真实世界的总认识。确定开发人员已经考虑了所有的可用信息,而没有只依赖于单个信息源。

领域模型(使用 UML 表示法)描述的信息也可以采用纯文本方式(业务术语表)表示,但是在可视化语言中更容易理解这些术语,特别是它们之间的关系,因为人们的思维更擅长于理解形象的元素和线条的连接。

领域层软件类的名称源于领域模型中的名称,以使对象具有领域的信息和职责,这样可以减小人们的思维与软件模型之间的表示差异。同时,对时间和金钱也会有实际的影响。例如,以下是在 1953 年编写的薪水册的源代码:

10000101010001111010101010100010101010101010000010101……

对于掌握计算机语言的人而言,这是可行的,但是这种软件表示与人们头脑中的薪水册领域模型之间存在巨大差异,极大地影响了人们对软件的理解和修改。面向对象建模可以减小这一差异,如图 10-16 所示。

图 10-16　面向对象建模减小了表示差异

领域模型中的"读者"是概念,但在设计模型中"读者"是软件类,它们虽不是一回事,但前者对后者的名称和定义有启发作用,从而减少了表示差异,成为面向对象技术的主要思想之一。

当然,对象技术还有其他价值,例如,通过它可以构建松散耦合的系统,这样的系统易于进行调整和扩展。在这些方面,减小表示差异的作用可能是次要的。

实施步骤

以当前迭代中的需求为界,创建领域模型必须经过下面几个步骤。
(1)寻找(识别)类
(2)筛选类
(3)确定关系
(4)识别类的属性

1. 识别类

领域对象类的最佳来源很可能是高级问题陈述、低级需求和问题空间的专业知识,要发现

领域对象类,就要从这些来源(包括其他来源,例如业务资料)中挖掘尽可能多的相关陈述,然后根据下述三条策略寻找概念类:

(1) 重用和修改现有的模型

这是首要、最佳且最简单的方法。如果条件许可,通常从这一步开始。在许多领域中,都存在已发布的、绘制精细的领域模型和数据模型。这些领域包括库存、金融、卫生等。

(2) 使用分类列表

大家可以通过查阅参考书《UML面向对象建模与设计》中介绍的概念类候选列表来创建领域模型。表中包含大量值得考虑的常见类别,需要强调的是业务信息系统的需求,该准则建议在分析时建立一些优先级。表10-7取自MSMS示例项目。

表 10-7   概念类分类列表

概念类的类别	示 例
业务交易	借阅、归还
准则:十分关键(涉及金钱),所以作为起点	预订
交易项目	图书
准则:交易中通常会涉及项目	借书证
与交易或交易相关的产品或服务	借还记录
准则:(产品或服务)是交易的对象	
交易记录在何处?	借还记录
准则:重要	
与交易相关的人或组织的角色;用例的参与者	资料管理员、拣书者、藏书者
准则:通常要知道交易涉及的各方	院图书馆管理系统
交易的地点;服务的地点	资料室
重要事件,通常包含需要记录的时间或地点	借阅记录、归还记录、催还列表
物理对象	条码扫描仪
准则:特写是在创建控制软件或进行仿真时非常有用	
事务的描述	图书介绍、图书评价
类别:描述通常有类别	图书类别
事务(物理或信息)的容器	资料室、个人藏书室
容器中的事物	条目
其他协作的系统	院图书馆管理系统
金融、工作、合约、法律材料的记录	图(藏)书列表、统计报表
金融手段	
执行工作所需的进度表、手册、文档等	晒书计划表、图书推荐表

(3) 确定名词短语

在对领域的文本性描述中识别名词和名词性短语,将其作为候选的概念类或属性。这是一种简单而有效的语言分析技术。详述形式的用例是挖掘名词性短语的重要来源之一。

根据图 10-17 所示示例项目的用例文档,可以找出其间的名词或名词性短语。

用例 UC2.1:添加藏书基本流程:
1. **藏书者**登记新购买**图书的信息**,包括**书名**、**作者**、**译者**、**出版社**、**购买时间**(系统自动给出**录入时间**)、**价格**、对图书的**推荐信息**、**喜爱程度**(默认情况下为 3 星,最高等级为 5 级,最低等级为 1 级)、**数量**(默认为 1 本,极个别情况会出现多本重复书籍)、**类别**(方便管理,可自己设定归类名称)。
2. 系统进行输入信息的有效性检查。
3. 系统根据**图书名称**进行重复图书检查。
4. 存储图书信息,并提示存储成功。
5. 系统重新显示初始**添加藏书界面**,用户可以进行下一本图书的录入过程。

分支流程:
2.a 如果**藏书者**录入信息有误
   ① 系统提示藏书者此信息。
   ② 返回刚才的**添加藏书界面**,界面保持原来填写**数据**。
3.a 如果**图书名称**发生重复,系统将提示此信息,并给出相应**图书列表**,用户可以查阅图书的**详细信息**,同时要求用户对此情况进行处理。
   ① 如果确认图书录入重复,则系统放弃对当前图书信息的存储。
   ② 如果只是同名不同书,则用户确认此情况后,系统对当前录入的图书信息进行保存。

图 10-17 示例项目中详述形式的"添加藏书"用例

其中一些名词性短语是候选的概念类,有些名词所指的概念类可能会在本次迭代中被忽略(如迭代优先级所决定的业务范围),还有一些可能只是概念类的一些属性。通过实施后面的类筛选的原则,将对类的范围进行调整。

这种方法的弱点是自然语言的不确定性造成的。不同的名词性短语可能表示同一概念类或属性,此外可能存在歧义,因此,建议与"概念类分类列表"一起配合使用。

提取出其中的名词或名词短语,形成初步的领域模型,可以得到如图 10-18 所示的名词。

图书信息	书名	作者	译者	出版社
录入时间	价格	推荐信息	喜爱程度	数量
添加藏书界面	图书名称	藏书者	录入信息	数据
图书的详细信息	系统	购买时间	类别	图书列表

图 10-18 得到的初步候选概念类

由图 10-18 可知,没有所谓正确的列表,上述列表中的抽象事务和领域词汇在一定程度上是随意搜集的,但都是建模者认为重要的内容。

2. 应用筛选原则

在完成名词的初步列表之后,我们应用一些简单的筛选规则进行精简。

下面是常用的几种筛选原则:

(1) 冗余

表示相同事物的两个名词就是冗余。例如,"图书信息"和"图书的详细信息",选择简洁的"图书信息"作为候选类。再如,用户能够被藏书者、拣书者完全涵盖,故删除用户;销售价格指明价格的含义,故删除价格。

(2) 不相关

名词与问题域没有关系。它可能是有效类,但不在当前项目的范围之内。例如,"员工考绩标准"是个名词,但订单处理系统不会测量或跟踪员工的工作实绩;电话和传真不是系统所关注的内容。

(3) 笼统

名词描述的覆盖面太大,以至于在对某个业务进行描述时,不得不对该名词概念进行细分,单独拿出一部分来根本不能说明问题。例如,"录入信息"包括"图书信息"和"藏书信息"两部分,在应用录入信息进行描述时,必须加以额外说明。

(4) 属性

实际上描述了另一个类结构的名词是属性。例如,"书名""作者""译者"描述的是系统"图书"类的一个组成部分。注意类和属性的识别与具体的应用领域相关。例如,"邮政编码"一般是"地址"类的一个属性,但对于邮政服务,邮政编码就是一个类,因为它同时包含了属性(地理位置、统计、费率结构和运送信息)和行为(投送路线和日程)。例题分析:零件目录、购买数量、送货地址、订购数量、销售价格都属于属性范畴。

属性与类的常见错误:如果认为某概念 X 不是现实世界中的数字或文本,那么 X 可能是概念类,而不是属性。例如,store 应该是 sale 的属性还是单独的类?

在现实世界中,商店(store)不会被认为是数字或文本,这一术语表示的是合法实体、组织和占据空间的事物,因此 store 应该是概念类。样例项目中的"出版社"在现实世界当中表示的是合法实体,如果系统不仅关注出版社的名称,还关注其他的特征,例如出版社的地址、电话、邮编等信息,那么"出版社"就应该是概念类,而不是图书的属性。但如果系统只关注出版社的名称,而不关注出版社的其他属性,"出版社"应该只是图书的属性,更确切地说就是"出版社名称"。

(5) 操作

描述某个类职责的名词自身不是一个类,而是一个操作。例如,"图书借阅"。

(6) 角色

描述一个特定实体的状态或其分类的名词多半不是一个类。例如,"VIP 会员"是一个会员在一定时间下的状态。

(7) 事件

描述特定时间频率的名词,通常表示了领域必须支持的一个动态元素。例如,"每星期打印一次发票"中的"星期"就不是候选类。

(8) 实现结构

描述硬件元素或算法的名词最好删除或指派为某个类的操作。例如,"打印机"和"傅立叶算法"。

注意:作为一个类,选择最终名字的时候一定要使用明确简洁的名词,单数优于复数。

初始的样例项目候选列表应用筛选原则的过程见表 10-8。

3. 明确类之间的关系

找到并表示出类之间的关联是有帮助的,这些关联能够满足当前开发场景的信息需求,并且有助于理解领域。我们说领域模型是静态模型,但也能表示出工作的活动片段,这就是关联的作用。关联是类(或类的实例)之间的关系,表示有意义和值得关注的连接。

表 10-8　　　　　　　　　　　应用筛选原则筛选候选类的过程

候选类	冗 余	不相关	笼 统	属 性	操 作	角 色	事 件	实现结构
图书信息	图书信息	图书信息	图书信息	图书信息	图书信息	图书信息	图书信息	图书信息
录入时间	录入时间	录入时间	录入时间	录入时间				
藏书信息	藏书信息	藏书信息	藏书信息	藏书信息	藏书信息	藏书信息	藏书信息	藏书信息
添加藏书界面	添加藏书界面	添加藏书界面						
图书的详细信息	图书的详细信息							
书名	书名							
价格	价格	价格	价格	价格				
图书名称	图书名称	图书名称	图书名称	图书名称				
系统	系统	系统						
作者	作者	作者	作者	作者				
推荐信息	推荐信息	推荐信息	推荐信息	推荐信息				
藏书者	藏书者	藏书者	藏书者	藏书者	藏书者	藏书者	藏书者	藏书者
购买时间	购买时间	购买时间	购买时间	购买时间				
译者	译者	译者	译者	译者				
喜爱程度	喜爱程度	喜爱程度	喜爱程度	喜爱程度				
录入信息	录入信息	录入信息	录入信息					
类别	类别	类别	类别	类别				
出版社	出版社	出版社	出版社	出版社				
数量	数量	数量	数量	数量				
数据	数据	数据	数据					
图书列表	图书列表	图书列表						

关联表示了要持续一段时间的关系，它不是数据流、数据库外键联系，也不是实例变量或软件方案中对象的连接语句。关联声明的是现实领域中纯概念角度的有意义的关系。如果存在需要保持一段时间的关系，将这种语义表示为关联（"需要记住"的关联）。

建立关联的方法：

①显式的关联可以从用例中找到。

②从事件表中找到关联的早期标志。

③需要记住的关联：应该避免加入大量的关联。

构建领域模型时应该避免在领域模型中加入太多的关联，这样会使图形显得混乱，影响对图的理解，背离构建模型的初衷。回顾离散数学（图论或数据结构中图的知识）的相关知识：在具有 n 个结点的图中，结点间有 $(n(n-1))/2$ 个关联，这可能是个很大的数。在具有 20 个类的领域模型中可以有 190 条关联线。所以应该慎重地添加关联线，只记录那些需要记住的关联。

回顾一下在添加关联时，是否会出现下述的情形：

①立即给关联制定多重度，确保每个关联都有明确的多重度。

②不对用例和时序图进行研究就将操作分配给类。

③在确保已满足用户需求之前，对代码进行优化以提高重用性。

④对于每个"……部分（part-of）"关联，就使用聚集还是组合争论不休。

⑤未对问题空间进行建模之前，就假定一种具体的建模策略。

⑥在领域类和关系型数据库表之间建立一对一的映射。

⑦过早地执行"模式化"，导致根据与用户问题毫无关系的模式创建解决方案。

前面给出的例子关注的是藏书者添加图书的过程,图 10-19 给出了当前用例所关注的类之间的关系。

图 10-19　用例 2.1 中的初步领域模型

4. 识别属性

前面我们已经通过几种途径获得了初步的领域模型,确定了基本的对象范围和它们之间的关系。但是领域模型的内容还不够充实,对于对象所具有的属性特征还没有加以关注,下面我们就来看一看属性的识别过程。

(1) 首先我们需要明确什么是属性,在需求建议或暗示需要记住信息时,才引入属性。

(2) 明确获取属性的渠道。我们可以通过查看用例文档,寻找事件流中的名词;查看需求文档,发现系统要搜集的信息等方式查找属性。若已经定义了数据库结构,则数据库表中的字段就是类的属性。

(3) 选择属性时应考虑一些因素。它包括只有系统感兴趣的特征才包含在类的属性中;分析系统建模的目的,也会影响属性的选取。

(4) 每条属性都能够回溯到用户的需求,不要盲目添加不必要的属性,造成系统混乱。

(5) 类的属性要适当。若某个类的属性太多,则可考虑分解成更小的类;若某个类的属性太少,可考虑将相关类进行合并。

根据表 10-8 应用筛选原则筛选候选类的过程,将分析出来的类的属性分别添加到对应的类中,形成如图 10-20 所示添加了属性的部分示例项目的领域模型。

图 10-20　用例 2.1 中添加了属性的领域模型

5. 完成分析模型

根据用例模型中给出的用例描述,应用前面构建领域模型的步骤完成其他部分的对象模型片段的构建,最终形成一个较为完整的领域模型,如图 10-21 所示。

图 10-21 MSMS 的部分领域模型

当前项目将处在 RUP 过程的细化阶段最初的一次迭代中,强调的是基础范围和构建对象系统中所使用的常见的模型,对核心、有风险的软件架构进行编程和测试,发现并稳定需求的主体部分,规避主要风险。

根据样例项目的背景和规模,项目小组成员在细化阶段主要开始构建以下部分制品。见表 10-9。

表 10-9 细化阶段开始构建的制品

制　品	说　　明
领域模型	领域概念的可视化,类似于领域实体的静态信息模型
设计模型	描述逻辑设计的一组图,包括健壮图、软件类图、对象交互图、包图等
软件架构文档	学习辅助工具,概括关键架构问题及其在设计中的解决方案。该文档是对重要设计思想及其在系统中动机的概要
数据模型	包括数据库方案,以及在对象和非对象表示之间映射的策略
用户界面原型	描述用户界面、导航路径、可用性模型等

表 10-9 中列出的内容是在细化阶段开始构建的制品样例,同时指明这些制品要解决的问题。要注意,这些制品不是在一次迭代中完成,它们会跨越若干次迭代进行精化。在本阶段有很多活动是并行进行的。例如,在构建领域模型的同时,可以通过构建用户界面原型明确对系统的理解,消除需求的模糊性,完善用例描述。

项目实践

1. 项目小组在组长的组织下根据各自项目的实际应用背景,参照任务分配列表(见表 10-10)中有关领域模型部分的职责分配,组织讨论,统一对系统类对象的认识。

表 10-10　　　　　　　　　　　　　　任务分配列表

角色	任务					
	组织会议	抽取用例并确定优先级	用例摘要式描述	非正式形式用例描述	构建领域模型	编写功能模型文档	编写领域模型文档
项目组长	△	√	√			√	√
需求分析师	√	△	△	△	√	△	√
系统架构师		√	√	√	√		
数据设计师		√	√		△	√	△
质量保证人员		√			√	√	√
界面设计人员				√		√	√
编程人员						√	√

2. 课堂需要完成的任务

小组所有成员依据用例描述协作完成对对象的抽取,构建系统当前研究范围的领域模型。

3. 课后需要完成的任务。

由项目组长进行任务分工,完成《领域模型》文档,附带任务分配表提交给指导老师。

4. 检查点:

(1) 领域模型构建与用例模型的一致性。

(2) 领域模型构建的合理性。

小　结

在构建需求模型的过程中,用例的观点和思维过程带给需求开发的变化比起是否画出正式的用例图显得更为重要。用例的获取、整理和细化是整个 RUP 过程中的一项重要任务。RUP 过程是用例驱动的,用例的选取和细化将会对整个系统的后续工作产生重要的影响。在本章中给出了产生用例的步骤和方法。它以系统特性为基础,抽取对系统产生重要影响的事件,并将其描述在事件清单当中,细化事件清单中的事件形成事件表,在分析事件表的基础上得到用例的概要描述。

本章的重点在于描述用例的构建过程,而对于如何描述质量更好、更有效的用例不做深入探讨,如果想了解更多的内容,请参阅相关的参考资料。

构建领域模型是系统分析师初步以面向对象的思想审视要构建系统的阶段。它抽取了业务领域中的关键概念,帮助项目小组成员更快地理解和深入系统当中。领域模型中概念的抽取可以从已经建立的成果中抽取,也可以从大量的用户业务文档中进行抽取,总之本章将涉及的信息量将会很大,但是根据 RUP 过程中使用到的原则,没有必要在构建领域模型时花费更多的时间,建议在创建初步领域模型时规定特定的时间。无论如何,都无法使其十全十美,因此,应快速建立领域模型,并期望在以后的工作中将其逐步完善。

习　题

1. 请简单描述一下对用例的理解。

2. 请根据图 10-9 部分用例的摘要式描述,给出"归还图书"用例的非正式形式。

3. 请根据课程设计中设定的项目,给出用例的摘要式描述。

4. 请根据第 3 题中整理出来的摘要式用例描述,选择其中的核心用例给出其非正式形式的用例描述。

5. 下面提供的是存在问题的用例描述。请将存在问题的地方进行修改。

```
用例:买东西
范围:采购应用系统
主执行者:顾客
1.顾客使用 ID 和密码进入系统。
2.系统验证顾客身份
3.顾客提供姓名
4.顾客提供地址
5.顾客提供电话号码
6.顾客选取商品
7.顾客确定购买商品数量
8.系统验证顾客是否为老顾客
9.系统打开到库存系统的连接
10.系统通过库存系统请求当前库存量
11.库存系统返回当前库存量
12.系统验证购买商品的数量是否足够
......等等
```

6. 什么是领域模型?它与数据模型之间的区别是什么?

7. 请说出构建领域模型的基本步骤。

8. 学校管理系统要存储下列数据:

(1)数据的组成

系:系名,系主任

学生:学号,姓名,学生所属系

教师:工作证号,姓名,教师所属系

研究生:专业方向

教授:研究领域

课程:课程号,名称,学分

(2)关系描述

学生每学期要选修若干门课程,每门课程有一个考试成绩;某个学期开设的某门课程只有一个任教教师;一个教师只任教一门课;一个教师有能力讲授多门课程,一门课程也可以存在多位教师有能力进行讲授;每个研究生只能跟随一位教授。

请采用面向对象方法建立一个现实问题的领域模型。

第11章 系统设计

面向对象需求和面向对象分析的重点是关注"做正确的事"。也就是说,要理解案例研究中的一些重要目标,以及相关的规则和约束。与之相比,后续的设计工作将强调"正确地做事",也就是说,熟练地设计解决方案来满足本次迭代的需求。

在迭代开发中,每次迭代都会发生从以需求或分析为主要焦点到以设计和实现为主要焦点的转变。早期迭代会在分析活动上花费较多时间。当设想和规格说明通过早期编程、测试和反馈趋于稳定时,后期迭代中可减少分析活动,更加关注解决方案的构建。

任务1 创建体系结构

● 任务描述

根据前面软件设计一章学习到的知识,了解到项目进入系统设计阶段将意味着需要对系统的内部组织形式及实现方式进行考虑,也就是说要对具体如何搭建系统提出相应的解决方案。

资源管理系统的功能性需求已经明确,那么采用什么样的体系结构能够满足异地交互的需求,为广大教师提供方便图书交换的场所?

● 相关知识

1. 什么是软件体系结构

体系结构(Architecture)源于建筑行业的建筑艺术、建筑风格和结构,引入软件领域中,并没有一个统一的定义。其中一种被广泛接受的定义为:体系结构是一种重要决策,其中涉及软件系统的组织,对结构元素及其组成系统接口的选择,这些元素特定的与其相互协作的行为,从这些结构和行为元素到更大的子系统的组成,以及指导该组织结构(这些元素及其接口、协作和组成)的架构风格。

无论体系结构如何描述,它的共同主题是:必须与宏观事务有关——动机、约束、组织、模式、职责和系统之连接(或系统之系统)的重要思想。

买过房子的人都知道,5层以下的楼房一般是砖混结构,而高层和小高层的楼房都是框架结构,楼层越高对结构要求越高。软件也是一样,系统越庞大,生命周期越长,结构的重要性就越明显。其实,强调软件体系结构的最主要目的有三个:

①重用:人们希望系统能够重用以前的代码和设计,提高开发效率。

②扩展:人们希望在系统保持结构稳定的前提下能够很容易地扩充功能和提升性能。

③简洁:常言道,简洁就是美,好的架构一定易于理解、易于学习和易于维护,人们希望能够通过一个简洁的结构来把握系统。

正如我们可以很简单地用砖混结构和框架结构来概括一幢大楼的结构,专家们也定义了一些术语来定义软件的体系结构风格,如层次结构、B/S结构等。软件架构设计是软件设计的一部分,是总体设计。软件的体系结构设计有一定的创造性,但它毕竟是一个工程活动,体系结构的设计是有章可循的,有一定的规律性,是可以重复的,有稳定的模式。当然,在系统一开始很难立刻建立一个完善的稳定的体系结构。迭代是软件开发过程中的一个必然过程,也是人的思维活动的一个必然阶段。

(1)应用程序的分割

应用程序的分割是软件设计阶段的主要任务和目标。软件的体系结构就是应用程序分割策略的综合应用。一般常用的分割策略有如下几种:

①按功能进行划分。将系统按功能(或子系统)进行划分是目前我们所熟悉的软件体系结构的描述形式。结构化设计思想中的体系结构设计就是基于功能划分原则进行的。但这种单纯的功能结构划分不利于系统的扩展,它的内部业务逻辑和数据访问通常混合在一起使用,使得系统难以维护,这也是结构化设计方法难于应对复杂或大型应用系统的原因之一。

②按软件层次划分,也称为按服务进行划分。层是对模型中不同抽象层次上的逻辑结构进行分组的一种特定方式。通过分层,从逻辑上将子系统组织成为许多独立的、职责相关的集合,而层间关系的形成要遵循一定的规则,"较低"的层是较低级别和一般性服务,"较高"的层则是与应用相关的。协作和耦合是从"较高"层到"较低"层进行的,要避免从"较低"层到"较高"层的耦合。通过分层,可以限制子系统间的依赖关系。这样,使系统以更松散的方式耦合,从而更易于维护。

层次划分是对系统的横向分解,功能划分是对系统的纵向分解,它们之间的关系如图 11-1 所示。

目前较为流行的应用框架技术是针对层次划分提出的。例如,针对 Java 语言的 Struts、Spring、Hibernate 等应用框架。

③按系统的物理布局进行划分。随着网络不断普及,分布式系统越来越被广泛地使用。系统的逻辑分层分别实现在不同的物理层(物理机器)上,通常将这种物理层次上的划分称为客户端程序和服务器端程序,一般统称为分布式体系结构,常见的分布式体系结构有 C/S (Client/Server,客户端/服务器结构,如图 11-2 所示)系统、B/S(Browser/Server,浏览器/服务器结构)系统。

图 11-1 功能划分与层次划分之间的关系

图 11-2 逻辑分层与物理分层

在实际应用当中这些分割策略是相互支持、综合应用的。其中按层次划分系统结构的方式正逐步成为体系结构设计中的核心思想。

(2)分离服务

尽管功能模块的划分非常容易理解,但是正如前面分析的那样,要使应用程序的体系结构可扩展,更易于维护,就必须隔离出应用程序的逻辑层,进行逻辑层次的划分,从横向组织应用程序。一般来讲,应用程序被划分为三个逻辑层:

① 表示服务层。
② 业务服务层。
③ 数据服务层。

表 11-1 列出了各层的范围和目标。

表 11-1　　　　　　　　　　　各个逻辑层的范围和目标

层	范　围	目　标
表示服务	数据表示	易用性
	数据接收	自然、直观的用户交互
	图形用户界面	快速的响应时间
业务服务	核心业务规则	业务规则的严格实施
	应用程序/对话框流程控制	对代码投资的保护
	数据完整性的实施	减少维护成本
数据服务	持久数据存储和检索	一致、可靠、安全的数据库
	通过 API 访问 DBMS	信息共享
	并发控制	快速的响应时间

从表示服务层的本质来看,它在传统上是图形化的,但它也可能是报表或插到某个特定接口上的外部装置,表示服务层会随时间进行演变。如果一个给定应用程序的表示服务层在设计时就与业务服务层分离,那么,换用新的前端时带来的麻烦会最少。

在所有层中,业务服务层和表示服务层是动态性最强的。应用程序的功能和规则是最常发生变化的部分。如果将业务服务层和其他两层分开,将会减小由于业务服务层的变化给应用程序带来的影响。

数据服务层通常是应用程序中静态性最强的一层,这一点在前面讲述软件开发方法的时候提到过。领域中的数据具有一定的稳定性,虽然处理这些数据的规则会随着行业发展而不断地变化,但是行业数据意味着核心业务处理目标和业务本质极少发生变动。信息建模法就是在此基础上建立起来的。

要使系统具有一定程度的灵活性,系统最少要进行这三层结构的划分,也就是说对不同程度的可变性进行隔离。但是仔细分析的话,还有很多可变性存在于这三层结构中。

我们可以将业务服务层细分为两种类型的服务:业务环境和业务服务。第一种类型处理用户界面,在信息进入系统时进行筛选和清洗,例如,在一个字段中输入的值作为另一个处理入口的输入数据时会受到某些规则的限制;另一个服务处理更为传统的业务服务,例如,如果一位拣书者曾经共享过两本图书,那么,他一次性拣书的累计数量就可以为三本。

数据服务层如果进行细分的话,可以包括三类服务:数据转换、数据访问和数据库。第一种服务负责把对信息服务的逻辑请求(例如、选择、更新和删除)转换为与数据存储兼容的一种语言,如 SQL。第二种服务处理通过 API 发出请求执行,如 JDBC 驱动程序。第三种服务实际上是数据库技术(Oracle、Microsoft SQL Server 等)。

图 11-3 描述了可应用于任何应用程序的逻辑层(六层逻辑模型)以及对各层提供的服务的描述。

表示服务	提供传统的用户界面技术
业务环境服务	提供语法和环境的编辑
业务规则服务	实现业务规则
数据转换服务	将业务层的请求转换为一种适当的语言表示
数据访问服务	通过一种给定的访问API将由适当语言格式表示的请求传递到下一层
数据库服务	支持实际数据库技术

图 11-3 六层逻辑分层

如果对各层的设计都非常合理,为其他层起到支撑作用,那么,在以后就可以很容易使用不同的表示服务(例如,Internet)和不同的数据库技术(例如,用 Oracle 来替换 Microsoft SQL Server)来替换当前的表示服务层和数据服务层。同时在使用层还有助于解决如下问题:

①源码的变更波及整个系统。

②应用逻辑与用户界面交织在一起,无法复用其他不同界面或分布到其他处理结点之上。

③潜在的一般性技术服务或业务逻辑与特定于应用的逻辑交织在一起,无法被复用、分布到其他结点或方便地使用不同实现进行替换。

④不同关注领域之间高度耦合,难以为不同开发者清晰地界定和分配任务。

2. 框架模式及应用架构

框架是构建问题解决方案的基础结构。在对象技术中,框架是一种复用技术,是反复出现的组织模式和习惯用法,是对一系列体系结构的抽象。框架模式的本质是一些特定的元素按照特定的方式组织成一个有利于上下文环境的特定问题的解决结构。

而应用架构是一项具体技术的应用。这种应用技术往往是某一架构模式的实现。可以这样讲,框架模式是思想,应用架构是对框架模式的具体实现。下面介绍框架模式和应用架构的概念及区别。

(1)框架模式

一个著名的体系框架模式(结构)是模型-视图-控制器(MVC)框架,模型(Model)代表系统的模型层,视图(View)是模型的展现层,控制器(Controller)负责业务的流转。MVC 最早是作为 Smalltalk-80 编程环境的一部分开发的,它是面向对象设计中使用分离关注点原则的一个经典例子。在 Smalltalk-80 中,MVC 强制编程者将应用类分为三组,它们分别特化和继承自三个 Smalltalk 提供的抽象类:模型、视图和控制器。

①模型对象(Model Object)代表数据对象——应用领域中的业务实体和业务规则。模型对象的变化通过事件处理通知给视图和控制器对象。模型是发布者,因此,它不知道自己的视图和控制器。为完成这一任务,模型需要提供必要的接口,通过这些接口接收业务数据和响应相应的服务。

②视图对象(View Object)代表 GUI 对象并且以用户需要的格式来表示模型状态,通常是图形化显示。视图对象是从模型对象分离而得的。视图订阅模型以感知模型的变化并更新自己的显示。视图对象可以包含子视图,子视图用于显示模型的不同部分。通常,视图对象与控制器对象是一一对应的。

③控制器对象(Controller Object)代表鼠标和键盘事件。控制器对象对来自视图和源于用户与系统交互结果的请求做出响应。控制器对象提供意图给按键、单击鼠标等,并且把它们

转换成模型对象上的行动,它们在视图和模型之间进行协调,通过从可视化表示中分离用户输入,控制器对象允许系统对用户行为的变化做出响应,同时不改变 GUI 表示形式,反之亦然。

分离视图、控制、数据模型的观点有很多优势,最重要的有以下几点:

①允许单独开发 GUI、业务数据和模型层逻辑,增加了程序可维护性、可复用性和可扩展性。

②替换或者移植到一个不同的 GUI,而不需要对模型进行根本性的改变。

③改造和重新设计模型,同时保持用户 GUI 的表示形式。

④允许相同模型状态上的多视图。

⑤改变 GUI 对用户事件的响应方式,而不改变 GUI 的表示方式(一个视图控制器可能在运行时改变)。

⑥模型没有 GUI 也能执行(例如用于测试或用于批量处理)。

MVC 框架模式对面向对象设计产生了广泛的影响,MVC 原则支持大部分的现代体系结构框架和模式。

图 11-4 表示一个从执行者(用户)角度看 MVC 对象之间的通信。其中,连线表示对象之间的通信,视图对象拦截用户 GUI 事件,为了解释将来的行为而传递给控制器。将视图和控制器行为混合在一个单独对象中是 MVC 中一种很糟糕的实现。

图 11-4　MVC 框架示意图

例如,一个用户激活了一个菜单项,用于在屏幕上显示客户详情;一个视图对象接收到事件,并且将它传递给自己的控制对象;控制对象要求模型提供顾客数据,模型对象返回数据给控制器对象,控制器对象将它提供给视图。任何将来的模型状态变化都可以通知给那些订阅这些信息的视图对象。通过这种方法,视图可以更新显示反映当前的业务数据值。

(2)应用架构

Struts 是一个具体的 Web 应用架构,它能比较完善地实现 MVC 模式的 Web 应用。

①控制(Controller):在 Struts 中,实现 MVC 中 Controller 角色的是 ActionServlet。ActionServlet 是一个通用的控制组件,它截取来自用户的 HTTP 请求到相应的动作类

（Action 或 ActionForm）。动作类可以访问 JavaBean 或调用 EJB,实现核心业务逻辑处理。最后,将处理后的信息传给 JSP,由 JSP 生成视图展现给用户。Struts 所有的控制逻辑都保存在 struts-config.xml 文件中,struts-config.xml 就像人的大脑,控制一切任务的处理。如图 11-5 所示。

图 11-5 Struts 架构图

②模型(Model):一般是以 JavaBean 的形式存在。大致分三类:ActionBean(亦称 Action)、FormBean(亦称 ActionForm)、JavaBean 或 EJB。Struts 为 Model 部分提供了 Action 和 ActionForm 对象:所有的 Action 处理器对象都是开发者从 Struts 的 Action 类派生的子类。Action 处理器对象封装了具体的处理逻辑,调用业务逻辑模块,并且把响应提交到合适的 View 组件以产生响应。Struts 提供的 ActionForm 组件对象,它可以通过定义属性描述客户端表单数据。开发者可以从它派生子类对象,利用它和 Struts 提供的自定义标记库结合可以实现对客户端的表单数据的良好封装和支持。Struts 通常建议使用一组 JavaBean 表示系统的内部状态,根据系统的复杂度也可以使用像 Entity EJB 和 Session EJB 等组件来实现系统状态。Struts 建议在实现时将"做什么"(Action)和"如何做"(业务逻辑)分离。这样可以实现业务逻辑的重用。

③视图(View):Struts 提供自定义的 JSP 标记,如 Html、Bean、Logic、Template 等,构建 JSP,完成视图。通过这些自定义标记可以非常好地和系统的 Model 部分交互,通过使用这些自定义标记创建的 JSP 表单,可以实现和 Model 部分中的 ActionForm 的映射,完成对用户数据的封装,同时这些自定义标记还提供了像模板定制等多种显示功能。

目前关注的服务分层的应用架构层出不穷。例如,侧重界面与应用分离的 WebWork 架构,侧重业务层服务分离的 Spring,侧重对象与关系模型转换的 Hibernate 等,都是一些具体的应用架构,只要编程人员按照架构提供的处理机制和文件布局规则就能够成功地将 MVC 思想应用于自己的系统中。

实施步骤

体系结构的构建过程也要遵循由粗到细，逐步细化的过程，不可能在一开始就对细节具有精确的把握。将整个系统看成一个立方体，纵向切割（按功能进行切割）后取得的横切面就是子系统的划分；同理，横向切割（按照实现的层次进行划分）后得到的纵切面，即软件的逻辑层次图。分层表示将功能进行有序的分组：应用程序专用功能位于上层，跨越应用程序领域的功能位于中层，而配置环境专用功能位于低层。可见，应用程序分割的策略是混合使用的。

逻辑结构是软件类的宏观组织结构，它将软件类组织为包（或命名空间）、子系统和层等。之所以称其为逻辑架构，是因为并未决定如何在不同的操作系统进程或网络中物理的计算机上对这些元素进行部署（后一种决定是物理架构的一部分）。

一般情况下，体系架构的构建过程分为三个阶段：
① 物理结构的选择（初步体系结构）。
② 逻辑结构的确定。
③ 执行体系结构的确定。

1. 制定初步体系结构

根据用户的需求我们选取一种合适的系统体系结构，一种适用的系统体系决定了系统的架构。对于用户来讲，他们并不关心功能具体如何实现，只关心方便及其实用性。但对于系统设计人员及程序人员来说，却要知道系统到底是什么，所以系统初步架构的选取是系统设计的第一步。

体系结构的选取可参考如下几点关键问题：

① 是单机还是客户机/服务器系统？

图书共享是我们系统的目标，同时，服务的人群是计算机系广大的教师，因此客户机/服务器系统是我们选用的应对方案。

② 是常规应用开发还是底层开发（是否有单片机系统）？

我们的系统是传统的信息管理系统，是一种常规应用开发。

③ 客户机最大点数是多少？

客户机的点数明确了使用人群的规模，本项目目前的应用规模在 500 人以内。

④ 是否提供给第三方 API 接口？

虽然是系内图书管理系统，但仍需要向上一级图书管理部门提供一些统计报表，因此这方面接口的预留是必不可少的。

⑤ 网络（或数据通信）是什么连接方式？

基于局域网的 HTTP 请求访问方式。

⑥ 客户机是胖客户机还是瘦客户机？

针对项目的特殊性，我们需要对个人图书管理子系统和晒书场子系统分别对待。个人图书管理子系统由于主要处理的是个人藏书，主要处理本地数据，要求处理速度快，只有在共享图书时才会与主数据库服务器进行通信，针对此部分选用 C/S 架构；晒书场子系统主要处理多用户的信息共享，网络传输频繁，为减少客户端信息处理的负担，选用 B/S 架构，增强服务器端的功能。

⑦ 数据文件的保存方式（文本、本地数据库、大型数据库）？

鉴于个人图书的拥有量不会太多，而且是本地保存，系统资源的占用尽可能地少，因此选用 Access 即可。晒书场管理子系统中的共享图书信息汇聚了全系的资料，同时，存在多人同时访问的情况，因此对数据库的性能及安全性、稳定性的要求都有所提高，因此选用 SQL Server 作为此子系统的数据库服务器。

到现在为止，我们已经了解了项目基本需求的一些情况，下面我们给出相关元素在体系结构中的描述。表 11-2 为 MSMS 样例项目的初步体系结构。

表 11-2　　　　　　　　　　　　MSMS 样例项目的初步体系结构

分 类	组成部分	实　现
硬件	客户机	基于 Pentium Ⅲ 600 MHz 的客户机，128 MB 内存，8 GB 硬盘
	服务器	基于 Pentium Ⅲ 700 MHz 的服务器，1 GB 内存，60 GB 硬盘
软件	操作系统（服务器）	Windows 2000 Server
	操作系统（客户机）	Windows 2000 Professional
	应用程序	任意浏览器
	数据库管理系统	Microsoft Access、Microsoft SQL Server 2000 或 Oracle 9i
	事务处理服务器	带有 JDBC 事务处理的 JavaBean
	Web 服务器	IIS，Apache Tomcat 或商用服务器，如 BEA WebLogic
	Web 接口	Servlet 和 JSP
协议	网络	TCP/IP
	数据库	JDBC-ODBC 桥

为了更好地描述这一体系结构，我们采用可视化方法描述软件组件与硬件之间的关系（如图 11-6 所示）。需要强调的是，这只是基于目前对项目的了解建立起来的快照，随着项目的不断深入，这个模型还会进行必要的调整。

图 11-6　基于 UML 组件图和部署图的初步体系结构

在项目开始的早期,初始阶段体系结构就已经进行了初步的设想,不过当时只是一种设想,随着项目的不断进展,体系结构加以印证和调整。

2. 逻辑结构的划分

体系结构中的层表示系统中垂直方向的划分,分区表示对层在水平方向上的划分,从而形成相对平行的子系统。例如,技术服务层可以划分为安全和统计等分区,如图 11-7 所示。

图 11-7 层和分区

在实际应用中,OO 系统绝大多数情况下应用 MVC 架构思想,依照前面分离服务一节的六层结构划分策略,我们会根据实际情况进一步的细分和具体化。常见的信息系统逻辑结构中常见的层如图 11-8 所示。

图 11-8 信息系统逻辑结构中常见的层

上面的逻辑分层方案侧重于服务的重用性和隔离可变性,具有较强的借鉴价值。其中每一层的职责解释如下:

UI 层:
① GUI 窗口。
② 报表。

③语音接口。
④HTML、XML、XSLT、JSP、JavaScript……

Application 层：
①处理表示层请求。
②工作流。
③会话状态。
④窗口/页面转换。
⑤合并/转换不同的表示数据。

Domain 层：
①处理应用层请求。
②实现领域规则。
③领域服务（POS、库存）。
④服务可能只用于一个应用，也可能存在多应用服务。

Business Infrastructure 层：
用于多种业务领域的十分普遍的底层业务服务。

Technical Services 层：
①（相对）高层技术服务和架构。
②持久性，安全等。

Foundation 层：
①低层技术服务、工具和架构。
②数据结构、线程、数学、文件、DB 和网络 I/O 等。

软件设计一章重点强调模块的划分，讲述如何划分模块和如何设计模块间的消息传递及传递的内容组织形式。结构化的设计思想主要是从功能划分的角度进行系统体系结构的搭建，注重过程间模块独立性原则的应用。实质上面向对象也是遵循这种思路。只不过它从总体上为降低解决问题的难度，在将系统模块化为子系统，然后在构建体系结构时更加关注服务的分离。通过这种方式的应用，能够极大地提升模块独立性，这就是为什么分层思想得以广泛接受的原因之一。

3. 执行体系结构

我们把特定于应用程序选择的技术、产品和体系结构的集合，称为应用程序的执行体系结构。图 11-9 勾画出了样例项目的执行体系结构。

表示服务	HTML 和脚本表单
业务环境服务	Servlet 和 Web 服务器
业务规则服务	JavaBean
数据转换服务	JavaBean 和本地 JDBC
数据访问服务	由 JDBC 实现
数据库服务	Microsoft SQL Server

图 11-9 对 MSMS 项目的执行体系结构的总结

针对具体的项目规模,我们选用 Java 的 Model2 实现架构,也就是使用 JavaBean 来实现业务逻辑的处理。虽然 Struts 架构具有很强的可扩展性,但是对于小型项目来讲,它的应用使得系统实现略显复杂,增加了系统的规模,因此我们选择简单的实现形式。

图 11-10 展示了依据上述考虑所构建的部分逻辑层视图。

```
MSMSWebApp
  [SysMaintain]  [BibMaintain]  [BRManage]

Controller
  [SysMaintain]  [BibMaintain]  [BRManage]

BLL
  [SysMaintain]  [BibMaintain]  [BRManage]

Domain
  [Book] [Bibliophile] [BRRecorder] [CollectionInfo]

BusiInfras
  [Validation]  [MailService]

TecService
  [JDBC]  [Security]  [Log]
```

图 11-10 MSMS 项目的部分逻辑层视图

由于篇幅所限,在这里只展示部分内容,其他内容大家可以自己动手实现。对于如何设计层中类的分配,以及如何调整层间的通信关系,将涉及更多的内容和知识,如感兴趣可以查阅书后参考资料进一步学习。

项目实践

1. 由项目组长根据各自的项目背景设计相应的体系结构,并参照表 11-3 中的搭建体系结构部分内容进行项目任务的分工。

表 11-3　　　　　　　　　　　任务分配表

角色	任务					
	组织会议	设计体系结构	对象设计	数据库设计	用户界面设计	编写文档
项目组长	△	√	√			√
需求分析师	√			√	√	√
系统架构师		△	△	√	√	△
数据设计师		√	√	△	√	√
质量保证人员		√	√			
界面设计人员					△	√
编程人员						√

2. 项目组长负责组织完成《软件体系结构设计文档》。

3. 检查点:功能子系统分解的合理性与分层结构的设置的合理性。

任务2　创建动态模型

● 任务描述

前面构建了用例模型和领域模型,对现实世界中如何进行图书资源的共享与借阅进行了客观的描述和记录,帮助读者深入理解用户的业务和需求;通过对体系结构的搭建,初步形成了资源管理系统整体的组织形式。但是,如果想描述系统内部具体的运作形式,并且能够有效指导读者进行编码,我们还需要添加一些动态元素来描述系统内部是如何响应外部发出请求的。那么,可以通过构建什么样的模型帮助形成如图11-1所示的程度,最终帮助代码编写的工作呢?

● 相关知识

1. 动态模型

动态模型的主要内容集中于类实例,即对象之间的交互,它关心的是系统的控制和操作的执行顺序。它表示从对象的事件和状态的角度出发来表现对象之间的行为。相关的类已经在前面的章节中识别出来,这些交互用于实现用例中的详细路径。动态模型对项目具有重要的价值,通过动态模型,我们可以:

①将类和用例路径汇集起来,并示范对实际路径所必需的消息发送机制建模的能力。

②对于在动态模型中获得的知识,能够以操作、属性和关联的形式转移到类图中。

③将从用例和类图中获取的知识包括进来,创建使用情况矩阵,对应用程序的内容和负荷特性进行建模。

UML中提供的动态模型主要有以下几种类型:

①序列图。交互图之一,是最常用的动态模型。以时间为中心,其重点是对象之间消息的线性流动,项目细化阶段是对用例路径的建模。

②协作图。交互图之一,和序列图解释的信息是相同的,但它强调的是单个对象及其发送和接收的消息。协作图以对象为中心。协作图提供的视角反映了一个对象的繁忙程度。如果一个对象处于繁忙状态,则其生命周期值得关注,可以利用状态图做进一步分析。

③状态图。对一个类的生命周期进行建模,它记录了一个对象从诞生到消亡的全过程。它对一个对象可以处于的状态进行建模,包括对象转换到新状态或处于某个特定的时间和与实践相关联的动作和活动。通常具有实时嵌入式性质的应用程序所用的类中,使用状态图的比例高一些。

④活动图。对一个复杂的步骤进行建模,它还可以用来对用例路径的步骤进行建模,也最接近传统意义的程序流程图。

从需求级视图开始,我们只考虑用户要求使用系统来干什么,而没有考虑实现细节,之后,我们需要推动这种系统视图向前发展,使之成为完全关注于设计的东西。动态模型能够精确地说明系统运行时,运行阶段的对象实例如何进行彼此交互。在软件开发中,最难解决的问题之一是,从"什么"视图演变到"如何"视图(如图11-11所示),健壮性分析可以帮助我们完成这项工作。

图 11-11　健壮性分析是跨越"分析"到"设计"的桥梁

2. 健壮性分析

健壮性分析可以看成从用例模型中分析出基本的（对象）类，并描述系统内部各部分响应用户的请求的方式，从而进行系统内部实现结构的初步设计。健壮图可以看成描述对象之间的协作图，关注各种构造定型的类之间是如何协同工作的。在健壮图的基础之上，我们就可以很顺利地完成序列图的绘制，从而进入系统设计更深入的阶段。

通过健壮性分析，我们可以改进用例文本和静态模型：

①确保用例文本的正确性。通过对用例文本的分析，将其转化为健壮图的过程中，可能会发现用例文本描述过程中一些不合理的地方。

例如，只描述了用户的动作，却忽略了系统的响应，那么在绘图过程中就会看到只有用户对边界对象进行操作，而没有控制对象和实体对象的参与，从而发现用例文本的缺陷。

使用例文本的特性从纯粹的用户手册角度变为对象模型在上下文中的使用描述。

②方便绘制时序图。由于在健壮图绘制过程中已经将处理过程中所使用的对象基本分析出来了，因此，在绘制时序图时将是对健壮图的一种更细致的描述。同时，通过健壮图的检查机制，确保了时序图绘制的顺利进行。

③帮助发现对象。在领域建模期间会遗漏一些对象，进行健壮性分析的过程会帮助我们捋清思路，甚至发现对象命名矛盾或冲突的情况。

④进入初步设计阶段。由于在健壮性分析的过程中涉及了系统内部的类（构造定型），因此开始了对系统内部结构的初步设计，它可以帮助我们改进用例文本和静态模型（领域模型）。

(1) 健壮图的表示法

在健壮性分析过程中，系统中的类将被划分成三种构造定型之一：边界类（对象）、实体类（对象）或控制类（对象）。如图 11-12 所示。

边界对象　　　实体对象　　　控制对象

图 11-12　健壮性分析中使用的图形

①边界对象

参与者使用边界对象来同系统进行交互。通常，边界对象用作屏蔽和媒介，隔离了如何取得应用程序提供服务的大部分交互细节，位于系统与外界的交界处，包括所有的窗体、报表、系统硬件接口和与其他系统的接口。识别边界类的简单途径就是注意系统中的参与者。每个参与者都需要与系统建立接口。

②实体对象

实体对象(类)通常是来自领域模型的对象。它们用来持久性的保存与应用程序实体的有关信息,并提供用于驱动应用程序中大多数交互所需的服务。实体对象通常提供一些非常具体的服务:

- 存储和检索实体属性。
- 创建和删除实体。
- 提供随着实体的改变可能改变的行为。

③控制对象

控制对象(类)对应用领域中的活动进行协调,即将边界对象和实体对象关联起来。一个用例中通常有一个控制类,它控制用例中的事件顺序。

通常,控制类可以扮演以下几种角色:

- 与事物相关的行为。
- 特定于一个或少量用例(或用例中的路径)的一个控制序列。
- 将实体对象与边界对象分离的服务。

(2)健壮图的使用规则

绘制健壮图时,仔细检查用例文本,每次检查一个句子,并绘制参与者、边界对象、实体对象和控制器以及图中不同元素之间的关系。应该能在一个图中指出基本流程和所有的分支流程。在使用过程中需要遵循下述几条规则:

- 参与者只同边界对象交互。
- 边界对象只能同控制器和参与者交互。
- 实体对象只能同控制器交互。
- 控制器可同边界对象、实体对象以及其他控制器交互,但不能同参与者进行交互。

健壮图的使用规则如图 11-13 所示。需要注意的是,边界对象和实体对象都是名词,而控制器是动词。名词和名词之间不能互动,但动词可同名词或动词进行交互。确保每一个用例对应一个健壮图。

图 11-13 健壮图的使用规则

图 11-14 以登录用例为例,介绍一下如何进行健壮性分析:

```
用例:登录
  基本流程:
  1.用户在登录页面上输入其用户 ID 和密码,然后单击【登录】按钮。
  2.系统根据永久性帐号数据对登录信息进行验证。
  3.系统显示欢迎页面。
  分支流程:
  1.a 如果用户单击登录页面上的【注册】按钮,系统将调用注册用户用例。
  2.a 如果身份验证失败,系统将在一个单独的对话框中显示对该用户的提
示语。顾客单击【OK】按钮后,系统返回到登录页面。
```

图 11-14 登录用例的非正式形式

首先,需要针对用例描述中的每一句话进行分析,确保其中描述的内容出现在健壮图中。

对于"登录"用例基本路径 1 的内容来说,用户发起动作,用户作为一个参与者需要进行描述。用户必须通过边界对象与系统进行交互,这就是"登录页面",通过动作"单击"确认信息的提交。注意,这里的"单击"虽然是动词,但它只是一个动作,而不是一个系统处理,因此不能将"单击"看作一个控制对象。图 11-15 绘制健壮图步骤一。

图 11-15 绘制健壮图步骤一

紧接着,基本路径 2 开始描述系统对用户发起请求的响应,信息通过边界对象"登录页面"向系统内部进行传递,系统需要做的处理就是进行验证,由控制对象"验证"表示。而进行验证的数据由两方面提供,一方面是用户通过界面传递进来的待验证数据,另一方面是系统内部已经进行存储的合法数据,这里用实体对象"注册信息"表示。这些信息通过图 11-16 绘制健壮图步骤二描述。

图 11-16 绘制健壮图步骤二

基本路径 3 中描述的是系统将验证结果反馈给用户。系统要求控制对象"显示"逻辑显示边界对象"欢迎界面"。至此,基本路径通过健壮性分析将一个参与者、两个边界对象、一个控制对象和一个实体对象分析出来。图 11-17 绘制健壮图步骤三。

图 11-17 绘制健壮图步骤三

为了保证系统分析的全面性，分支流程中的内容也需要根据上述方法进行健壮性分析。最后，我们将得到一幅完整的健壮图，如图 11-18 所示。

图 11-18 "登录"用例的完整健壮图

在进行健壮性分析的过程中，发现用例文本存在模糊的地方，需要重新编写用例文本，并明确地引用边界对象和实体对象。大多数开发者的第一稿用例文本都会存在遗漏的地方。

除了使用健壮性分析的结果来改进用例文本外，还应不断地改进静态模型，并将新发现的对象加入类图中。

3. 序列图

健壮性分析旨在发现对象，而序列图则主要关注行为的分配——将确定的软件函数分配给发现的一组对象。序列图的构建与用例一一对应，它为了识别设计类或子系统，其实例需要去执行用例的事件流。通过序列图把用例的行为分布到有交互作用的设计对象或所参与的子系统中，同时，序列图定义对设计对象或子系统及其接口的操作需求，为用例捕获实现需求。

注意，除非在两个类之间定义了关联，否则这两个类的对象之间是无法发送消息的。如果一个用例路径需要在两个对象之间通信，而对应的两个类之间不存在相应的关联，那么类图就是不正确的。

延续上面健壮性分析的例子，将健壮图转换为序列图。在图 11-19 中，我们会注意到序列图的左边出现了对应的用例文本。用例文本可以使我们总能看到要求的系统行为，并不断提示我们需要做什么。可以将分析出来的方法增加到对应的静态类图中。

基本流程：
1．用户在登录页面上输入其用户ID和密码，然后单击【登录】按钮。
2．系统根据永久性帐号数据对登录信息进行验证。
3．系统显示欢迎页面。

分支流程：
1.a 如果用户单击登录页面上的【注册】按钮，系统将调用注册用户用例。
2.a 如果身份验证失败，系统将在一个单独的对话框中显示对该用户的提示语。顾客单击【OK】按钮后，系统返回到登录页面。

图 11-19　根据用例场景绘制的序列图

图 11-20 是运用了执行体系结构的序列图。在此图的基础之上，程序的执行架构就较为清晰了。从这里也可以看出来，面向对象分析设计方法在应用了 UML 之后，设计的内容是一个逐步细化的过程。

图 11-20　应用了执行体系架构的序列图

4．协作图

协作图与序列图所揭示的信息是相同的，但它强调的是单个的对象及其发送的消息。

协作图以对象实例为中心，提供的视角表现了一个对象的繁忙程度。如果一个对象处于繁忙状态，则其生命周期值得关注，可以利用状态图做进一步分析。

5．状态图

状态是对象属性值的抽象。对象的属性值按照影响对象显著行为的性质将其归并到一个状态中去。状态指明了对象对输入事件的响应。状态图是对一个类的生命周期进行建模，它追踪了一个对象从诞生到消亡的全过程。当所建模的类呈现出值得关注的和复杂的动态行为时，状态图才是有价值的。

状态图反映了状态与事件的关系。当接收一个事件时，下一状态就取决于当前状态和所接收的该事件，由该事件引起的状态变化称为转换。状态图是一种图，用结点表示状态，结点用圆圈表示；圆圈内有状态名，用箭头连线表示状态的转换，上面标记事件名，箭头方向表示转换的方向。

一般情况下状态建模采用下述步骤:
(1)识别状态。
(2)选择使用该类的任意用例的主路径。
(3)该路径的上下文环境加入状态图中。
(4)选择同一个用例中的另一条路径或一个不同的用例,直至无法继续获取信息为止。

6. 活动图

活动图主要是对一个复杂操作中的步骤进行建模,也可用来对用例路径的步骤进行建模。活动图的内容主要集中在流程进行什么内容,而不是如何进行。活动图通常用于建模用例的事件流,描述一个操作完成所需要的活动步骤,它依据对象状态的变化来获取活动和它们的结果,它表示了各个活动及其之间的关系。

7. 选择正确的图

在 UML 中用来表示动态模型的图形有四种,但这四种图形并不是在每次系统分析和设计中都同时使用,只有当这种图形在构建过程中确实为我们提供了有价值的信息时才应该使用它。

在大多数的动态建模活动中,序列图是经常使用的对象。因为它附属于用例路径。其最大的作用是建立了应用程序中类的操作签名。协作图虽然在内容描述上存在等价关系,但是仍然推荐首选序列图。当应用程序中包含复杂的程序对话框,无法很好地反映到序列图中时,则可采用协作图。

状态图只对呈现出值得关注和复杂的动态行为的类有用。而对于某个对象的生命周期中出现的几个简单状态,这种建模活动将会导致"分析瘫痪"。

活动图是一种适用于多种情况的灵活工具。但需要节制使用。这种图可以清楚地描述一个复杂的工作流程。但下述几种情况不应使用活动图:
(1)用例很简单,不需要使用图形化表示。
(2)目标只是想检查对象是如何协作的。则应转用交互图。
(3)目标只是想了解对象在其生命周期内是如何表现的,可转用状态图。

因此,在选择动态模型时,最主要的是明确目标,不要为了画图而画图,达不到动态建模的目的。

系统分析到这里,整个系统的结构已经非常清晰,后面的工作就是依据体系结构设计中设计的执行体系结构,按照所选用的具体技术对序列图进行细化。根据前面软件工程基础部分的讲解,编程人员就可以按照这种程度的序列图根据设置好的编码规范进行编码,继而进行测试和实施。

整个的 RUP 过程到现阶段只是进行了细化阶段的第一次迭代,当获得了一个可执行的程序集后,需要与用户进行沟通,及时获得用户的反馈,并将这种反馈增加到下一次的迭代过程中。

● 实施步骤

构建动态模型的过程实际上就是逐步分解系统,剖析系统内部操作,进一步完善静态模型(设计类图)的过程。下面就一步步来剖析系统内部的组成结构。

1. 健壮性分析

对系统内部结构的初探可以从健壮性分析入手。首先从需求优先级高的用例模型开始,使用健壮图进行分析找出相应的边界对象、控制类和实体对象。对于找到的边界对象应结合界面设计的内容构建页面迁移关系，为后续的界面编程做准备；对于找到的实体对象应该首先与领域模型中的业务对象进行对应，如果发现与领域模型中描述的对象不一致要及时进行修改。如果分析出来的对象没有出现在领域模型中，则要在模型中进行补充；而控制对象是原先没有的内容，此时的控制对象主要是对分析过程中出现的动作进行记录，为后续的消息分配做准备。

由于教材篇幅所限不能将所有用例的分析过程一一列出，本章只给出如图 11-21 所示的"制订晒书计划"用例。

```
用例：制订晒书计划
基本流程：
1. 藏书者在主界面选择制订晒书计划选项。
2. 系统提取现有已共享图书信息列表，显示制订晒书计划界面，包括图书书名、共享起始时间、结束时间、目前（借阅）状态和备注。
3. 藏书者输入查询条件并提交。
4. 系统从图书拷贝信息表搜寻对应藏书者的图书，并查询结果列表显示在晒书计划界面上。
5. 藏书者选择要共享的图书信息。
6. 系统将该图书详细信息显示在共享设置界面。
7. 藏书者填写对应的共享信息，提交。
8. 系统验证输入信息的有效性，修改对应图书拷贝表中的状态为可借，将共享信息添加到共享图书信息表中添加相应的记录。
9. 系统在晒书计划界面上显示共享成功信息。
```

图 11-21　制订晒书计划用例描述

"制订晒书计划"用例的健壮性分析的结果，如图 11-22 所示。

图 11-22　制订晒书计划健壮图

2. 通过序列图细化系统操作

健壮性分析的结果将整个系统的基本逻辑架构分为三层，因此在使用序列图描述类之间的消息传递时就比较方便了。系统设计前期的序列图可以从健壮图中直接对应过来。根据控制对象表示的动作为实体类分配方法。根据序列图整理出的最终对象将被分配到相应的层次中。控制对象将被整理到业务逻辑层，而实体对象将会被整理到数据模型层。此时需要注意更新设计类图。

图11-22对应的顺序图如图11-23所示。

图11-23 "制订晒书计划"用例的序列图

3. 创建状态图

许多事件最终都会导致对类操作的建模，所有的工作（动作和活动）最终都会导致对类操作进行建模。许多操作都是私有的。向其他对象发送的所有消息都会导致在目标类中定义一个操作，任何识别出来的状态变量都会成为所建模类的成员变量。在图11-24中增加了对图书状态的描述，因此，需要更新静态类图，增加图书类的"图书状态"属性的描述。

4. 创建活动图

"图书借阅"流程的活动图如图11-25所示。

5. 完善静态(类)模型

根据前面分析的结果，可以将相关的知识转移到类图中，从而形成具有属性和方法的完整类图。在这里关注的是相关类的方法的分配。这里只给出了针对前面例子中绘制的序列图中分析出来的方法。因此图11-26只是设计类图中的一部分。

现在得到的静态模型是软件设计类模型的雏形，因为它只是分析的结果，对于如何优化对象间结构，降低包和包之间、对象和对象之间的耦合性，还可以采用解耦技术，应用对象的设计原则，或是应用著名的"四人帮"的设计模式来解决这些问题。由于这些问题涉及的内容自成一个专题，在本书中暂不做深入介绍，感兴趣的同学可以参见设计模式相关书籍做进一步了解。

图 11-24 状态图

图 11-25 借书/还书活动图描述

图 11-26 增加方法的类模型

项目实践

1. 每名小组成员提交各自负责部分的健壮图和顺序图。
2. 项目组长负责组织完成《软件详细设计文档》。
3. 检查点：
(1) 分层结构的理解程度。
(2) 健壮图绘制的合理性，包括边界对象设置的合理性、控制对象设置的合理性以及三种对象相互关联的规则合法性等。
(3) 序列图绘制的合理性，包括类对象间消息发送的合理性，情景描述的完整性等。

小　结

软件体系结构的设计使我们进入真正的系统实现的内部，确定了采用软件技术如何实现用户目标的整体框架是从分析向设计转换的一个重要的阶段。而健壮性分析则是搭建起了从系统分析转换到设计阶段的桥梁作用。通过绘制健壮图，从用例描述中抽取边界对象、控制对象，并核实和补充实体对象，在此基础之上绘制序列图将会更加完善，使得分析到设计转换更加顺畅。动态模型包括序列图、协作图、活动图和状态图，其中最重要的一种动态模型就是序列图，通过构建序列图完成为对象分配职责的工作，同时补充和完善系统类图。动态模型的构建使得整个系统设计进一步细化。

习　题

1. 体系结构的设计包括哪些内容？
2. 体系结构设计的步骤是什么？
3. 请简单分析信息系统逻辑结构中常见层的设定思路。
4. 动态模型中包括哪些 UML 图？
5. 健壮性分析在从系统分析到系统设计转换过程中，起到的作用是什么？
6. 仔细阅读教师"上传课件"用例描述：

(1) 教师点击主界面中的上传课件信息项。

(2) 系统显示上传课件界面，并显示该老师负责的课程列表信息。

(3) 老师选择课程，并选择了要上传的课件，进行提交。

(4) 系统检查上传课件的合法性，将课件保存到指定目录下，并将课件信息保存到课件信息表中。

(5) 系统向教师显示上传成功信息。

请通过健壮性分析绘制该用例的序列图，并整理出对应的分析类图。

7. 学生通过某讨论班网上注册系统想去注册讨论班时，启动用例"注册讨论班"。

(1) 学生向系统提交其姓名和编号。

(2) 系统验证输入信息的有效性。

(3) 系统根据资格要求确定该学生在这所学校注册讨论班的资格。

(4) 系统确认资格符合要求，并列出可供选择的讨论班列表。

(5) 学生从讨论班列表中选出希望注册的讨论班。

(6) 系统验证学生确认有资格注册这门课。

(7) 系统检验讨论班确认适合学生已有的课程安排。

(8) 系统根据讨论班目录中公布的费用和适用的学生费用，计算出这门课的收费，并显示到界面中。

(9) 学生确认课程费用的合理性。

(10) 系统把相应的费用加到学生账单中。

(11) 系统把学生注册信息添加到该讨论班注册信息表中。

(12) 系统向学生提供已经注册成功的确认信息。

(13) 当学生得到确认信息后用例结束。

请通过健壮性分析绘制该用例的序列图，并整理出对应的分析类图。

第12章　面向对象测试

面向对象系统自身存在的封装和继承等特点,使得其测试过程不同于传统的测试过程。传统软件测试技术对于面向过程程序特点,以过程与之间传递的变量为主要特征。随着大型软件系统的规模与复杂度越来越大,为了提高人们对系统的理解,现代技术采用面向对象思想来模拟和对应人们对现实世界的认知。在应对解决软件复杂度的同时,面向对象技术也给软件测试带来了新的变化。

任务　单元测试

● 任务描述

在采用面向对象技术完成《资源管理系统》的过程中,应用统一过程模型对项目实施,其间迭代和增量的特征明显。为了保证每次迭代和增量所得到的阶段性功能集合能够顺利地与下一次迭代获得的功能集合进行集成,软件测试环节就显得更加重要了。

由于面向对象技术自身带来的特点使得软件测试不能够简单地挪用传统的测试技术,而是需要针对性地使用不同的策略,这为测试工作带来了新的挑战。那么,在进行单元测试时,在测试策略上会存在哪些不同呢?

● 相关知识

1. 面向对象软件测试与传统软件测试的差异

尽可能找到软件中存在的问题是面向对象测试与传统测试的一致目标。

传统的测试计算机软件的策略是从"小规模测试"开始,逐步走向"大规模测试"。即从单元测试开始,然后逐步进入集成测试,最后是确认测试和系统测试。在传统应用中,单元测试集中在最小的可编译程序单位——子程序(如,模块、子例程、进程),一旦这些单元均被独立测试后,它们被集成在程序结构中,这时要进行一系列的测试以发现由于模块的接口所带来的错误和新单元加入所导致的副作用。最后,系统被作为一个整体进行测试以发现在需求中的错误。

在面向对象测试中,依然遵从这种从小规模开始进行测试的思路,然后不断增加其组成部分进入集成测试,最后对已形成的完整系统进行确认和系统测试。然而典型的面向对象程序具有继承、封装和多态的新特性,这使得传统的测试策略必须有所改变。封装是对数据的隐藏,外界只能通过被提供的操作来访问或修改数据,这样降低了数据被任意修改和读写的可能性,降低了传统程序中对数据非法操作的测试。继承是面向对象程序的重要特点,继承使得代码的重用率提高,同时也使错误传播的概率提高。多态使得面向对象程序对外呈现出强大的处理能力,但同时使得程序内"同一"函数的行为复杂化,测试时不得不考虑不同类型具体执行的代码和产生的行为。面向对象程序是把功能的实现分布在类中。能正确实现功能的类,通过消息传递来协同实现设计要求的功能。因此,在面向对象编程阶段,忽略类功能实现的细则,将测试的目光集中在类功能的实现和相应的面向对象程序风格中,主要体现为数据成员是否满足数据封装的要求和类是否实现了要求的功能。

2. 面向对象的单元测试

传统的单元测试的对象是软件设计的最小单位——模块。单元测试的依据是详细设计描述,单元测试应对模块内所有重要的控制路径设计测试用例,以便发现模块内部的错误。单元测试多采用白盒测试技术,系统内多个模块可以并行地进行测试。

当考虑面向对象软件时,单元的概念发生了变化。面向对象技术中是以类为信息处理的最小单元,这要比传统技术中的最小单元模块所包含的规模更大一些。封装驱动了类和对象的定义,这意味着每个类和类的实例(对象)包装了属性(数据)和操纵这些数据的操作(方法)。最小的可测试单位是封装的类或对象,类包含一组不同的操作,并且某特殊操作可能作为一组不同类的一部分存在,因此,单元测试的意义发生了较大变化。不再孤立地测试单个操作,而是将操作作为类的一部分。

虽然类之间的继承和多态等特点对测试带来不同的处理策略,但是现代的软件开发思想强调为了保证软件开发的质量,在开发者编写完一小段代码,要立刻检验被测代码的一个很小、很明确的功能是否正确。执行单元测试,是为了证明某段代码的行为确实和开发者所期望的一致。我们不能机械地认为面向对象测试中的最小单元为类,就要等到类完全编写完毕后才能够进行测试,而是在单独的方法完成之后就要进行测试。在这种情况下,传统测试方法中的白盒测试方法和黑盒测试方法一样能够派上用场。

3. JUnit 简介

JUnit 是由 Erich Gamma 和 Kent Beck 编写的一个回归测试框架(Regression Testing Framework)。由于程序员最熟悉自己编写代码的内部结构,因此 JUnit 测试是由程序员自己进行测试的白盒测试。

JUnit 是针对 Java 的一个开放源代码的测试框架(如图 12-1 所示),是单元测试框架体系 XUnit 的一个实例。其中 TestResult 负责收集 TestCase 所执行的结果,它将结果分为两类,客户可预测的 Failure 和没有预测的 Error,同时负责将测试结果转发到 TestListener 处理;TestSuite 则负责包装和运行所有的 TestCase;TestCase 是客户测试类所要继承的类,负责测试时对客户类进行初始化,以及测试方法调用。

JUnit 包括以下特性:

(1)用于测试期望结果的断言(Assertion)。

(2)用于共享共同测试数据的测试工具。

(3)用于方便的组织和运行测试的测试套件。

(4)图形和文本的测试运行器。

JUnit 中提供了很多的断言,是一些用于帮助你确定某个被测函数是否正常工作的辅助函数。这些辅助函数可以帮助你确定某个条件是否为真;两个数据是否相等或不等;某给定对象是否为空等情况。JUnit 中提供了一些标准断言,见表 12-1。

图 12-1 JUnit 测试框架

表 12-1   JUnit 提供的断言

断言	描述
assertEquals([String message],excepted,actual)	测试实际运行的数据是否与期望值相等
assertNull([String message],java.lang.Object object)	验证一个给定的对象是否为空
assertNotNull([String message],java.lang.Object object)	验证一个给定的对象是否非空
assertSame([String message],excepted,actual)	验证 excepted 和 actual 两个参数是否引用的是同一个对象
assertNotSame([String message],excepted,actual)	验证 excepted 和 actual 两个参数是否引用的不是同一个对象
assertTrue([String message],boolean condition)	验证给定的二元条件是否为真
assertFalse([String message],boolean condition)	验证给定的二元条件是否为假
fail([String message])	是测试立即失败,用于标记某个不应到达的分支

在一个方法的测试过程中,一般会使用多个断言。因为,需要考虑方法执行时的多种情况。当一个断言失败后,测试过程将会被终止,说明程序中出现了与预期值不相符的情况,必须停下来查看代码,并找出出现问题的地方。然后再继续执行测试,直到全部通过为止。

● 实施步骤

1. 测试类中的方法

测试封装在类中的方法可以采用传统的模块测试方法。现在使用 JUnit 进行辅助测试。在资源管理系统中选取"制订晒书计划"用例实现过程中的函数进行测试。这个函数主要处理的是对用户输入的晒书计划的内容,包括晒书的起始时间、终止时间和备注,进行有效性检验的过程。在这个验证过程中只关注对时间有效性检验的函数 isValidTime(),它是类 SharePlanCtrl.java 中的方法。待测程序代码如下:

```
//SharePlanCtrl.java
public boolean isValidTime(String beginTime,StringendTime)
{
    DateFormatdf = newSimpleDateFormat("yyyy-MM-dd");
    try
```

```
            {
                Date dtBegin=df.parse(beginTime);
                Date dtEnd=df.parse(endTime);
                Date dtCurrt=df.parse((new Date()).toLocaleString());
                System.out.println("begin="+dtBegin);
                System.out.println("end="+dtEnd);
                System.out.println("current="+dtCurrt);
                if (dtBegin.getTime()>dtEnd.getTime())
                {
                    System.out.println("开始时间应早于结束时间!");
                    return false;
                } elseif(dtBegin.getTime()<dtCurrt.getTime())
                {
                    System.out.println("开始时间应晚于当前时间!");
                    return false;
                } elseif(dtEnd.getTime()<dtCurrt.getTime())
                {
                    System.out.println("结束时间应晚于当前时间!");
                    return false;
                }else
                {
                    System.out.println("ok!");
                    return true;
                }
            } catch (Exception exception)
            {
                exception.printStackTrace();
            }
            return false;
        }
```

由于页面上时间是通过控件进行设置的,因此用户选定时间后向系统内部传入的时间信息的格式是标准格式,不需要进行验证。在这里需要验证的是时间范围。主要有以下三个方面:

(1)起始时间不能早于系统当前时间。

(2)起始时间不能晚于终止时间。

(3)结束时间不能早于当前时间。

根据上述的思路选择适当的断言编写相应的测试用例,并运行查看结果。测试用例代码如下:

```
import junit.framework.TestCase;
public classTestSharePlanCtrl extends TestCase{
    public TestSharePlanCtrl(String name){
        super(name);
    }
```

```
public void testValidTime() {
    SharePlanCtrl sp = new SharePlanCtrl();
    assertFalse("开始时间早于当前时间",sp.isValidTime("2020-01-28","2020-10-20"));
    assertTrue("正常",sp.isValidTime("2020-01-29","2020-10-29"));
    assertFalse("结束时间早于开始时间",sp.isValidTime("2020-02-12","2020-01-30"));
    assertFalse("结束时间早于当前时间",sp.isValidTime("2020-01-29","2020-01-28"));
}
}
```

当执行完测试代码后发现最后一个断言的执行结果与第三个断言的执行结果是一样的，并没有按照预期的设定检验出结束时间应晚于当前时间。仔细分析一下代码，发现对结束时间的判断属于不能够到达的程序段。因为前面对开始时间的判断已经涵盖了这部分的内容，因此程序代码永远不会被执行。根据分析的结果，删除对结束时间早于当前时间部分的代码。

2. 测试单个类

方法是封装在类中的，并通过向所在对象发消息来执行，它的执行与状态有关。特别是在操作多态时，设计测试用例时要考虑设置对象的初始状态。并且要设计一些函数来观察隐蔽的状态值，使它在收到消息时执行指定的路径。

类层的测试主要是测试封装在同一个类中的所有方法与属性之间的相互作用，可以认为这是面向对象测试中所特有的单元测试。对象彼此间通过发送消息启动相应的操作。并通过修改对象状态，达到转换系统运行状态的目的。测试过程中不能再像传统的模块测试仅仅检查输入数据产生的输出结果是否与预期的一致，还要考虑对象的状态。

项目实践

1. 小组成员各自负责各自完成的类方法的测试。
2. 检查点：
(1) 类方法测试设计的合理性。
(2) 测试用例设置的合理性与完整性。

小 结

面向对象技术开发出来的程序具有更好的结构更规范的编程风格，极大地优化了数据使用的安全性，提高了代码的重用率。同时，也影响了软件测试的方法和内容，增加了传统软件设计技术所不存在的错误，增加了软件测试的难度。面向对象测试技术弥补了传统测试方法的不足，同时，更高效、快速、全面的测试技术以及自动化测试是面向对象测试技术所需解决的，以适应要求更高、功能更强大的软件系统。

习 题

一、选择题(单选题)

1. 面向对象方法的一个主要目标，是提高软件的(　　)。
A. 可重用性　　　　B. 运行效率　　　　C. 结构化程度　　　　D. 健壮性

2.（　　）意味着对于对象只能从其接口可见。
　A. 封装　　　　　　B. 继承　　　　　　C. 耦合　　　　　　D. 多态
3. 函数（　　）。
　A. 只用于结构化方法　　　　　　　　B. 只用于面向对象方法
　C. 可用于结构化方法和面向对象方法　D. 以上都不是
4. 面向对象分析技术的特征是（　　）。
　A. 抽象化、模块化　　　　　　　　　B. 模块封装、内部信息隐蔽
　C. 耦合、内聚　　　　　　　　　　　D. 提取、整理
15. 面向对象程序设计的基本机制不包括（　　）。
　A. 继承　　　　　　B. 消息　　　　　　C. 方法　　　　　　D. 结构

二、简答题

1. 请简述面向对象测试方法与传统测试方法之间的区别？
2. 请简述使用 JUnit 测试的基本步骤。

参考文献

[1] Roger S Pressman. 软件工程：实践者的研究方法[M]. 8 版. 郑仁杰,马素霞,译. 北京:机械工业出版社. 2016.
[2] 张海藩,吕云翔. 软件工程[M]. 4 版. 北京:人民邮电出版社,2013.
[3] Ian Sommerville. 软件工程[M]. 10 版. 彭鑫,赵文耘,译. 北京:机械工业出版社,2018.
[4] (美)沙赫. 软件工程:面向对象和传统的方法[M]. 8 版. 邓迎春,韩松,译. 北京:机械工业出版社. 2012.
[5] John W Satzinger,Robert B Jackson,Stephen D Burd. 系统分析与设计:敏捷迭代方法[M]. 6 版. 沈群力,译. 北京:机械工业出版社. 2017.
[6] 石冬凌. 软件工程实用教程[M]. 大连:大连理工大学出版社,2011.
[7] 里德. Java 与 UML 协同应用开发[M]. 郭旭,译. 北京:清华大学出版社,2003.
[8] Craig Larman. UML 和模式应用[M]. 3 版. 李洋,译. 北京:机械工业出版社,2006.
[9] Gary Police,Liz Augustine,Chris Lowe,Jas Madhur. 小型团队软件开发:以 RUP 为中心的方法[M]. 宋锐,译. 北京:中国电力出版社. 2004.
[10] Alistair Cockburn. 编写有效用例[M]. 王雷,译. 北京:电子工业出版社. 2012.
[11] Steve Adolph,Paul Bramble. 有效用例模式[M]. 车立红,译. 北京:清华大学出版社. 2003.
[12] 韩万江,姜立新. 软件工程案例教程:软件项目开发实践[M]. 2 版. 北京:机械工业出版社,2011.
[13] 温昱. 软件架构设计[M]. 2 版. 北京:电子工业出版社,2012.
[14] Eric Evans. 领域驱动设计:软件核心复杂性应对之道(修订版)[M]. 赵俐,盛海燕,刘霞,译. 北京:人民邮电出版社,2016.
[15] Doug Rosenberg,Kendall Scott. 用例驱动的 UML 对象建模应用:范例分析[M]. 管斌,袁国忠,译. 北京:人民邮电出版社,2005.

附录 项目文档模板

一、需求分析模板

1. 软件概述
1.1 软件范围定义
1.2 系统特性概述
1.3 产品中的角色
1.4 系统运行环境
1.4.1 设备及分布
1.4.2 支撑软件
1.4.3 开发软件
2. 功能性需求
2.1 XX 功能
2.2 XX 模块
3. 非功能性需求
3.1 产品质量属性要求
3.2 用户界面
4. 数据模型
4.1 数据关系图(E－R 图)
4.2 数据字典
5. 行为模型

二、概要设计模板

1. 总体设计
1.1 软件功能层次图
1.2 软件体系结构
1.3 技术路线
2. XX 子系统/模块设计
2.1 XX 模块/YY 子模块
2.1.1 功能描述
2.1.2 性能
2.1.3 模块结构
2.1.4 子模块接口设计
2.2 XX 模块/ZZ 子模块
2.2.1 功能描述
2.2.2 性能
2.2.3 模块结构

2.2.4 子模块接口设计
3.数据库设计
3.1 关系模型
3.2 表结构
4.数据结构设计
5.外部存储结构设计

三、详细设计模板
1.目录结构
2.公共数据
3.系统函数介绍
3.1 函数名1
(1)功能描述
(2)函数头
(3)算法描述
3.2 函数名2
(1)功能描述
(2)函数头
(3)算法描述